本书是国家社会科学基金青年项目《合作博弈视角下流域多元主体水权交易机制研究》（批准号：19CJY018）的阶段性成果

流域初始水权分配和水权市场化配置研究

张　凯◎著

中国财经出版传媒集团

经济科学出版社
Economic Science Press

图书在版编目（CIP）数据

流域初始水权分配和水权市场化配置研究/张凯著
. --北京：经济科学出版社，2022.8
ISBN 978-7-5218-3928-9

Ⅰ.①流… Ⅱ.①张… Ⅲ.①流域-水资源管理-研究 Ⅳ.①TV213.4

中国版本图书馆 CIP 数据核字（2022）第 146832 号

责任编辑：孙丽丽 撖晓宇
责任校对：蒋子明
责任印制：范 艳

流域初始水权分配和水权市场化配置研究
张 凯 著
经济科学出版社出版、发行 新华书店经销
社址：北京市海淀区阜成路甲 28 号 邮编：100142
总编部电话：010-88191217 发行部电话：010-88191522
网址：www.esp.com.cn
电子邮箱：esp@esp.com.cn
天猫网店：经济科学出版社旗舰店
网址：http://jjkxcbs.tmall.com
北京密兴印刷有限公司印装
710×1000 16 开 16 印张 260000 字
2022 年 8 月第 1 版 2022 年 8 月第 1 次印刷
ISBN 978-7-5218-3928-9 定价：69.00 元
（图书出现印装问题，本社负责调换。电话：010-88191510）

前　言

随着全球气候变暖、极端天气频现、生态环境恶化等问题的出现，水资源已成为国家最为重要的基础性、战略性、先导性自然资源。我国水资源的分布具有明显的地域性特征，北方干旱少雨，南方洪涝多雨，在干旱区和半干旱区，水资源已成为制约当地社会经济发展的约束。水资源的结构性短缺和资源性短缺引发的区域间、区域内利益矛盾冲突已严重制约地区社会经济发展，影响当地的人民生活，环境生态，甚至社会稳定。后发地区为了应对人口压力和追求经济快速发展对水资源盲目开采、无序利用，导致“污染性缺水”“资源性缺水”等系列问题。当节水技术普遍实施后，制度因素将成为另一个“瓶颈”。玛纳斯河（以下简称“玛河”）流域处于新疆天山北坡中段，流域地跨昌吉、石河子、塔城、克拉玛依四地，是西北干旱地区具有代表性的内陆河流域，是全国先进灌区之一，随着工业化和城镇化的加速发展，水资源资源性缺水和结构性缺水（“双缺”）问题日益凸现，影响玛河流域水效率的根本原因是水权不明晰、水价不合理和水市场不完善等制度因素，“解剖麻雀”式地选择该流域研究水权与水效率问题，将充实相关的理论和实践研究。

制度创新是从管理角度推动社会经济发展的新思路，其关键在于通过合理的制度框架，将产权理论引入经济发展中，使经济发展中的外部性内部化，有效界定产权，降低交易费用，通过市场机制有效配置社会资源，提高资源配置的效率性和合理性，实现经济增长的目标。水资源的自然属性、经济属性、公共属性决定了水资源的特殊性，自然属性决定了以流域为水资源的研究尺度最为合理，经济属性决定了水资源的配置需要效率性，公共属性决定了使用水资源时还要关注公平性。只有切实解决水资源的多重属性决定的水资源配置目标，从效率性和公平性两方面考虑流域水资源的配置，才能保证水资源作为基础性战略资源对社会经济稳定发展和生态环境可持续发展的支撑作用。本书着眼于流域的水资源管理制度创新和制度建设，以“水权制度体系框架—水权初始分配—水权转让—水市场、水价”为主线，对流域的水资源配置问题开展了深入研究，并以玛纳斯河流域为具体研究区域展开详细分析。

本书在总结国内外学者水权制度研究成果的基础上，探索“政府管控+市场配置”准市场配置模式下的流域水权制度框架体系，以“注重公平、提高效率”为水权制度设计的评判标准，构建包含初始水权分配制度、水权转让制度和水权交易市场、水价制度的流域水权制度体系，并以玛纳斯河流域为研究区域具体进行制度构建与分析。首先，对流域水权制度沿革进行梳理，选取玛纳斯县北五岔镇等作为典型案例区分析流域内现行水权管理模式；对玛河流域的水资源现状进行剖析，分析水资源承载力和水资源供求状况。其次，针对初始水权配置制度，以公平性作为产权制度设置的出发点，综合流域供水情况，各区域、各产业用水单位的用水需求和自适应度等因素，基于破产博弈理论构建初始水权分配模型，应用“卡尔多—希克斯”评价标准得到社会福利最大化的初始水权分配方案。再次，针对水权转让制度，以“效率性”作为水权转让制度的首要目标，提出以合作博弈联盟（社区）作为水权交易的新模式，分析 Crisp 合作博弈和模糊合作博弈的水权转让效率，得到最优合作组织联盟模式。最后，针对水市场的构建以及水价的形成机制，在分析水市场的内涵和必要性后，对水权市场的构造、组织体系、运行机制进行分析，其次对水权价格制度的现状、影响因素进行剖析，进而提出在协商、招投标、拍卖三种定价方式下水价的形成机制，结合在玛纳斯县水权交易中心的调研数据，分析玛河流域水权水价改革对农户种植成本的影响。本书运用博弈模型对水权分配制度和交易制度的研究具有创新性，对我国流域水权制度建设和玛纳斯河流域的水资源管理制度具有一定的指导价值。

本书系本人博士论文改编而成。在石河子大学的硕博求学阶段，有幸进入李万明导师门下，在硕博阶段深度参与了导师国家社会科学基金重大招标项目《干旱区绿洲生态农业现代化模式与路径选择研究》和国家自然科学基金项目《基于水权视角的玛纳斯河流域水资源利用效率研究》，并基于国自然科学基金项目的内容形成了博士论文的写作思路，此部分是国家自然科学基金项目研究报告中最为重要的两个章节（初始水权分配和水权再分配制度创新）的细化拓展，以玛纳斯河流域为研究区域详尽分析了流域水权交易制度框架、初始水权分配、水权转让、水权交易价格和水市场等水权制度建设。经过四年的沉淀和细化，对博士论文中的部分内容进一步完善和细化，对陈旧的数据进行替换，加入了全国的水资源利用效率、动态演进特征，全国的初始水权制度和水权转让制度的政策分析。

本书是国家社会科学基金青年项目（项目编号：19CJY018）的阶段性成果，导师石河子大学李万明研究员在博士论文撰写阶段和本书后期修改过程中倾注了大量心血，提出许多纲领性的修改意见，本书还得到了玛纳斯县北五岔镇、玛纳斯河流域水权交易中心、自治区玛管处、石河子玛管处等的大力支持和帮助，在此衷心表示感谢。在编写本书的过程中，参考并引用了许多学者的论著，再次一并表示感谢。

由于涉及内容广泛和编者学识水平的限制，本书尚存在诸多不完善的地方，敬请各位专家批评指正。

张　凯

2022 年 9 月 12 日于江苏理工学院

目　录

第1章 绪　　论

1.1 研究背景和研究意义

1.1.1 研究背景

水是生命之源，是人类赖以生存的基础性自然资源，是生态环境系统的控制性因素之一；水资源也是战略型资源，是一个国家综合国力的有机组成部分。水资源的开发、分配、取用、管理直接关系到国家安全稳定、社会长治久安、人民安居乐业和生态持续发展，需要得到足够的重视。

我国水资源危机已越来越严重，体现在以下方面。第一，资源性缺水和结构性缺水并存。中国是世界13个人均水资源最贫乏的国家之一，人均水资源量仅为2300立方米，仅达到世界平均水平的30%；同时水资源利用结构不平衡，经济效益较差的农业部门用水比例占到总用水量的87%，干旱区甚至达到93%[①]。我国水资源时空分布与人口、耕地资源的分布不相匹配，全国水资源80%集中分布在长江以南，而在长江以北的地区人口占全国的46%，耕地占全国的65%，水资源量却仅占全国的20%[②]，水作为一种基础性的资源已无法支撑北方地区社会经济的高速发展，尤其在干旱半干

① 汤奇成．绿洲的发展与水资源的合理利用［J］．干旱区资源与环境，1995（3）：107－112.
② 葛颜祥．水权市场与农用水资源配置［D］．山东农业大学，2003：9.

旱地区，常年遭受缺水的痛苦和威胁[①]。第二，水污染现象严重，水资源质量日趋下降。在我国南方地区，水污染已成为影响生态环境的重要因素之一，随着工业化、城镇化发展的加快，水资源污染的问题已严重影响我国水资源的质量，成为制约我国生态环境发展的重要因素。习近平总书记在中国共产党第二十次全国代表大会的报告中明确指出，要“深入推进环境污染防治”，“统筹水资源、水环境、水生态治理，推动重要江河湖库生态保护治理，基本消除城市黑臭水体”，[②] 这也从侧面反映出目前生态环境污染的严重性。第三，全球极端气候现象频发。随着全球变暖问题的加剧，全球范围内的极端天气频率增加，2009 年赤道附近海域出现的厄尔尼诺现象，导致中国冬季出现“暖冬”，南方出现暴雨洪涝，北方出现高温干旱，东北出现“冷夏”，2022 年我国长江中下游地区等地出现了范围较大、强度强的高温天气，多地最高气温值、高温日数破纪录，中央气象台发布了高温红色预警，是高温预警的最高级别。这都反映出全球生态环境体系的脆弱和不正常运转，由于人类对大自然的过度开发和污染，地球的生态环境系统已遭到严重破坏，全球气候变暖只是一个开端，由此产生的一系列连锁反应会使今后的生态环境更加恶劣，这需要地球生态系统的自我修复，同时也需要对人类行为的修正。针对我国水资源环境存在的问题，有权威人士指出，“通过水资源的优化配置，提高水资源的利用效率，实现水资源的可持续利用，是 21 世纪我国水利工作的首要任务”[③]。

多年来，水资源经济学的研究成果表明，解决水资源的供求矛盾的根本途径有两条：一是以节水为主的科技创新，二是以水权制度为主的制度创新[④]。科技创新受到资金、技术、经济发展程度等因素的影响较大，且用水单位接受能力有限，常常导致科技创新无法进一步提高水资源的供给。水资源管理今后的发展趋势将从重供给转向需求与供给并重，重科技创新转向科技创新与制度创新并重。当前阶段我国的水资源管理基本上仍是传统计划经

---

① 张传国，方创琳，全华．干旱区绿洲承载力研究的全新审视与展望［J］．资源科学，2002，24（2）：42－48.

② 习近平．高举中国特色社会主义伟大旗帜　为全面建设社会主义现代化国家而团结奋斗——在中国共产党第二十次全国代表大会上的报告［EB/OL］．新华网，2022－10－25，http：//www.news.cn/politics/cpc20/2022－10/25/c_1129079429.htm.

③ 汪恕诚．水权和水市场［J］．水电能源科学，2001（3）：1－5.

④ 沈满洪．水权交易制度研究［D］．浙江大学，2004：1.

济制度下形成的管理模式，这种管理方式没有将水资源作为一种市场资源进行自由配置，而是作为计划经济管理体制下的行政划拨资源，不能从根本上解决我国水资源开发利用中存在的一些主要矛盾。因此，我国的水资源管理应当从重科技创新转向科技创新与制度建设并重，重视水资源的需求分析和制度创新。

新疆地处亚欧大陆腹地，年均降水量小于200毫米，年均蒸发量2000～3000毫米，是典型的干旱区[①]。根据新疆维吾尔自治区水利厅2022年发布的《新疆水资源公报》，新疆多年降水总量均值为2543亿立方米，全疆出山口河流570条（包括间歇性河流），年径流量为884亿立方米，新疆耕地、林地等灌溉面积近亿亩，亩均水资源拥有量只有全国水平的10%，水资源80%以冰川固态水及地下水形态存在，地表径流量有限，能够用于工农业生产及生活用水极少，生态环境用水更是被挤占利用。新疆作为经济欠发达地区，又是能源富集区，是陆上丝绸之路的前沿地区，经济发展前景广阔。然而，水资源供需紧张，用水结构不合理，水资源利用效率不高的问题，严重制约着新疆地区社会经济发展，水资源成为阻碍新疆地区发展的"瓶颈"因素。

玛纳斯河（以下简称"玛河"）流域地处新疆天山北坡中段、准噶尔盆地南缘，该流域自然环境特点、自然资源利用结构及绿洲社会经济发展在新疆和西北干旱地区均具有典型性代表性。玛河灌区是我国第四大灌溉农业区，是新疆最大的绿洲农耕区，是新疆农垦系统开发较早、发展较快、规模较大的灌区，玛河流域所在的天山北坡经济带是新疆最发达的地区，根据《新疆统计年鉴2021》，新疆2020年生产总值为13797.6亿元，北坡经济带生产总值占新疆生产总值的64.9%，而玛河流域占北坡经济带的9.5%，因此，玛河流域的经济贡献是北坡经济带经济总量的重要组成部分。玛河流域深居内陆，水资源开发利用支撑着区域经济的发展和人民生活水平的提高，为开发扩大绿洲，流域内修建了大量饮水枢纽、水库等水利工程，将各河流出山口之后的地表径流几乎全部引入灌区，造成水资源承载力急剧下降；同时由于长期集中开采地下水，流域内的中心城市以及绿洲边缘地下水位呈逐年下降趋势；农业单位用水大量挤占工业用水、生活用水、生态用水，供需

---

① 赵显波．内陆干旱区水库水质水量联合优化调度研究［D］．新疆农业大学，2007：32.

矛盾日趋尖锐，衍生出区域地下水位下降、植被退化、河湖萎缩、土地沙漠化、盐碱化等生态环境问题，威胁着流域的可持续发展，已危及当地人类生存。随着石河子开发区被确定为国家级高新技术开发区，石河子垦区被确定为重点扶持开发地带，以乌昌石为核心的新疆城市群经济圈的确立，玛河流域的社会经济发展驶进了高速发展的快车道，然而水资源却无法支撑流域内经济的高速发展，水资源短缺已经成为制约玛河流域人口、资源、环境协调发展的瓶颈因素。

从节水技术的角度讲，玛河流域是全疆乃至全国最先发起的地区，节水灌溉技术水平已达到国内最高，国际领先①。但从制度建设的角度看，玛河流域的水资源管理制度建设还需进一步完善，目前节水型社会试点工作已在多地展开，水权交易市场也在逐步建立。2014 年，昌吉州实施水权水价改革方案，规定实行差异化水价，征收水资源费和水资源补偿费，并在玛纳斯县塔西河包家店水管所建立了新疆首个水权交易中心，农民可将节约的水量通过水权交易中心以六倍的价格进行转让，供给区域内的工业企业使用。但该水权水价改革仅在玛河流域的玛纳斯县实施，并未在玛河流域全面展开，这说明玛河流域的水资源产权制度尚未完全建立，水权交易目前还处于政府主导阶段，水市场还未建立，水权制度建设体系还需要更加细化。因此，水管部门需要从初始水权分配制度、水权转让制度和水价改革制度入手，在总量控制和定额控制下实现玛河流域的用水结构调整和水资源优化配置。

1.1.2 研究目的和意义

（1）研究目的。

水资源是农业的命脉，水资源利用效率是水资源管理的关键。研究表明，水资源利用效率的提升可从技术和制度两条路径得以实现，农业节水技术有明显的效果，但当节水技术普遍实施后，制度因素成为另一个“瓶颈”。本书拟解决的问题就是在产权制度的视角下如何分配有限的水资源，使其在制度管理层面获得最高的使用效率。本书首先梳理了我国水权制度和

① 李玉义，逄焕成，陈阜，等. 新疆玛纳斯河流域灌溉水资源保证程度及提升策略［J］. 自然资源学报，2010（1）：32－42.

玛河流域水权制度的变迁，并从中寻找到影响其制度变迁的内在因素，以此为基础构建流域水权管理制度。其次，对中国全域和玛河流域的水资源利用效率进行研究，具体分析了水资源的供需现状和未来的供需趋势，并对全国和玛河流域的水资源承载力进行测算，试图得到在水资源利用现状下的矛盾存在于何处。最后，对流域的水权初始分配、水权流转（再分配）、水权市场及水价形成进行深入分析，试图从产权交易、制度变迁等方面提高水资源的利用效率，提升水资源对区域社会经济的支撑力度。本书拟为流域管理部门提供具有合理性、科学性的管理建议。

（2）理论意义。

水权制度研究是产权经济学理论的延伸，是水资源经济学科研究的重要内容。现阶段还没有一套成熟的包含初始水权分配、水权交易和水资源产权制度的理论。我国关于水权制度的研究正处于探索阶段，流域水权制度的建设迫切需要水权理论的指导。开展流域水权制度研究，设计针对玛河流域的水资源管理体系，构建包含初始水权分配、水权转让制度和水权市场的水权制度框架，无论对产权经济学科和制度经济学科的建设和发展，还是为干旱区流域社会经济稳定发展提供建设性意见和示范，都具有重要的理论意义。

（3）现实意义。

开展流域水权制度研究，通过明晰初始水权分配方案和水权交易模式，将提升全社会的节水意识，实现水资源的合理配置，有效提升水资源使用效率，对调节流域内供需矛盾和促进区域社会安定团结具有重要意义。当前玛河流域用水压力大，水资源供给有限，产业间用水分配差异大，行业间用水效率参差不齐，水产出效益较低的农业生产用水占流域用水的大部分，存在大水漫灌等水资源浪费和污染现象；同时，玛河流域地处两县一市，兵团、地方用水格局错综复杂，“九龙治水”现象严重，水资源分配历来是当地各利益主体之间博弈的主要内容，且历史沿革较为久远，如何理顺流域内各利益主体的相关权益，保证各方正常收益，提高流域水资源效率，保证水资源可持续利用，这都是急需解决的矛盾与问题。因此，在玛河流域建立统一的水权管理部门和水权交易市场，明晰用水单位和用水户产权，按照市场化模式管理水资源，提高流域水资源整体利用效率，对提升流域水资源承载能力，实现水资源可持续利用，指导流域水权制度建设和水环境资源产权制度创新，具有重大的现实意义。

1.2 国内外研究现状

1.2.1 国外水权制度研究现状

（1）水权定义。

国外学者对水权的定义主要是从水权制度建设的实践中总结而来，具有较强实用价值。马瑟等（Mather et al.，1984）认为水权是对水资源使用的权力，即在特定的地点时间内，经济主体使用水资源的权力；莱托斯等（Jan. G. Laitos et al.，1989）认为，水权是权利人依法对地表水和地下水使用、受益的权利；山本等（Yamamoto. A et al.，2002）认为水权实际是一组权利体系，是利用水资源的权利、特权和限制，水权在一般情形下被当作不动产财产权，权利持有者拥有水资源的用益权，但它不是一种物权；豪等（Howe et al.，1986）认为水权体系需要包括以下内容：可能被转移的水量、可能被消耗的水量、传递时间的选择、传递的水质、转移到的地点以及利用的地点，高效的水权结构应具有普适性、排他性、可转移性和可执行性等特征。国外学者对水权的定义根据各国的经济环境、用水方式、分配模式各有侧重，暂无统一的水权定义标准。

（2）水权分配制度。

目前，国外实施的水权分配制度主要包括滨岸权、优先占用权和公共水权。不同的水权分配制度源于各地不同的自然资源禀赋和社会体制，只有适合当地社会经济发展的制度才能有效支撑地区经济发展。

滨岸权（河岸所有权）最初源于英国的普通法（common law），指依河岸土地所有权或使用权确定水权归属。辛格等（Singh et al.，1991）认为，即使在水资源相对丰余的区域，河岸所有权制度对水资源的浪费现象依旧很大，无法完全作为一个地区水资源利用的唯一制度。在美国东部一些水资源较为丰富的地区，目前仍在使用滨岸权制度，但辅以取水许可证制度，作为非滨岸用水户取用水资源的保障。在目前全球水资源相对短缺的大环境下，滨岸权制度适用的地区范围越来越小①。

优先占用权源于19世纪中期美国西部地区开发中的水资源使用的制度实践。优先占用权服从“时先权先”的原则（first in time，first in right），即谁先开渠引水，谁就拥有了使用水的优先权②。优先权是指物权的优先效力，在同一标的物上存在数个相互冲突、矛盾时，具有较强的权利排除较弱权利的权利。尼尔等（Neil et al.，1996）认为，在美国的西部缺水地区，如科罗拉多州、俄勒冈州等，由于干旱缺水，用水相对紧张，采用优先取水规则。优先占用权包括三个方面：第一是先占用者先享用权利，第二是使用水资源不可损害他人利益，第三是不用即消灭。优先占用水权制度弥补了滨岸权制度的某些不足，更适用于干旱少雨、水资源短缺的地区。

公共水权是计划经济时代的产物，源起于苏联的社会主义水资源管理实践，是以计划管理水资源为特征的水权管理模式③。王浩等（2004）认为，公共水权理论应当包括三个基本原则：一是所有权与使用权分离，即水资源属国家所有，但个人和单位可以用水资源的使用权；二是水资源的开发和利用必须服从国家的经济计划和发展规划；三是水资源配置一般通过行政手段得以实现。公共水权是在特定国情下的产物，是在权衡水资源管理成本、界定水权费用以及界定水权之后所得收益之后的均衡制度，在我国中央集权的管理模式之下，水资源产权清晰界定有利于减少管理费用和界定水权的成本。

随着水资源短缺程度的加剧和不同国情下产生的不同用水需求，单一的水权管理制度越来越不能满足人们差异化的需求④。滨岸权和优先权虽然在产权界定方面是相对清晰的，但在公共环境治理、生态用水方面无法做到均衡分配水资源，且在水资源的产权界定方面也无法做到完全界定，使水资源的排他性达到最大；而公共水权制度只强调水资源的公共属性，忽视了用水单位在使用水资源时所需要的产权界定，特别是对不同用水单位的水资源使用权的先后次序更加难以清晰确定。水权分配模式应当与当地的社会经济发

---

① 柴方营，李友华，于洪贤．国外水权理论和水权制度［J］．东北农业大学学报（社会科学版），2005，3（1）：20-22.

② 张勇，常云昆．国外典型水权制度研究［J］．经济纵横，2006（3）：63-66.

③ 范战平．水权制度变迁的动因考察［J］．河南社会科学，2006，14（6）：106-109.

④ 陈虹．世界水权制度与水交易市场［J］．社会科学论坛，2012（1）：134-161.

展以及大环境相适应，这样才能充分发挥水资源的支撑作用，综合多种水权分配制度的混合模式应当是今后水权分配制度的发展方向。

（3）水权转让制度。

美国水权转让历史悠久，水权转让制度设立最早，也最为完善成熟，水资源管理与水资源开发利用程度都走在世界前列。克雷等（Clay et al.，1998）对美国西部河道径流的水交易市场进行考察，通过总结近几年水权转让与收购项目，分析了创新性交易方式对私人水权的影响；桑德拉等（Sandra et al.，2001）认为，美国西部地区水资源政策制定的影响因素有水权方的成本与收益、资源稀缺程度、政府的开放性以及政府在政策制定时是否占主导地位；德拉等（Edella et al.，2006）对美国地下水资源开发利用与交易进行了分析，认为应当建立可持续发展的、具有更优管理模式的流域地下水管理体制；特洛伊等（Troy et al.，2006）探讨了新型水资源管理方式——水银行对阿肯色州流域水市场的影响。

澳大利亚的水权交易市场也较为发达。20 世纪 90 年代，澳大利亚的水权交易迅猛发展，给澳大利亚农业和用水户带来巨大的经济效益。澳大利亚水权交易的典型案例是墨累—达令流域，每年因水权交易而产生的经济效益可达 4000 万澳元①。提斯德尔等（Tisdell et al.，2001）研究了澳大利亚水市场发展对水资源利用效率的影响，结果表明水市场的建立可能会加大传统种植作物和需水作物的需求差异，并且水市场的建立可能会限制水政策的有效性；詹妮弗等（Jennifer et al.，2001）从公平的角度对澳大利亚水权交易与自然环境进行了案例分析，得出结论水权交易可以提升个人收益的合理诉求，同时提高资源利用效率，减少资源使用的负面影响；克罗克等（Croke et al.，2007）对流域的水文气候、水市场交易进行了综合分析，利用耦合元件建模框架和贝叶斯决策网络建立了模型框架，并进行了三个案例分析，得出在流域范围内的可持续发展对策。澳大利亚的水权交易在区域间、地区间的经济调节意义较为明显，改善了当地的生态环境，但在不同区域间的水权交易发展程度差异性很大。

智利是少数几个鼓励利用市场手段管理水资源的国家之一，同时也是世

---

① 单以红．水权市场建设与运作研究［D］．河海大学，2007：12.

界上水贸易最发达的国家之一[1]。卡尔（Carl，1997）对智利 1976 ~ 1995 年的水权交易进行了综合梳理，详细分析了 15 年间其水市场理论与实践的结合程度，得出智利水权交易政策的优劣势，其优势是国家干预少可以提高其灵活性，而劣势在于水权交易对于社会、自然环境的外部性和交易成本过高，“市场失灵”的例子比比皆是。

在南亚、中亚一些国家还设有一些非正式的水权市场，在非正式的水权市场中农户可以进行临时水权交易、小额零星水量交易，如印度、巴基斯坦等。迪内希等（Dinesh et al.，2005）、鲁思等（Ruth et al.，2002）对印度水权交易市场进行了具体分析，丹尼斯（Dennis，1999）、基恩等（Jean et al.，1997）对巴基斯坦水市场进行了分析，在这些经济相对不发达的地区，当地的水利工程只能靠政府部门出资解决，而仅靠国家出资建设的水利工程项目不能完全满足所有用水单位的水需求，而非正式的水权市场能使零星的农户之间进行水权交易，在一定程度上满足了这些用水单位的用水需求[2]。

（4）水权交易价格。

科尔比等（Colby B. G. et al.，1993）认为，政策制定者和用水户需要了解影响水权价格的市场行为和非均匀的水权，通过计量模型分析发现，水权价格受到市场价值和区域市场属性的影响，但水权价格的分散不同无法解释潜在交易者的数量和规模分布、获取市场信息的成本。穆什等（Mouche et al.，2011）通过对北美格兰德流域水权转让的分析，认为水权价格的信息不对称是阻碍水权转让的重要影响因素，他认为影响水权价格的信息包括地区用水总量、水权的优先使用权、可供交易的水量、地区水库贮存量和地区农场收入。普伦等（Pullen et al.，2008）对吉拉 - 旧金山盆地水权价格特征进行分析，特征包括无法被水权拥有者所改变的水权和随市场变化的水权价格，认为水权价格和水权交易水量、水权交易地点、年降水量、水权新用途有显著相关性。学者们针对水权价格的形成原因、影响因素等进行分析，分别得出不同的结论，然而针对水权价格对于用水户的影响研究较少，是今后的可研究内容。

---

① 刘洪先. 智利水权水市场的改革［J］. 水利发展研究，2007，7（3）：56 - 59.

② 唐曲. 国内外水权市场研究综述［J］. 水利经济，2008，26（2）：22 - 25.

(5) 水权外部性。

罗夫等（Roe et al.，2000）针对国际河流中水权使用的外部性进行了分析，认为共同使用一条河的两个国家，一个国家的用水势必会导致另一个国家用水的外部性，用水政策会导致两个国家交恶，随后提出解决方法，只有提高国家征税的合作才能共同提高两国的经济发展。泰勒等（Taylor et al.，2014）认为针对全流域成本效益的水文经济的模型可以用来解释水权外部性及市场失灵，他认为运用庇古税和补贴可以产生最高的社会福利。艾斯沃思等（Eiswerth et al.，2017）认为水污染、噪声污染、城市病、交通拥堵和其他现代生活的特征是社会中随处可见的外部性，经济学家们和社会科学家们忽视了对于法律和其他相关制度规定的变迁可能对这些外部性所产生的影响。目前国外学者对水权外部性的研究较少，主要集中在如何运用税收等方面来规避水权外部性的产生，外部性对用水户的影响研究较少，是以后的研究方向之一。

1.2.2 国内水权制度研究现状

(1) 水权定义。

水权自产权理论延伸而来，是产权理论渗透到水资源领域的产物。国内学者对水权的概念众说纷纭，归纳起来主要有“一权说”“二权说”“三权说”“四权说”“权利束说”几种。

“一权说”以裴丽萍等（2001）学者为代表，认为水权就是单位和个人按照法律法规的规定，对国家所有的水资源使用、收益的权利；周霞等（2001）认为，水权一般是指水资源使用权；王浩等（2004）认为，水权是指水资源的非所有人按照法律的规定或合同的约定所享有的对水资源的使用权或收益权；傅春等（2001）认为，水权是依法获取的对水资源的使用权，包括保护和治理水环境的各种权益；刘斌（2003）认为水权是对国家所有的水资源的用益物权，是一项建立在水资源为国家或公众所有的基础上的他物权，是一种长期独占水资源使用权的权利。

“二权说”认为，水权指水资源的所有权和使用权。关涛（2003）认为水权应包括水资源所有权和用益物权两部分；李燕玲（2003）认为水权即水资源的产权，包括水的所有权和使用权等；刘书俊（2007）认为水权是产权渗透到水资源领域的产物，主要是指水资源的所有权和使用权。

“三权说”认为，水权包括水资源的所有权、经营权和使用权在内的三种权利。姜文来（2000）认为，水权是指水资源稀缺条件下人们对有关水资源的权利综合（包括自己和他人收益或受损的权利），可归结为水资源的所有权、经营权和使用权；冯尚友（2000）指出，水权是水资源所有权、水资源使用权和水资源经营权等一组权利的总称；邵益生（2005）也认为水资源的所有权、经营权和使用权的权属主体分别为国家、企业和消费者，彼此间相互联系，但其实质却在相互背离。

“四权说”以石玉波（2001）为代表，认为水权可分解为所有权、占有权、支配权和使用权；张范（2001）认为水权的产权涉及使用权、收益权、处分权和自由转让权；汪恕诚（2001）认为，水权包括水的所有权、使用权、经营权、转让权。

有的学者还提出“权利束说”或“水权体系说”，认为水权是由多个权利组成的权利束。马晓强（2002）认为，水权不仅是一种权利，而且是一种权利束，包括水资源的所有权、使用权、配水量权、让渡权、交易权等；熊向阳（2011）认为，水权是一整套关于水资源的权力体系，包括水资源所有权以及所有权派生出的其他权利的总和。

（2）现行水权制度。

自20世纪80年代以来，我国相继出台了《中华人民共和国水法》《中华人民共和国水污染防治法》《中华人民共和国防洪法》等多部与水资源管理密切相关的法律法规。针对水权制度建设中的问题，我国出台了若干有关水权管理的政策①。2004年国务院办公厅发布关于推进水价改革促进节约用水保护水资源的通知；2005年1月水利部出台《水权制度建设框架》《关于水权转让的若干意见》等；2006年国务院发布《取水许可和水资源费征收管理条例》，正式提出水权取得、变更和转让的概念；2012年发布的《国务院关于实行最严格水资源管理制度的意见》确立了三条红线，即水资源开发利用控制红线、用水效率控制红线、水功能区限制纳污红线，明确指出要加快制定主要江河流域水量分配方案，建立覆盖流域和省市县三级行政区域

① 王亚华，舒全峰，吴佳喆．水权市场研究述评与中国特色水权市场研究展望［J］．中国人口·资源与环境，2017，27（6）：87－100.

的取水总量控制指标体系，建立健全水权制度，积极培育水市场，鼓励开展水权交易，运用市场机制合理配置水资源；2016 年水利部印发《水权交易管理暂行办法》，对水权交易的类型、交易主体和范围进行划分，鼓励开展多种形式的水权交易。这些政策法规奠定了我国水权管理政策法规的基础框架。

对于水权制度建设的必要性，常云昆（2005）认为我国水资源问题的解决仅仅依靠市场调节是不够的，更重要的是建立适合我国国情的水资源产权制度。程国栋（2002）认为，建立符合中国国情的水权制度的核心是界定水权，只有清晰界定水权，才能消除和降低我国水资源利用时的外部性所带来的危害，有效限制个人和单位对水资源的过度索取和浪费，提高水资源的整体利用效率。

对于水权制度框架的建立，周霞等（2001）参照国外水权制度建设，对我国流域水资源的产权特性进行分析，认为水权具有非排他性、可分割性、外部性、水权交易不平衡性、有限性几个特征，从水权法、水权分配制度、水权交易制度、水权监督和管理制度四方面考虑，建立了我国水资源产权制度建设框架。汪恕诚（2001）指出，必须加强水权管理，以水资源的宏观控制体系和微观定额体系来实现水资源统管理，明晰水权。吴丹（2012）认为，流域的产权制度安排和水权制度框架是水资源市场化配置中的重要内容，缺少了产权制度安排，初始水权无法界定，水权交易就无法进行；缺少了水权制度框架，初始水权界定和水权交易就没有了载体。姚俊强（2015）对呼图壁河流域近 50 多年来地表径流变化及对气候变化的响应进行研究，探讨了绿洲农业用水、工业用水、生活用水和生态需水的模拟使用方法，揭示流域水资源供需规律，构建适合干旱内陆河流域最严格水资源管理模式（制度）。

对于水权体系的建立，苏青等（2001）认为，明确水权归属、明确水权计量方式、供给无法满足需求时的协调机制、地下水与地表水的协同开发、水权登记等是水权体系建设过程中需要注意的几个方面；张维等（2002）认为，水权市场的组织体系应当包含水资源管理委员会、供水公司和用水者协会；齐玉亮等（2005）结合松辽流域的水资源具体情况，认为水资源使用权体系应当分为生态环境用水水权、水资源现权和水资源期权。

针对最严格水资源管理制度的约束，张丽娜等（2014）探讨了在最严格水资源管理制度下，流域初始水权配置的制度框架和交易机制。张莉莉（2015）针对水资源市场化配置的法律保障存在的结构性问题，提出确立理论基础、健全取水权交易体系、健全水权保障制度、建立水市场监管规则。

（3）水权分配制度。

我国的水权分配制度一直都是由政府来主导，市场机制引入较晚且不健全，但水权分配究竟应当是计划分配还是由市场配置，学术界有不同的看法，可以总结为政府主导论、市场主导论和准市场论。

坚持政府主导论的学者认为水资源明确属于国家所有，且水资源属于公共资源，由政府主导进行分配和管理具有更低的管理成本，同时能够保证水资源在保障公共安全、公共保障中发挥作用，因此，在水资源分配时应以政府为主导来进行水资源的分配。沈满洪（2004）认为中国区域水权的初始分配需要依靠上级政府的力量，而无法利用市场机制。王亚华（2005）认为政府具有对水资源的最终控制权，应当由政府作为水资源分配和管理的主导者。

秉持市场基础论的学者认为市场应该是水资源分配中的主导型分配方式。刘文强（2001）在研究塔里木河流域地州间的水权分配问题时认为，水资源和其他资源的配置，都应该采用市场的方式。

准市场论是由胡鞍钢等（2000）提出来的概念，从政治经济学的角度提出水分配的准市场思路。准市场模式简单来说就是“政府+市场”的模式，在政府主导的基础上引入市场竞争机制，提高水资源的利用效率和优化水资源的利用结构。水权的准市场运作符合我国的国情，大部分学者都持这种观点。贺骥等（2005）认为应当建立以联席会议为协商形式的两级协商体制；徐邦斌（2006）认为需要建立政府宏观调控、市场机制调节的流域各省和用水相关者参与的淮河流域初始水权分配协商机制，民主协商机制有利于合理利用水资源，有利于促进流域经济全面发展和社会和谐稳定；罗慧等（2006）将水权的水量权和污染全有机结合，建立一种“准市场”的水权交易模型；刘敏（2016）认为，水资源的“准市场”治理是一个政府与市场兼具的综合性社会现象，并在“准市场”机制下引入水权和水市场制度作为西部民族地区水资源问题治理的主要策略；刘刚等（2017）认为，如何在准市场条件下构建符合我国国情的水权交易定价机制已成为实现水权交易制度的核心技术。

目前我国初始水权分配的主要方式是总量控制下的取水许可，总体来说比较粗放，实践中存在着水量分配工作滞后、水量控制指标不够明确、取水许可制度不完善、事中事后监督管理促使不落实等突出问题。

（4）水权转让制度。

在我国，水权转让经历了从全面禁止到逐步放开的过程。1993 年，国务院发布《取水许可制度实施办法》，办法中明确规定禁止转让取水许可证；2002 年修订的《中华人民共和国水法》（以下简称《水法》）未就水权转让做出明确规定；2005 年国务院出台了《关于水权转让的若干意见》，标志着我国水权交易从禁止转为逐步开放，水权交易进入了实践发展阶段；2006 年国务院颁布《取水许可和水资源费征收管理条例》，规定了通过采取节水措施节约的水资源可以转让，对水权转让的主体、客体的规定都使水权转让具有一定的局限性；2016 年水利部印发《水权交易管理暂行办法》，对水权交易的类型、交易主体和范围进行划分，鼓励开展多种形式的水权交易。水权转让经历了从全面禁止到全面放开，鼓励各地区根据自身地区、流域的条件开展形式多样的水权交易试点实践，反映了我国水权交易的发展历程。

我国学者对水权转让交易做了大量理论研究，从不同角度对水权转让进行了研究。刘文等（2001）从新制度经济学的角度出发，认为只有在市场经济条件下，且水资源稀缺的情形下，对水权的明确规定才有意义；张郁等（2001）认为水权交易合约化利于形成供求平衡机制，利于稳定价格，利于企业克服盲目性；才惠莲等（2008）从法学角度出发，认为水权是具有公权性质的私权，对水权转让的范围、主体、客体进行限定，并认为水资源使用权的位次首先是家庭生活用水，其次是生态环境用水；孟戈等（2009）通过数学理论模型证明，水权交易既可以改善有限水量的整体利用效率，也可以改善各交易用水户的净收益；张戈跃（2015）从农业水权转让现行制度出发，认为应当建立科学合理的农业水价机制，在适度转变政府职能的前提下完善农业水权转让规则。

2000 年以来，水权试点在我国各地区逐渐铺开，各地都根据自身情况开展了水权交易制度的建设，学者们对各地的水权交易实践都进行了实践调研分析，试图从实践中找寻水权交易制度构建的指导。一是我国首例水权交易，浙江省东阳、义乌两市之间的水权交易。沈满洪（2006）认为东阳义乌之间的水权交易属于全国首例并引发争议，具有经典意义，通过对交易案例的分析得出两个结论，政府间水权交易是以最小成本获取最大收益的理性选择，产权模糊前提下的水权交易离不开政府推动；赵连阁等（2007）认为水权交易有利于东阳经济的整体发展，但横锦灌区的农民收益受到一定损害，同时水权交易大大改善了义乌居民的用水满意度，而且提高了居民的支付意愿；蒋剑勇（2015）从经济学角度剖析了东阳—义乌水权交易的过程，认为政府推动降低了水权界定的成本和地区间水权交易的协商费用，官员对政绩的追求是区域水权交易的动力所在。二是漳河流域跨省水权交易实践。杨世坤等（2004）认为漳河流域的水权交易有效地缓解了上下游的用水矛盾，促进了边界地区团结，是探索运用经济手段和市场机制解决水事纠纷的新途径。王慧敏等（2014）寻求漳河流域跨界水资源冲突的协调途径，从政府的强互惠角度出发，认为节水激励和水权交易可以重新调整漳河流域的水量分配方案，协调漳河流域的跨界水资源冲突。三是甘肃张掖节水型社会建设中建立水权交易市场的实践。程国栋（2002）认为，交易市场的建立大大提高了村民的节水意识，推动了产业结构调整和农业种植结构调整，在提高经济收益的同时推动了社会节水灌溉的意识。四是宁蒙两区产业之间水权转让实践。胡玉荣等（2004）指出，宁蒙水权转让是在不增加黄河分水指标的前提下，通过高强度的节水投入，实行大规模、跨行业的水权转让，首次实现了应用水权理论对黄河水资源进行优化配置的尝试。

我国水权转让制度建设相对于世界上其他发达国家起步较晚，但在近二十年的时间内我国水权转让制度从无到有，从片面到综合，从局部试点到全面实施，将市场经济引入水资源市场的实践经验始终在不断丰富，对探索运用市场机制解决我国可用水资源供需矛盾的问题具有重要指导意义。同时也要清醒地认识到，我国水权转让制度还存在着许多问题，如对水权转让的认识不够全面，区域用水指标和水量分配还没有完全形成制度化，水权转让的具体配套政策法规和管理制度还不完善，一些地区的水权转让实践探索的积极性高，但做法不规范，农民用水权益保障等还存在一些问题。

（5）水权交易价格。

水权交易价格的形成、确定和变动是水权交易制度建立重要的研究内容。有的学者定性地分析了水权价格。田圃德等（2003）将水权市场分为一级市场和二级市场，在不同的市场上有不同的交易方式，水权价格因交易方式不同而不同；田世海等（2006）按照不同实物期权的类型，基于实物期权理论，对执行水权价格进行了分析；江煜等（2009）对水价和灌溉水量的相互关系进行研究，指出灌溉水价调整将会使农业灌溉用水产生明显的抑制作用，节水效果明显；王亚华（2007）认为，商品水价应当包含资源水价、工程水价和环境水价，并对我国水价改革进展进行梳理，认为我国水价改革已经实现从传统计划体制下的无偿或福利型向有偿或商品型的历史转变；甘泓等（2012）认为，水资源全属性价值包括使用价值、产权价值、劳动价值、补偿价值，水资源各种价值属性最终体现为市场价值，并通过价格来反映。

也有学者从实证角度分析水权价格形成及影响。沈满洪（2004）探讨了水权价格的形成机制，分析水污染权初始价格与均衡价格之间的关系，论证市场机制在水权配置中的优越性；秦长海等（2014）基于一般均衡模型方法，利用GMAS软件，建立将水要素纳入要素供给、将水行业单独考虑的水价政策模拟模型，开展水价格政策模拟分析，研究发现在适当的调价范围内，水价提高和政府涉水补贴等政策对物价水平、经济增长、产业结构及居民生活水平影响不明显，但是对水生产供应企业影响意义重大。

（6）水权外部性。

目前研究水权交易中水权外部性的文献主要集中在定性描述上，定量研究较少。马晓强、韩锦绵（2011）对水权交易中的第三方效应做出分类辨识，认为第三方效应包含水权交易对不同的客体所产生的生态正效应、当地经济正效应、技术进步正效应三种正效应，以及水资源供给可靠性负效应、农村经济负效应、回流水量负效应、水质负效应、水源地负效应等；张丽珩（2009）在分析水权交易外部不经济的基础上，指出单纯依靠市场机制无法引导以效益最大化为目的的交易双方消除外部性，要消除水权交易带来的外部性问题，需要权威机构进入并建立外部性的评价机制和对第三方的补偿措施；严冬等（2007）利用水资源模型和水质模型评估了水权交易的外部性，认为外部性消除遵循了用最小的污染排放削减量来满足环境要求的原则，补偿可依据外部性的消除费用确定；李万明等（2014）通过对玛纳斯流域水权交易的分析，借鉴交易的外部性理论，对玛纳斯流域水权交易的正负外部性进行论述，并通过东阳—义乌水权交易案例进行分析，进一步说明水权交易中外部性的存在。通过梳理学者们对水权交易正负外部性的研究发现，水权交易中外部性的产生是必然的，因为自然资源的使用必然会导致对第三方的影响，学者们从不同角度分析了如何弥补外部性带来的问题。

1.2.3　玛河流域水权制度研究现状

自从 20 世纪 60 年代《玛河章程》设立以来，玛河流域的分水规则已沿用了近六十年。2000 年以来流域内兵团、自治区犹如“军备竞赛”般地开垦荒地，域内农业耕地不断扩大，种植结构不断调整，高耗水的棉花成为流域的主要农作物，原有的分水方案已不再适应当前流域内的地区社会和产业结构，不仅利用效率低，而且地区间、产业间用水矛盾突出，亟须制定符合流域现状的初始水权分配规则和水权交易规则。近些年学者对玛河流域的关注度越来越高，分析的角度越来越多样化。

学者分别从玛河流域初始水权分配的原则、方法以及水权交易中的外部性进行研究。郑剑锋等（2006）从理论角度研究玛河流域水资源配置体制的形成及演变，根据博弈论的原理分析各时期玛河流域水资源的分配，通过对玛河流域水资源配置体制发展的演绎分析，建立混合形式下的玛河流域取水权分配体制；郑剑锋等（2006）构建了水权分配的指标体系，为解决多地区多目标的决策问题建立了基于满意度决策理论的水权分配模型，采用该方法对玛河流域水权进行了分配，获得了较为合理的结果；郑剑锋等（2006）还建立了多层系统半结构性多目标模糊优选的水权分配模型，对玛河流域水权进行了分配；汪世国（2010）针对玛河流域水资源短缺问题，开展了水资源优化配置系统的研究，旨在能够充分利用和管理玛河流域水资源，使其在现有的水利工程条件下发挥更大的综合效益；施文军（2012）介绍了玛河流域水权制度历史沿革，阐述了水资源管理在水权制度实践中的特点及水权制度改革思路，为制定适应玛河流域发展的水权水市场管理办法提供了参考；魏玲玲（2014）对玛河流域的可持续发展进行了总体分析，提出玛河可持续利用管理制度的优化方法，提出了玛河初始水权的优先序确定、水权模式、水权的分配方法，并提出玛河流域水价核算方法，最终提出建立玛河综合管理委员会的方案；张汝山（2014）对玛河流域水资源及其利用进行分析和评价，采用多目标决策方法，设置流域内水资源分配最优方案，提高水的综合利用效益；李媛媛等（2014）结合玛河流域的实际情形，根据水资源集中配置和市场配置各自的优缺点和适应范围，提出了流域水权初始分配的办法；李万明等（2014）对玛河流域水权交易的正负外部性进行了详细分析，并提出针对流域的针对性措施；刘巧荣（2015）对昌吉州水权水价改革进行了深入分析，提出要加快水价改革，建立水价形成机制，充分发挥价格在资源配置中的杠杆作用，建立健全科学规范的水价形成机制。

通过文献梳理可知，对玛河流域的水权制度研究大多数停留在水权分配阶段，多数运用不同的研究方法对玛河流域进行了水权分配制度的研究，而水权交易制度、流域总体水权制度建设研究较少，水权交易中外部性以及水权交易定价研究略显单薄，针对昌吉州水权水价改革实践成效研究较少，这为本书的研究指明了方向。

1.3 研究方法和研究思路

1.3.1 研究方法

（1）比较分析法。

利用比较研究方法，分析国内与国外在水权分配制度上的区别，分析在不同产权所有制情况下水权管理制度；对比分析我国东阳—义乌水权交易、黄河流域宁蒙两区的水权交易以及黑河流域张掖市水权交易的不同水权交易模式；对比分析玛河流域内自治区水权管理模式与兵团管理模式的区别与联系，选取北五岔镇和八师一二一团作为典型案例进行剖析，以求得到两种管理模式的深层含义。

（2）定性与定量结合。

在水权管理制度框架、初始水权分配框架体系、水权转让分配框架、水权外部性研究、水市场建立等方面，采用定性描述和定性分析的方法。在研究玛河流域的水资源稀缺现状时，针对玛河流域的水资源承载力分析、水资源供需分析采用定量分析方法，在初始水权配置模型中运用破产博弈分配定量分析方法确定流域各利益主体的水资源量分配，在水权转让模型中运用合作博弈方法确定玛河流域的水资源使用效率问题。将定性分析和定量分析结合，共同组成水权制度的研究。

(3) 博弈方法。

在水权分配阶段采用破产博弈方法确定流域各方的水权分配量，并采用卡尔多—希克斯标准对各个破产博弈模型进行评价，得到社会福利最大化的水权分配模型；在水权转让阶段，应用合作博弈模型探求在水权转让中各方利益主体在形成合作联盟后的利益分配和资源分配，以此探究水资源使用最大化的路径。

1.3.2 研究思路

本书在梳理国内外水权制度、玛河流域水权制度研究的基础上，分析得到水权制度变迁的动因，以此为逻辑出发点构建玛河流域水权制度框架。在首先，分析了以玛河流域水资源现状、水资源承载力和水资源供求关系后，我们认为玛河流域水资源供需矛盾已严重影响流域社会经济正常发展，需要采取有效措施提高水资源利用效率并优化资源配置结构，应用产权制度和市场化配置可有效提高水资源的配置效率。其次，分析在水权分配和水权转让两个阶段的水资源的优化配置路径，在水权分配阶段基于公平性原则应用破产博弈方法对玛河流域的水权进行初始分配，得到玛河流域的初始水权分配方案；在水权转让阶段基于效率性原则构建合作博弈联盟（组织），应用合作博弈理论对联盟的水资源收益进行重新分配，并分析在不同的博弈联盟（组织）模式下水资源的利用效率，得到最优联盟（组织）模式。再次，分析水市场的组织体系、市场机制，进而根据水市场中三种水权交易定价模式，探讨不同定价模式下的水价形成机制。最后，得出研究结论并进行研究展望。具体内容见图1-1。

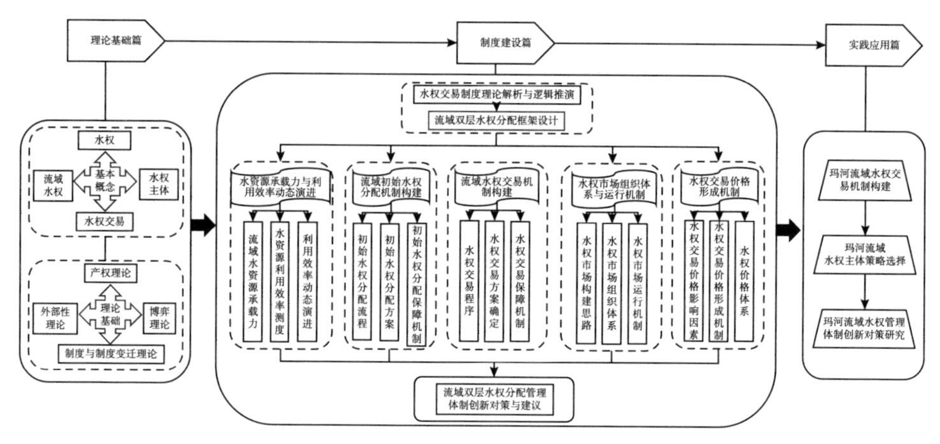

图1-1　技术路线

1.4　可能的创新点

第一，对我国水资源产权制度和产权制度变迁进行理论分析，明确水权制度框架的内在逻辑：（1）产权明晰是水权交易的前提；（2）“准市场”资源配置模式是水权分配和交易的制度选择。以此为基础构建“政府管控+市场调节”准市场资源配置模式下的水权制度框架，包括初始水权分配制度，水权转让制度和水市场、水价形成制度。试图从制度创新角度提高流域水资源利用的公平性和效率性，确保流域水资源的可持续利用。

第二，应用水资源承载力理论建立干旱区水资源承载力评价指标体系，对玛河流域水资源承载力进行分析和测算，得到玛河流域的水资源承载度已处于严重脆弱情形。玛河流域需要及时改变水资源开发利用程度和利用结构，从水资源需求端寻找解决供求矛盾的路径。

第三，以公平性为评价标准建立流域初始水权分配制度，应用破产博弈理论构建玛河流域初始水权分配方案，加入“自适应度”作为流域权重配比标准以保障公平性，以“卡尔多—希克斯”标准评价初始水权分配方案，得到最适合玛纳斯河流域的初始水权分配方案。结果表明，在流域初始水权分配阶段应用破产博弈模型能够有效提高流域水权分配的公平性，同时提升流域的社会总福利。

第四，以效率性为评价标准建立水权转让制度，在准市场资源配置框架下，针对“政府失效 + 市场失灵”现象引入社区（组织）多方合作博弈联盟，形成“政府 + 社区（组织）联盟 + 用水户”三方博弈格局，应用合作博弈理论建立社区（组织）多方合作博弈联盟，提出流域水权合作博弈联盟分配策略。结果表明，应用合作博弈联盟能够显著提高流域水资源利用效率，在满足集体理性的同时满足个体理性是未来水权转让制度的发展方向。

第2章　水权概念与理论推演

2.1　基本概念

2.1.1　水权和流域水权

（1）水资源属性。

一是自然属性。水资源是所有基础资源中最重要的一种，从自然属性角度看，水资源具有不可替代性、时空分异性、有限性、流动性、可更新性和用途广泛性。

水资源是地球的万物之源，是生物圈和生态圈不可替代的重要组成部分。水资源是水生生物的载体资源，是陆地动物、植物、生态系统环境的保障性资源，是影响内陆河流与海洋之间的水汽运移、全球气候改变、全球水汽环、区域气温升降的重要调节性资源，无论对于生物系统、生态系统，水资源都是重要的母体资源，具有不可替代性。

水资源具有明显的时空分异性。在大陆性气候地区，降雨集中在2～3个月内，汛期降水量占全年降水的60%～70%，由于社会经济系统对水资源的需求是持续不断的，大部分降水在汛期中不能得到全部利用，因此需要兴修水利设施贮存降水；水资源的空间分布也极不均衡，水土资源极不均衡，以我国为例，长江流域及以南地区土地面积占全国的36%，而降水量是全国的80%，黄河、海河、淮河流域耕地面积占全国40%，而降水量只占 8%，水土分布不平衡性导致我国旱涝灾害严重，农业生产不稳定[①]。

水资源的有限性主要体现在其数量方面。地球上水资源的总储量有 14.6×10^{17} 立方米，能供人类使用的淡水资源只占总水量的 2.5%，其中还有 70% 冻结在南极和格陵兰的冰川冰盖中，人类能直接使用的淡水资源不足地球水资源的 1%，只有江河、湖泊和可利用的地下水资源是可供人类使用的易于开采的淡水资源。据资料统计，全球稳定径流量只有 14×10^{12} 立方米，实际可利用的河流径流量为 9×10^{12} 立方米，水资源有限性凸显[②]。

水资源的流动性使其成为一种独特的自然资源。自然界的水通常呈液体状，通过流动、蒸发、渗透在水圈中循环，水资源的流动除了受地形影响之外，还受到全球水汽循环的支配。水资源的水汽循环具有高度复杂性，与地球生态系统、气候变化、地形地貌、动植物生长特性、海洋环流、陆地河流湖泊都具有相关性。

水资源的可更新性也是其独特的属性。与矿产类自然资源不同，水资源在其循环周期内可不断更新和再生，由于全球水资源的不断循环，地球上的淡水资源可以永不停息地补充、消耗、更新。只要对水资源的使用量不超过其循环更新的补充量，水资源就可以不断地循环和补充，保证可再生能力。

水资源的用途广泛体现在它既是生态系统、人类生活、农业、工业、服务业等生产过程中必须要使用的资源，也是植物生长，水产养殖、海上运输等以水资源为载体的活动所必需的条件。水资源用途的广泛性决定了在资源配置过程中用水主体的多样性和复杂性，水资源的配置难度与用途广泛程度成正比。

二是经济属性。水资源在经济社会中最重要的属性是经济属性，经济属性中最重要的属性是排他性。私人拥有的水资源在使用时拥有绝对排他性，其用途只由水权拥有者所决定，其他的个人或团体无权阻止水权人对其所拥有的水资源使用的权利。目前我国宪法对水资源所有权的权属定义是水资源属于国家，个人或团体可拥有水资源的使用权，由此可以看出，水资源的私有属性虽不完整，但并不影响作为私人商品的排他性。然而，水资源属性并非只有排他性一种，水资源还具有非排他性的公共物品属性。

---

① 水利部水文司．中国水文志［M］．北京：中国水利水电出版社，1997：36.

② 水利部水文局．水文情报预报技术手册［M］．北京：中国水利水电出版社，2010：6.

当水资源设定为公共产权时，水资源是作为基础公共资源存在的，例如高山冰川的雪水，大江河流的径流等，这些水资源是具有非排他性的公共物品。作为公共物品的水资源想要排除无权消费的消费者无偿使用，监督和管理成本是巨大的，因此无法排除经济主体对“公共水”的占用，由此产生了“搭便车”的经济行为，水资源的外部性问题随之而来。水的公共物品属性产生的一系列问题适合由政府部门出面协调解决，采用问题导向的水资源管理政策规制公共水资源的管理与使用，避免水资源无故污染和浪费。多重的经济属性决定了水资源既具有公共物品的共享性，也具有私人物品的专有属性，包含“公私混合”特征。

长久以来，人们把水资源看作一种免费的、取之不尽用之不竭的公共商品，随意取用、占用、污染水资源，造成水资源极大浪费，供需矛盾愈发紧张突出。水价的低廉和水管理部门监管不到位使水资源没有成为一种可交易的商品，市场的“无形之手”无法通过价格杠杆调节水资源的供需关系，缘于人们还将水资源当作一种免费物品，没有将其看成“有价”商品。当前的水资源管理现状已不能满足人们对水资源数量和质量的需求，需要将对水资源的观念从无价值的资源转变为具有价值和使用价值的商品，树立水资源“商品”概念。

三是社会属性。水资源不仅具有自然属性和经济属性，同时也是社会中不可缺少的物品，具有社会属性。自古“民以食为天”，农业生产是社会中基础性的生产活动，对维系粮食供给的要求、农户收入和社会稳定具有重要作用，水资源是灌溉农业中最为关键的基础性资源。在干旱区和半干旱区，水资源是尤为重要的社会资源，是各国家政权组织竞相争夺的标的物，一些国家为了获取水资源不惜大打出手，易引发严重的地缘政治冲突，例如约旦河流域，幼发拉底河流域，尼罗河流域等，这些流域的沿岸各国为国家利益必须争夺水资源的控制权，由此引发的战争在历史上例子有很多。这些国家对水资源需求的本质，或者说根本性原因是水资源对本国社会稳定的重要性，若整个社会缺乏水资源会导致各阶层通过各种手段获取水资源，此时社会阶层的矛盾对立就会凸显，一些国家由于可利用水资源的匮乏，甚至会改变社会发展结构，以适应水资源短缺所带来的种种不便，例如以色列以节水为科技发展导向，成功发明滴灌等节水灌溉技术，成为世界上典型的节水型国家。一些跨国家跨区域的国际河流的共同治理开发也是目前水资源管理的前沿研究热点，这也从一个侧面反映出水资源对于沿岸各国的社会发展的重要性。

（2）水权概念。

水权由经济学“产权”概念和法学“物权”概念双重理论中延伸而来，水权的概念具有多元化属性和跨领域跨学科的内涵。从经济学领域的产权理论出发，水权是对水资源经济属性进行利用以此获益的一束权利，即所谓的“水权束”，其中“水权束”包含经济主体对水资源的所有权、使用权、收益权以及处置权，水权的内涵从经济学角度解读得到极大的外延，水资源使用相关的经济利益和经济行为选择都被囊括至水权的概念之中；从法学的“物权”角度出发，水权指依法对水资源所有权的地面水和地下水取得使用或收益的权利，法学角度的水权是取自水资源所有权的一项法律制度，且是水资源的所有者依照法律的规定或合同的约定享有对水资源使用权和用益物权。经济学领域的水权概念及内涵侧重水资源的效率方面，围绕水资源的高效利用和可持续利用进行了研究；法学领域的水权侧重公平角度，以水资源分配的社会公平性角度为导向研究一系列关于水权的法律法规和制度政策。在第一章中将国内学者对水权概念的分类已进行详细论述，此处不再赘述。

（3）水权特征。

一是排他性。按照排他性的大小，水权可以区分为国家水权、区域水权、俱乐部水权、私有水权，并根据开放性按上述排列由强至弱，排他性由弱到强，水权的排他性和开放性呈现反向关系，见图2-1。我国现行的法律规定水资源的所有权归国家和集体所有。从法律的约束性角度来看水权具

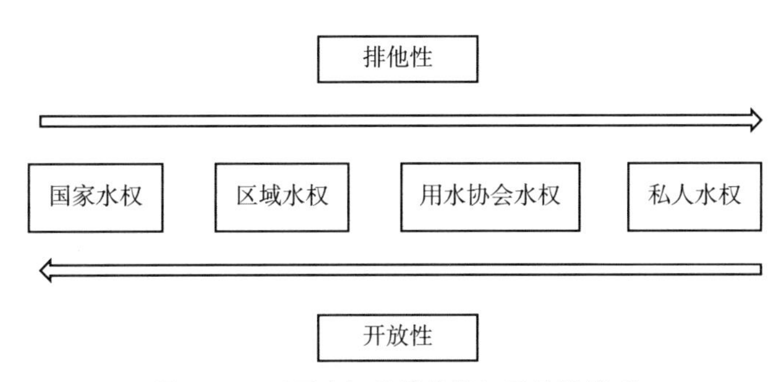

图2-1 不同水权的排他性与开放性关系

有无限排他性，但从现实中的水权管理制度的实践上水权却具有非排他性，主要原因是虽然水资源的所有权归国家和集体所有，但实际上归地方和水资源行政部门所有，在水资源的管理、协调、优化和流转过程中存在障碍。

二是分离性。根据我国《水法》规定，水资源所有权归国家和集体所有。水权中的水资源所有权和水资源使用权等一系列权利产生分离，这种权利的分离符合水资源的公共物品和私人物品的属性。纵观其他国家的水资源管理体制，绝大多数国家的水资源的所有权都归国家或州（省）所有，这是国际公认的基本水权的所有制形式①。将水资源使用权等其他权利与水资源的所有权分离出来，有助于国家等公权力主体对作为公共物品的水资源的保护、计划、管理，同时也可保护作为私人物品的使用者的相关利益不受侵害。国务院于 2016 年 11 月 4 日发布《中共中央　国务院关于完善产权保护制度依法保护产权的意见》，强调要建立健全归属清晰、权责明确、监管有效的自然资源资产产权制度，完善自然资源有偿使用制度，逐步实现各类市场主体按照市场规则和市场价格依法平等使用土地等自然资源，这是我国首次以中央名义出台产权保护的顶层设计，为水资源所有者和使用者的权利行使提供了强有力的政策制度保障，同时也促使人们转变水资源无偿使用观念，树立水资源的市场经济商品概念。

三是外部性。水权具有外部性，包含外部经济和外部不经济。水权的外部经济指水权在使用中的水资源渗漏、蒸发等现象会间接增加生态环境用水，提高生态环境水资源供应量，改善局部环境气候；水权的外部不经济指水权使用过程中随意排污致使下游用水受到污染，破坏生态环境，上游无节制的用水导致下游用水紧张甚至无水可用等，同时外部不经济还体现在水资源利用的代际外部性，如果当代人无节制地使用水资源，完全按照自身效应最大化的原则利用和消耗水资源，那势必会对下一代产生影响，人们在优先开发利用水资源时首先会选择水质好、易开发、水利基础设施建造较为方便的水资源进行开发，这样会增加后代人开发利用水资源的成本。

四是信息不对称。由于水资源的所有权属于国家，在水权交易过程中，需要保证在水资源所有者主体属于国家的前提下，进行水资源的使用权的交

---

① 姚傑宝. 流域水权制度研究［D］. 河海大学，2006：32 - 34.

易。水权交易的双方一方是代表国家的水行政主管部门，另一方是用水户，在水权交易中两方是不同利益代表者，其地位、获得信息能力差异很大，很容易产生信息不对称等问题，提高交易成本。

（4）水权性质。

一是私权属性。水权满足物权的基本性质。主要表现在水权主体对水权具有直接支配性和保护性①。直接支配性体现于在法定条件下，水权人可以依照自己的意愿进行取水、用水或排水，或将所获得的水资源流转给需要水资源的人以获取收益，虽然在取水阶段水资源使用者需要水行政主管部门或流域管理机构的行政许可，并在取水过程中受到水管理部门的监督和管理，但行政许可只起到辅助保障作用，水资源使用者依然保有水资源的直接支配权，无须他人授权或者介入就可以实现对水资源的支配；保护性体现在法律赋予物权人绝对保护的权利，物权人可以向任何人主张其权利。具体到水资源使用权，水权人具有依法取水、用水和排水的权利，排除一切人的不法侵害，任何人侵害了其水权，水权人均可以向其主张权利②。

二是公权属性。水权的公权属性体现在水资源管理政府机构和流域水资源管理机构规划、配置、管理水资源的过程中，例如用水户依法取得水资源使用权的过程和水管理部门根据社会生态环境保留一部分生态环境用水时，水权的公权属性凸显。水权的公权属性体现在以下方面。

第一，水资源所有权的行使需要多种公共权力。我国水资源属于国家所有，由国务院代表国家行使所有权，水行政主管部门享有水资源的管理和监督权。同时，水行政主管部门对水资源所有权的公权力使用要受到监督，要运用宪法等基本法对其进行调整和规范。

第二，水资源使用权的取得和行使需受到水行政许可监督管理。首先，在水资源使用权的取得方面，实行水行政许可制度，国家通过行政许可对是资源使用权的取得进行直接行政干预；其次，水资源使用权行使过程也受到一系列规章制度的约束，如综合规划、总量控制、定额管理等；最后，在水资源使用权的终止方面，行政部门可强行终止某些对公共利益有危害的水资源使用权。

---

① 刘立明．试论我国水权制度的构建与完善［D］．吉林大学，2009：25.
② 崔建远．准物权研究［M］．北京：法律出版社，2012：53－55.

（5）流域水权。

流域水权是水权在流域内存在的形式。由于流域是一个相对独立的水系，水资源的水汽运移、陆空循环等自然特性是流域水资源所独有的，水资源的宏观供求只有在一个流域内研究才具有意义，流域间的水资源交换、调配等则需要从跨流域水资源管理角度研究。首先，水资源的天然分布以流域为尺度单元，以流域作为管理单元符合水资源的自然属性、经济属性和社会属性；其次，流域自身相对完整的生态环境系统和社会经济系统决定了水资源的分配、使用、管理等方面以流域为单元进行管理最为恰当。相应地，应当建立完善的、适合流域特征特性的流域水权制度，强化对流域水资源的管理，优化流域水资源利用效率。

流域水权制度的定义是以流域为单元建立的规范政府与用水户之间、用水户和用水户之间的权责利管理的一系列规则的总和。这与普通水权的定义一致，只是在范围上有所限定，将水权限定至流域范围内，因此流域水权制度也有区别于普通水权制度的特性。第一，流域水权是公共水权。按水资源产权的排他性强弱分类，水权分为私有水权、俱乐部水权和共有水权，水权的排他性依次减弱。产权的排他性是水权是否能够实现资源转化为经济的关键，目前我国的水资源由国家所有，用水户拥有的是水资源使用权，在流域范围内是由流域内的人们共同所有，但区别于开放利用的公共财产，在流域内有内部管理的水资源利用规则，同时设立流域水资源管理机构对水资源进行权属管理。第二，流域水权是特定范围内的水权。目前我国水资源的管理模式是以国家水管理部门为主导，行政区域水权管理与流域水权管理相结合的管理模式，也就是说是在流域内的水权管理是区域行政水管部门和流域水管部门共同进行管理，因此流域水权是水权的全部或一部分，当水资源属于一个流域时，流域水权等同于水权。流域水权分为两种情况。第一种是流域在一个行政区域范围之内，例如在一个省级区域范围内的水权，例如玛河流域，这种流域一般属于干旱区或半干旱区内陆河流。第二种是跨行政区域的流域，类似于黄河流域、长江流域等，地跨多省多行政区域，此类水权也被称为流域水权。本书的研究对象为玛河流域，属于第一种情况，因此书中的“流域水权”和“水权”含义相同。

2.1.2　水权制度

（1）概念。

根据2005年水利部印发的《水权制度建设框架》，本书将水权制度定义为划分、界定、配置、调整、保护和行使水权，明确政府之间、政府和用水户之间以及用水户之间关于水权的权责利关系的规则，是从法制、体制、机制等方面对水权进行规范和保障的制度的总称。水权制度是水管理政府部门为适应市场经济体制，设计符合市场经济运行规律的，以保障用水户对水资源的所有、使用、处置、收益权利为目的的制度。在以水权制度为基础的水资源管理体制下，通过明晰水资源产权，明确水权所有者和使用者的责权利，培育壮大水权交易市场，保证生产者和消费者在水资源决策问题上平等的经济和法律地位，形成在政府管控下分散的用水决策机制，以价格为导向的信息机制，以利益关系为驱动力的激励机制和以市场经济交易为资源配置的机制。水资源产权的明晰必然带来生产资料权属关系的改变，进而带来生产关系的转变，从而影响利益的分配与再分配过程，通过水资源、配置制度创新和管理模式创新推动社会经济发展方式的改变。

水权制度包含水资源所有制度，水资源使用制度和水资源转让制度。水资源所有制度是为实现国家对水资源的所有权而设立的；水资源的使用制度和转让制度是对流域、省（区）、县区域划分等用水单位或个人在取得、利用、交易水资源等一系列经济行为进行规范，明确水权所有者的权利和义务，建立水权管理制度和规范，明确水权交易行为。水权制度分类见图2－2。

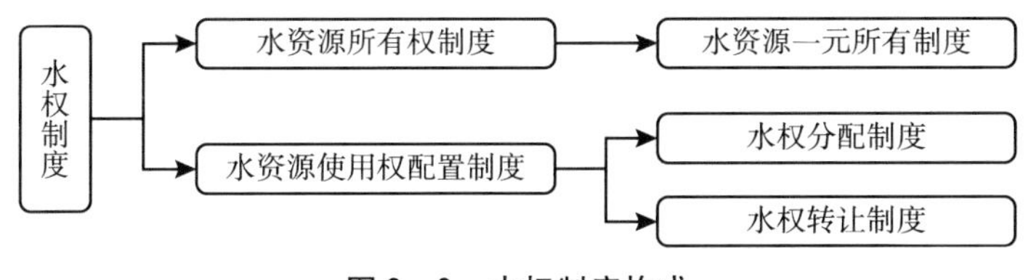

图2－2　水权制度构成

（2）水资源所有权制度。

水资源的所有权制度是水权制度的基础，水资源的所有权制度是水资源的一元所有制度。水资源的一元所有制度由我国《宪法》和《水法》规定，我国《宪法》第九条规定，“矿藏、水流、森林、山岭、草原、荒地、滩涂等自然资源，都属于国家所有，即全民所有”。我国《水法》第三条规定，“水资源属于国家所有。水资源的所有权由国务院代表国家行使。农村集体经济组织的水塘和由农村集体经济组织修建管理的水库中的水，归各该农村集体经济组织使用。”这些都明确了我国水资源一元所有制度，即水资源归国家所有。

（3）水资源使用权制度。

水资源的使用制度是用水单位或个人依法取得水资源的使用权利并按规定使用获得的水资源的规范。我国《水法》第七条规定：“国家对水资源依法实行取水许可制度和有偿使用制度。但是，农村集体经济组织及其成员使用本集体经济组织的水塘、水库的水除外。国务院水行政主管部门负责全国取水许可制度和水资源有偿使用制度的组织实施。”第四十八条规定：“直接从江河、湖泊或者地下水取用水资源的单位和个人，应当按照国家取水许可制度和水资源有偿使用制度的规定，向水行政主管部门或者流域管理机构申请领取取水许可证，并缴纳水资源费，取得取水权。”取水权是水权从国家向单位或个人转移的初始条件，是水资源制度中一项基本制度。取水权制度必须要完善成为初始水权制度，这样才能保证水权转让的顺利进行。

（4）水权转让制度。

水资源的转让制度是水资源利用效率的保证。在初始水权分配明晰后，各用水户根据所得到的水量自主选择用水方案。不同行业的用水总量和用水效率不同，同行业不同用户的用水效率不同，同一用水户将水资源运用至不同的用途时所得到的收益和用水效率也不同，因此用水户在得到初始水权分配后需要经过多方博弈，谨慎决定水资源的用途。用水户可选择将水资源自用或流转给其他水资源紧缺的用水单位，此时就产生了水权流转的需要。水权转让的过程需要建立水权流转制度，明确水权交易流转的规则、程序、规范转让行为等。

2.1.3 水权分配和初始水权分配

（1）水权分配。

水权分配是在资源相对紧缺的情形下对资源的质量、数量进行安排、选择和搭配的分配过程。在资源配置过程中，经济主体需要获取资源的完全信息，以便安排资源在不同主体之间的分配。在资源相对紧缺的情况下，资源配置是各方用水主体争夺的焦点，特别是基础类的资源，更是各级政府和用水单位竞相争夺的标的物。水资源作为基础资源中最重要的一项，其管理制度是社会自然资源管理的重要基础，具有不可替代性。

（2）初始水权分配。

在水权转让过程中要首先明晰出让方的水权，如果出让方取得的水权是依法有效的，则可合理转让水权，否则可能造成流域内其他用水单位和个人的利益损失。为了将转让中的水权的出让方和受让方的水权区别开来，我们将出让方取得的水权称作“初始水权”，即需要取得水资源的单位或个人从水行政主管部门获得的水权，相应地，从事水资源开发利用的单位或个人最初从水资源行政主管部门或者流域水资源管理机构依法获得初始水权的过程就被称为“初始水权分配”。

初始水权从所有权角度只是水资源使用权意义上的水权，而不是水资源所有权意义上的水权，当然初始水权也不完全等同于水资源的使用权。初始水权的获得是水资源使用者最初从水行政管理机构或流域管理机构取得的水资源，而水资源使用权的获得可以像初始水权那样从水行政管理机构获得，也可以通过水权转让、继承等方式从水权者处获得。水资源使用权包括初始水权，初始水权是水资源使用权的一部分。

（3）水权分配、初始水权分配和水量分配的区别。

需要对水权分配、初始水权分配和水量分配进行概念和内容的辨析，因为这三个概念极易混淆。水权分配包括流域向区域、省级区域向市级区域、市级区域向县级区域以及政府向用水户进行水权分配；初始水权分配是特指需要使用水资源的单位和个人最初从水行政主管部门或者流域管理机构获取初始水权的行为；水量分配是指将流域的水资源量逐级向下分配给各省级水资源管理者，省级向下分配水资源量给市级，市级向下分配水资源量至县级的行为。由定义可以看出，水权分配、水权初始分配和水量分配不是一个层次上的分配，水权分配包括水权初始分配和水量分配。而水量分配和初始水权分配在主体、性质、阶段、标的和方式上都有很大区别。在分配的主体方面，水量分配是在政府行政层级之间，指在政府内部进行分配，初始水权分配是在政府与用水户之间进行；在分配的性质方面，水量分配是行政权力的逐级下放，区域政府通过上级政府的分配获得水资源配置权，而初始水权分配是经依法审批后，用水户取得水资源的使用权；在分配阶段方面，水量分配是水权分配的前半部分，此时水资源的所有权和使用权还没有分离，初始水权分配是水权分配的后半部分，此时的水资源所有权和使用权已经分离，水资源的使用权从政府转移到用水户处；在标的方面，水量分配的标的是区域用水总量，是水资源在不同区域的总体配置，而初始水权分配的标的是水资源的使用权；在方式上，水量分配是上下级政府之间的无偿划拨，初始水权分配是水资源使用者依法通过取得用水许可证，缴纳一定的水资源费取得的。综上所述，水权分配、初始水权分配和水量分配是水资源在各级政府部门、团体或个人之间的所有权和使用权的下放和授予，明晰这三个概念的内涵和内容可以更深层次地理解水权管理制度体系。

2.1.4 水权转让

水权转让是指在市场经济条件下，水权拥有者将所拥有的水权中的使用权全部或部分转让给水权需求者，并获取一定费用的过程。我国《水权制度建设框架》中明确指出，水权制度由水资源所有权制度，水资源使用权制度和水权流转制度三部分构成。水权流转制度包括水权转让资格审定、水权转让的程序及审批、水权转让的公告制度、水权转让的利益补偿机制以及水市场的监管机制。水权流转是利用市场机制对水资源优化配置的经济手段。

从经济效率的角度出发，水权交易的内在动因是各个用水户水资源边际收益的差异，只要各用水户间的水资源使用的边际收益之差大于水权转让的交易成本，水权流转就有潜在效益，水权流转的经济行为就会出现。水权交易的前提条件有两个，一方面是水资源的稀缺性，水资源的稀缺性导致水资源使用权的取得具有复杂的手续和程序，稀缺和紧张的资源得到需求者的青睐，需求者会以更高的价格获取更多更好的水资源，如果用水户可以免费获得水资源，那么水权的交易就不会发生，从目前我国水权交易的实践可以发现，水价偏低是市场经济杠杆失灵的重要原因，水资源的低价获得使用水户没有水权交易的动力；另一方面是各个用水户之间所获取的水权量存在差距，只有一方用水户在使用自己的水资源后有结余，另一方所获取的水资源不够使用时，水权交易才会顺利进行。

水权转让具有一般交易的特点，还因水资源的特性、转让的复杂性和影响的广泛性，具有典型的准市场特征。从经济角度来看，水权具有一般市场经济商品的属性，但由于水资源经济属性的特殊性，无论是水权的取得、初始水权的分配还是水权的流转过程都要接受国家宏观层面的政策扶持和引导。从国内外的水权转让实践可以看出，水权转让在引导水资源的合理优化配置，促使水权流向最有价值、收益最高的用途，推动水资源使用权的合理流转，高效利用、节约和保护水资源方面具有重要的作用。水权流转可以促进用水户节水，当用水户得到初始水权分配后，通过节水技术或科学的灌溉方法，可以促进水资源的节约使用，剩余的水权可以流转至需水人处并获得一部分收益补偿，从而获得更多收益。当前我国水权流转制度正处于起步阶段，零星的水权转让实践提供了宝贵的水权转让经验，同时也要看到目前的水权流转亟须理论和制度的保证，以规范水权转让的行为，促进水权流转制度建设和水市场的建设。

2.2 理论基础和理论推演

2.2.1 产权理论

（1）产权概念。

产权（property rights）是一个舶来词，其原意是财产权（财产所有权）和财产权利的简称。不同的角度、研究方法、研究目的催生出许多不同的产权定义。学者们从产权的内涵出发，以产权的本质特征为重点进行定义。阿尔钦（Alchian，1973）指出，产权是一个社会强制实施的选择一种经济品的使用权利，私有产权是将这种权利分配给一个特定的人，它可以同附着在其他商品上的类似权利交换。德姆塞茨（Demsetz，1967）认为，产权是一种社会工具，能够形成与其他人进行交易时的合理预期，产权包括一个人或其他人收益或受损的权利。费舍尔（Fisher，1997）认为，产权是承担享用这些权益所支付的成本时的自由权或允许享用财产的收益的权利。

产权经济学是在资源稀缺的条件下，研究如何通过界定、变更和确定产权结构来协调人与人之间的利益冲突，以达到降低交易成本、提高经济效益、实现资源配置最优的目的，并通过对产权结构、激励机制和经济主体的经济行为之间的关系的分析，来探讨不同产权结构对资源配置效率影响状况的经济学分支学科。产权经济学的开山之作是1937年科斯（Coase）发表的《企业的性质》一书，科斯在这篇文章中提出了交易费用理论，重新定义了企业的性质，从一种新的角度解释了企业产生的原因，企业和市场最佳规模的确定和界限的区分，为今后的产权经济学的发展奠定了坚实基础。1960年科斯发表了第二篇论文《社会成本问题》，从一个全新的角度诠释了企业的外部性问题。科斯的这两篇文章中提出的交易费用、产权界定、企业和市场的最有规模和界限，外部性的解决思路以及资源配置效率等问题，都为产权经济学的形成产生和形成奠定了至关重要的基础。

水资源能够进行交易的前提是水资源的产权能够有详细且有效的界定，即水资源的初始水权分配，只有当初始水权完全界定后，市场才能发挥其资源“流动”的作用，使水资源通过市场中“无形的手”进行最优配置。

（2）减少信息不对称。

随着人类社会经济的发展，社会发展越进步，经济关系就越复杂，不确定性就会越高，不确定因素也就越多。尽管通过自然科学的发展，人们对自然界中存在事物的客观属性的认识越来越深刻，但是不确定性依然存在。由于信息缺失给人们带来了一系列不便，人们在选择和决策时会增加难度，在资源交易过程中会产生更多交易费用和生产费用。产权规则能够减少经济活动中的信息不完全性。可以说产权理论中的设计初衷就是为了减少交易中的信息不对称问题，减少经济活动中的不确定性和复杂性，克服人类的理性不完全。由于产权的存在，人们在交易时能够对未来有一个合乎理性的心理预期，这有助于引导人们将外部性内在化。设置、确立产权或把原来不清晰的产权明晰化，可以减少经济交往的不确定性和降低交易成本。

水资源管理中的信息不对称存在于政府与用水主体之间、用水主体之间，减少信息不对称可以降低在交易中产生的交易成本和不确定性，使水资源在交易阶段的主体在策略选择时减少不确定性，提高交易的可预期性。

（3）外部性内部化。

外部性是指生产和消费对其他人或团体强征了不可补偿的成本或给予了

无须补偿的收益，前一种情形被称为外部不经济，后一种情形被称为外部经济[①]。外部性是某个经济主体对另一个经济主体施加的外部影响，这种影响不能通过市场价格进行买卖。正如德姆塞茨（Dem setz，1967）所指出的，将“外部性内部化”涉及一个过程，通常是产权的变化，使得所有互动的个体在更大程度上承受这些有害或有益的效应。产权的基本功能是引导人们在更大程度上实现外部性内部化的动力。成本和收益变为外部性的一个条件是，（内部）当事人之间的产权的交易费用超过内部化的收益。产权是利益分配的依据，当无产权或产权模糊时，经济活动主体无法得到相应的收益。产权规定了谁收益，谁受损，在何种情况下收益，在何种情况下受损，当各经济主体因产权明晰而获得稳定收益时，产权必然得到肯定，主体行为的内在动力也就有了保证。

水资源作为一种典型的公共基础资源，不可避免地会产生外部性，而外部经济与外部不经济都使水资源在产权交易的过程中产生不利影响，降低水权交易的公平性和可持续性，使交易环境恶化，严重时甚至导致交易终止，产权理论中的外部性内部化即是解决水资源交易环节外部性的一个重点功能，通过使外部性产生的成本和收益内化成为产权设置时的一个考虑因素，使产权明晰的过程成为减少外部性的过程，这样的产权设置使水权交易大大减少外部性带来的影响。

（4）激励。

产权设立使经济活动中的经济主体行为选择有了界定，界定哪些经济行为能够获益，哪些经济活动会受损，使经济主体的行为选择范围明晰化时，产权的激励功能就充分地展现出来。产权不是单纯地赋予权利、承担责任，而是权、责、利三者的合一，如果只赋予行为主体以权利和责任，却不给予其收益的保证，那么行为主体的积极性将会大幅降低。对于经济活动主体来说，界定产权是非常重要的，是最基本的激励的手段，但这并不是激励的全部，产权激励是激励机制中最基础，也是最常见的一种。

激励是产权交易中的一项功能，水权的交易实质上就是水资源在不同使用效率的主体之间“流动”的过程，水权交易的前提是双方有意愿进行交易，一定是达到双赢的结局才会有交易的产生，无论是正向激励还是反向激

① 德姆塞茨，段毅才．所有权、控制与企业［M］．北京：经济科学出版社，1999：41.

励都是产权理论应用于产权交易中的具体体现。

（5）约束。

激励和约束对于经济行为主体来说是相互联系、相互对立的两种力量，可以说约束是反面的激励。对行为主体来说，激励是一种鼓励，做得越多受益越多；而约束是限制行为主体做某些事，做得越多，惩罚越多。产权的基本属性之一是有限性，其权能和作用空间都是有界限的，收益也都有界限。产权的收益是有限度的，因此产权同时也限定了产权主体的利益边界，限制其不可能获得更多东西，如果主体的行为超出了产权规定的范围，则会受到惩罚，这样的产权规定能够有效约束行为主体的行为选择。如果产权不具有约束作用，那么行为主体的经济行为就不会受到惩罚或奖励，这时产权的存在将不具有意义。例如，在公共资源的产权没有进行清晰界定时，行为主体会不加节制地占用公共资源，且不会承担任何后果。

（6）资源配置。

在产权不明晰或无产权的情形下，产权的配置本身来说就是对资源的一种配置。产权的设置对于资源在使用中的经济行为尤为重要，无论产权如何设置，产权主体对资源如何运用，资源如何配置，其产生的收益和损失都是既定的，不会超出在产权设置时已确定好的既有范围。在产权的设置有变动时，资源配置的状态也会随之变动，产权的变化必然会导致资源配置格局的变化。人们对于经济效率的定义根据不同的主体有所不同，产权的设置能够在资源配置开始前调整产权结构，使产权变化所引起的经济效率向更优的方向发展。

产权理论中资源配置的功能是应用于水资源产权制度管理中最重要的功能，在水资源管理过程中，产权设置的目的就是水资源的利用效率最大化，而产权设置的结构直接影响水资源配置的结果。

2.2.2 制度与制度变迁理论

（1）制度含义。

制度一词具有多重含义，各个学者从不同角度进行了诠释。诺思（North，2014）认为，制度是一个社会的博弈规则，或者更规范一点地说，它们是一些人为设计的、形塑人们互动关系的约束。制度包括正式规则和非正式约束。非正式约束比正式规则更应当受到人们的重视，即使在西方一些高度法治化的国家，正式规则也只是人们社会选择约束中很小的一部分，而在社会交往和经济发展中的非正式约束普遍存在，且无论是长期还是短期，非正式约束都会在社会演化中对人们的选择产生重要影响。戴维斯（Davis，1971）将制度定位为支配经济单位之间可能合作和竞争的方式。该定义是从经济参与者所采取的经济行为角度进行考虑的定义，将制度环境定位为一系列用来建立生产、交换与分配基础的基本的政治、社会和法律基础规则，并认为制度环境是可以改变的。舒尔茨（Schultz，1968）将制度定义为一种行为规则，这涉及社会、政治及经济行为。亨延顿（Huntington，1965）认为，制度是稳定的、有价值的行为的再现模式，组织与程序会随它们的制度化程度而变化，制度化是获得价值与稳定性的过程。他认为制度是由市场中"看不见的手"创造的，制度中的组织是在市场中逐渐适应制度，获得制度带给它的利益价值。

综合以上学者对制度及制度的分析，本书将制度定义为，在社会分工与协作中不断协商博弈后形成的一系列行为准则的总和，是调节人与人、人与社会、人与自然之间利益关系的一系列习惯、道德、法律、戒律、规章等的总和，是一种利益的分配方式。该定义从两方面对制度进行了界定：一方面注重在经济活动过程中制度所发挥的作用，另一方面对制度的具体内容展开描述，将制度的包含范围加入定义。制度为人们在社会发展中的经济合作提供了框架，保证经济行为能够在合理有效的范围内进行，制度为合作提供基础，创造合作的条件，确保合作的顺利进行。

（2）非正式制度和正式制度。

非正式制度指人们在经济活动中约定俗成的社会公认的行为规则。非正式制度是对正式制度的扩展、细化和延伸，是人们在长期的经济活动中面对稀缺的自然资源不断尝试和总结经验而形成的，具有很强的实践性和可操作性。非正式制度主要包括价值信念、伦理规范、道德观念、风俗习惯、意识形态等，其中意识形态处于核心地位①。在针对水权制度研究中，在流域长久以来形成水权配置的规则、习惯、原则等，是流域内所有参与分配的用水单位长期协商博弈而达成相对的利益平衡，这种在流域内已形成的水权配置

---

① 诺思．制度、制度变迁与经济绩效［M］．上海：格致出版社，2008：50－59.

规则、原则、氛围等属于制度研究中的非正式约束，对水权制度研究有重要的参考意义。然而，非正式约束有时无法完全形成律法、政策或规章制度，在流域水权制度建设时贯彻落实不到位，由于心智构念的认知差异，用水户无法完全理解非正式约束中的一些规则，由信息不对称引起的不必要的损失时有发生，因此流域的水权制度以正式规则为主。

正式制度指人们在经济活动中有意识地创造一系列政策法规以规范经济行为。正式制度包括政治规则，经济规则和契约，其中最重要的内容是由国家权威机构制定的一系列法律并能够强制付诸实施的制度。正式制度具有等级结构，从高到低分别是宪法、成文法和普通法，再到细分到每个领域行业的行文细则，最后到个人契约，共同约束着人们的行为，同时这种等级结构的制度彼此之间也有相互联系，从最高的宪法到最低的个人契约依次制约，所有的法规都要遵循宪法的规定，不能与宪法的内容相冲突。正式制度具有明确的强制性和有意识性，强制性体现在无论是否愿意接受，正式制度对于每个社会成员的约束都不能免除；有意识性体现在正式制度是有意识地为社会成员制定并予以实施，为保护社会成员的利益。正式制度的存在缘于社会资源分配的不均所导致的人员贫富差距，人与人之间的利益分配不均会导致社会不公正、不公平的现象出现，通过建立具有可操作性的正式制度来规范人们的行为，协调人们之间的利益关系，实现社会和谐稳定发展。

正式制度和非正式制度是在水权制度管理中不可或缺的两部分，而且非正式制度在水权制度管理中占更重要地位，无论是初始水权设置时的历史沿革、约定俗成，还是在水权交易过程中的风俗习惯，都使水资源产权制度的管理需要结合当地的实际情形具体情况具体对待；而正式制度是在非正式制度的基础上，通过流域内用水主体的积极磋商谈判形成共识之后，以国家文件的形式建立可操作的制度来规范流域内各用水主体（包括现有的和潜在的）的行为。

（3）制度变迁理论。

一是制度变迁定义。戴维斯（1971）和诺思（2008）对制度变迁定义如下：由于一些外生性的变化，即外部的改变，使在经济发展中某些人的收入能够有增加的可能性，这些变化可能是生产技术、市场规模的改变，相对价格、收入预期的改变，或者是政治、经济的规则改变，由于存在内部的规模经济、外部性、风险厌恶、市场失败或政治压力等，上述收入的增加在现存的制度中无法得到实现，因此只有克服这些制度障碍，创新制度结构的人（或团体）才能获得潜在利润。在意识到潜在利润后，经过一段时间的时滞，这些人（或团体）会组成一个初级行动团体，以获取这些潜在利润为目标采取一系列行动。如果在时滞的时段内，有新的技术或其他的制度尝试出现，使潜在利润得到实现，那么初级行动团体会选择一个具有效益相对较高的制度安排。一旦制度安排被选定，那么制度创新就不可避免。制度内的个人和团体也会需要一段时间来适应新的制度规则，因此制度创新的过程也需要一段时间。涉及个人的制度最为灵活，时滞最短，涉及团体的制度创新次之，涉及政府部门的制度创新最慢。在创新的制度下，社会总收入会增加，在参加者反复协商博弈确定新的财富分配方案达到平衡稳定后，社会经济系统重回均衡。新的制度此时具有最高效益产出，参与者再无潜在利润可图，此时的制度安排具有最高稳定性。

制度变迁是从现行制度向另一种制度的转变过程，这种转变是昂贵的，社会经济制度不会自发进行变迁，除非在制度变化后的收益增加值大于制度转变所增加的成本。政府的制度是所有制度安排中最为重要的一种制度，也是最为特殊的制度。政府可以通过颁布政策法律法规等手段矫正制度供给的不足。

二是诱致性制度变迁和强制性制度变迁[①]。诱致性制度变迁指个人（团体）在响应由制度不均衡引致的获利机会时所进行的自发性变迁。诱致性制度变迁表明现行的制度安排已经无法满足现有的资源配置方案，由初级行动团体在相应获利机会时自发倡导、组织和实行。诱致性制度变迁具有获利性、渐进性、自发性等特点。获利性体现在只有当制度变迁之后所获得的收益大于改变制度所需要花费的成本时才会发生制度变迁；渐进性体现在诱致性制度变迁是由下而上，从局部到整体的边际性改变的过程，制度变迁过程不会一蹴而就；自发性体现在诱致性制度变迁过程是初级行动团体在制度不均衡的情形下自发对制度进行修改的过程。诱致性制度变迁发生的必要条件是具有制度不均衡的获利机会和初级行动团体。

强制性制度变迁是指由政府法令而引入的制度变迁。强制性制度变迁的实施主体是国家或政府，国家在制定制度和使用制度时具有巨大的规模经

---

① 罗纳德·H. 科斯等. 财产权利与制度变迁［M］. 上海：上海人民出版社，2014：268－269.

济，相比于自下而上的诱致性制度变迁，强制性制度变迁的主体可以以比初级行动组织低得多的费用提供制度性的服务，并能以更低的代价进行制度的变迁。政府通过制度变迁所追求的目标是双重的，既要通过使权力统治阶层所代表的利益集团的垄断资源最大化，赢得其政治支持，抑制潜在政治对手，还要通过制度的创新降低全社会的交易费用，扩大全社会的福利收入，提升政府可支配收入。理性的统治者在通过税收等手段克服制度变迁中的外部性问题和“搭便车”情况时，必然会衡量制度变迁对其带来的收益和成本，也会及时矫正社会发展中制度供给不足的现象。同时，强制性制度变迁的有效性还受到诸多因素的影响，国家可以通过多种手段降低在制度变迁中不利因素造成的影响，但不可能完全消除。

三是制度变迁的路径依赖。“路径依赖”原指技术变迁过程中的自我强化、自我积累的性质，技术的路径依赖过程中的自增强机制来源有四个：一是固定成本，技术的初期建立会产生高昂的固定成本，促使人们会对技术进行持续性、连续性的投资，以求降低单位成本下降的回报；二是学习效应，人们在不断使用技术的过程中，将学习到如何使用该项技术获得更高回报，同时也更加依赖该技术；三是合作效应，当技术被越来越多的人使用时，个人收益会因更多的人使用该技术而增加；四是预期效应，个人会因技术继续流行的趋势而调整自己的行为，努力使自己的行为符合该技术的要求。

路径依赖分为良性路径依赖和恶性路径依赖。良性路径依赖指具有适应性的有效制度变迁演变轨迹将允许利益组织在环境不确定的情况下选择收益最大化的目标，并进行反复实验，建立反馈机制，在不断确定有效机制的同时识别并剔除无效的选择，保护个人和组织的产权，进而促进长期的经济增长，一旦走上良性路径依赖，系统的外部性、组织的学习过程和个人、组织的主观模型都会强化这一路径。恶性路径依赖指在一种制度在初始阶段可以带来效益递增，在逐渐发展的过程中制度对经济增长的贡献逐渐减少，甚至阻碍了生产活动的发展，而该制度中获益的利益集团为了已有的既得利益尽力维护这一状态，这时社会陷入一种无效制度安排，并长期“锁定”在某种低效率或无效率的状态下导致停滞①。

---

① 罗纳德·H. 科斯等. 财产权利与制度变迁［M］. 上海：上海人民出版社，2014：273 - 276.

制度的路径依赖理解可以解释在经济技术基本相同的基础下，为什么有的国家发展迅速，经济得到迅猛发展，而有些国家长期陷入不发达，始终无法走出经济落后、制度低效的怪圈。当前中国的经济社会处在良性制度依赖过程中，党的十八大以来，中共中央、国务院发布了一系列深化体制机制改革的相关文件，明确指出要深化体制机制改革，释放改革创新红利，实施“三去一降一补”产业战略，淘汰了一批高污染高消耗低效率的产业，以国家行政命令手段削弱既得利益集团的政治力量，敢于啃硬骨头，通过几年的深化改革，我国经济得到了更优化的产业结构调整，中国的经济快车正稳步快速前进，这正是良性路径依赖的体现。

制度的变迁的过程是生产力与生产关系相互适应的过程，在水资源制度的管理过程中，不可避免地会产生制度变迁，大多水权制度变迁是诱致性制度变迁，即由水资源利用效率的变化导致制度产生由下到上的变迁，水资源制度变迁的主要原因是水资源短缺情况和交易成本的大小，在第3章中会具体进行分析。

2.2.3　外部性理论

（1）外部性定义。

外部性，又称外部效应、外在效应、溢出效应、外部经济效应、外部影响等，指一个人或一个企业的活动对其他人或经济体的外部影响。外部性概念由马歇尔和庇古首先提出，庇古（Pigou，2014）认为在商品生产过程中存在社会成本与私人成本的不一致，两种成本之间的差距形成了外部性。萨缪尔森（Samuelson，2006）对外部性的定义是，“外部经济效果是一个经济主体的行为对另一个经济主体的福利所产生的效果，而这种效果并没有从货币或市场交易中反映出来”。外部性的“外部”是针对于市场而言，是被排除在市场机制之外的经济活动的副产品和副作用，这些副产品或副作用有可能是有益的，被称为外部经济性或正外部性。相对于外部经济性，现实生活中更多的是外部不经济或负外部性，例如公共交通中的大气污染、声音污染，农户在使用化肥时对土地、河流和大气循环造成的污染等。市场经济是以市场为配置资源的手段的经济制度，与其他的经济制度相比，市场制度的资源配置效率更高，然而市场经济也存在一些缺陷，有时会导致资源配置的效率失灵，这种现象被称为市场失灵。除了信息不对称和不完全竞争等原因，公共资源的外部不经济是导致“市场失灵”的最重要的因素，并产生了“搭便车”现象。

（2）公共资源的外部性。

在“公地悲剧”中，公共草地是一种“公共财产”，它不属于私人所有，被称为公共资源。根据埃莉诺·奥斯特罗姆（Elinor Ostrom，2012）的定义，公共资源是一种天然或人造的资源体系，这种资源体系使在排除因使用该资源而获利的潜在受益者时需要花费相当大的成本。公共资源的定义与公共物品有时会混淆，可以从资源单位的可分性和资源系统的共享性加以区别。公共资源系统的资源是不能共同使用的，但是资源系统常常是共同使用的。对多个占用者所共有的资源系统进行改进，资源系统的所有占用者则会共同享用，想要把共同享用共有资源系统的占用者排除在资源系统之外，难度是非常大的，同时成本也会很高。这一特性在公共物品和公共资源中都有体现，但两者的区别在资源单位的使用和资源系统的共享性上。任何人在面对公共物品和公共资源时都会免除不了“搭便车”的诱惑，逃避在资源系统中付出成本。

科斯（1937）认为，“公地悲剧”发生的主要原因在于牧场公有和可以自由地进入，牧民在利益驱使下，往往会过度放牧，导致土地肥力下降，水土流失，环境污染等外部不经济。如果将产权变更，把土地卖给牧民，他们就会悉心照料自己的土地，在放牧期间就会考虑对土地、水、牧场的供需进行平衡，不会以现有的掠夺式的方式开发资源以获取短期效益。科斯定理为解决公共资源配置的外部性上提出了一种新的思路，然而将私有产权理论无限地推广到资源领域，也会受到一些经济学家的反对。奥斯特罗姆（2012）认为，在解决共有资源可能产生的“搭便车”问题上，产权私有化并不是唯一的解决办法，她认为集体分配、管理和互相监督的制度性安排也可以使资源配置达到较好的效果，长期续存的自主组织和自主管理的集体有自身的管理方法和制度，如果能够探究清楚这些集体组织如何将自然资源系统的外部性内部化，将会为公共资源管理提供有利的方法。

（3）外部性内部化。

为有效地配置公共资源，减少公共资源配置中不可避免的外部性问题，应当采用相应的措施使公共资源的外部性内部化。外部性内部化的含义是将外部性所造成的影响以价格的形式加入产品价格中，以价格为激励手段改变人们带有外部性的行为。目前解决公共资源的外部性内部化问题有两种思路，一种是政府模式，另一种是市场模式。

政府模式是主张政府从私人成本和社会成本的差异入手来矫正外部性效应。这种观点首先由庇古（2014）提出，他认为可以采用税收和补贴的方法使私人成本和社会成本一致，对外部不经济的企业和个人采取税收方式，对外部经济的企业和个人采用补贴手段，使其私人成本和社会成本一致。政府模式可以减少交易成本，并且可以按照政府的意愿培育市场，但有时也会出现政府管理缺乏效率的现象，这种“政府失灵”现象一方面是因为厂商、个人的信息不完全，政府无法做出完全准确的判断，另一方面由于政府要按照规章制度进行规范，这样的决策机制有时会产生时滞和偏差，缺乏灵活性，有时会出现政府的短期行为。

市场模式是指将公共物品的产权赋予私人，让个人和厂商进入市场，用市场的“无形的手”进行有效的资源配置以达到将资源使用的外部性内部化的目的。外部性效应可以通过私人合约加以解决，基于自愿交易私人合约行为对市场运转有着自我修正的功能。

2.2.4 博弈理论

（1）博弈论定义。

博弈论最早源自人们在游戏中的策略选择，如象棋、桥牌等游戏，人们尝试研究在游戏中以最小的代价获取最大的胜利的策略选择。博弈论最早的案例是中国战国时期的田忌赛马，齐国大将田忌以下等马对齐威王的上等马，上等马对中等马，中等马对下等马，结果三局两胜赢得了比赛，这是著名的转败为胜的案例。博弈论需要参与者不仅要考虑自己如何行动，还要考虑局中其他人如何行动，从而以其他局中人可能采用的策略选择为基础，选择自己的策略以保证收益最大化。简而言之，博弈论研究的是在竞争环境中如何做出策略选择。在现实生活中，博弈论渗透在实际生活的方方面面，在经济领域、管理领域、军事领域、政治领域、社会领域等，只要是有竞争和冲突的存在，都需要博弈论的思想来进行决策。

博弈论至今没有统一的定义，各学者从不同角度进行了研究。海萨尼

（Hars anvi，2003）认为博弈论是关于策略相互作用的理论，它是关于社会局势中理性行为的理论，每个局中人对自己行动的选择必须以他对其他局中人将如何反应的判断为基础。奥曼（Aumann，2006）将博弈论称为“相互有影响的决策论”。博弈论研究的范畴是多方面的，可以将博弈论理解为在竞争环境下的多人决策理论。博弈论可以说是决策论的拓展和延伸。博弈论是多人决策，决策论是单人决策，也可以将决策论理解为是一种双人博弈，是人与“自然”的博弈。

运用博弈论研究水资源产权制度管理中各用水主体的策略选择是一种贴合实际情况的方法，当各用水主体形成一个大的博弈局面后，各用水主体满足个体理性，区域团体满足集体理性，运用博弈方法能够真实还原用水主体在具体情形下的策略选择，为用水主体和政府管理部门提供有效的策略选择方案。

（2）博弈论分类。

20 世纪初，数学领域的学者开始关注并研究博弈论，以波莱尔（Borel，1953）、策梅洛（Zermelo，1982）等的研究为代表，但关于博弈论的研究仅从不同角度对博弈论的想法有所提及。直到 1944 年，冯诺依曼（Von Neumann）和摩根斯坦（Morgenstern）发表了《博弈论与经济行为》，标志着博弈论作为一门单独学科的出现，这本里程碑式的巨作提出了博弈论的两个经典分类：非合作博弈和合作博弈。在非合作博弈中，博弈的局中人根据他们可察觉的环境和自身利益进行决策，参与人的效应不仅取决于自己的行为选择，而且还受到其他局中人行为的影响。在非合作博弈中个人的行为是研究的重点，一般研究理性的局中人都有哪些可能的行为选择，这些行为选择会有什么结果出现，理性的局中人应当如何去选择策略。而合作博弈是假定参与人群体有一个可实施的共同行动协议，且这个协议具有强有力的约束力，合作博弈的研究重点是局中人会如何选择联盟的形成，局中人将携带多少资源加入联盟，加入联盟会获取多少收益，如何进行分配等。

合作博弈是局中人在博弈开始之前就进行商定，可以选择和其他局中人进行合作，组成合作联盟，以更多的资源整合和技术配合获取规模效应，从而获得更多收益。在合作博弈的研究中，继冯诺依曼（1944）提出的稳定集概念之后，夏普利（Shapley，1953）提出了公理化体系的分配方案，即著名的夏普利（Shapley）值法，随后吉利斯（Gillies，1959）提出了核心的概念，戴维斯等（Davis et al.，1965）提出了内核的概念，施迈德勒

(Schmeidler，1969) 提出了核仁的概念，这些概念一直沿用至今，合作博弈至今仍是一个非常具有发展潜力的研究领域。

非合作博弈研究的是参加博弈的局中人之间互相不合作，既不允许在博弈过程中相互传递信息，签订攻守同盟，也不允许在博弈后进行利益交换，相互之间签订具有强制性的约定。在非合作博弈的研究中，表现出更为丰富和突出的研究成果。纳什 (Nash，1950) 提出了著名的纳什均衡的概念，奠定了非合作博弈研究的基石；泽尔腾 (Selten，1975) 证明了非合作博弈中不是所有纳什均衡是同样合理的，进一步将非合作博弈从静态博弈发展到非合作动态博弈以及子博弈完美均衡；海萨尼 (Harsanyi，1982) 针对非合作博弈中不完全信息提出了 Harsanyi 转换，将不完全信息的非合作博弈转化成不完美信息博弈，从而形成了现在对非合作博弈的完全信息博弈和不完全信息博弈研究的基础。他们的研究成果形成了现在的非合作博弈的分类：完全信息静态博弈、不完全信息静态博弈、完全信息动态博弈和不完全信息动态博弈。本书的研究方法采用合作博弈，对非合作博弈不作具体介绍。

(3) 合作博弈理论。

一是合作博弈定义及内涵。在社会中，各种“理性人”为获取自身最大利益会采取成本最小化和利益最大化的策略选择，有时经济主体的策略会影响到他人，有时会被他人所影响，如果任何时候都是非合作性的“剑拔弩张”，最后的结果往往不会让所有人都满意。纳什均衡的提出为多人在非合作博弈时的个体的收益最大化策略选择提供了一种实用的方法，然而，纳什均衡的策略解并非最优的。例如著名的“囚徒困境”，双方囚犯相互背叛是最终的纳什均衡解，但这显然不是一个对双方都获得最佳的选择，因为如果双方选择合作 (不出卖对方)，每个人都会得到更优的解。从结果上看，相互合作似乎有更好的结局，更符合“理性人”的假定。合作博弈可以从不同角度更好地解决“理性人”偏离最佳选择策略的问题。合作博弈是从宏观的角度，以群体利益最大化为最终目的，要求局中人以相互合作的策略选择为团体“做大蛋糕”，从而使每个局中成员都能分配到更多利益。非合作博弈中相当于“抢蛋糕”似的策略选择是偏向于个体的微观角度来解决博弈问题，非合作博弈中的局中人关心的是在博弈中如何决策，实施什么样的策略，而合作博弈关注的是如何通过各方的合作使所有人的利益最大化[1]。

合作博弈的顺利实施有两个关键因素，一个是具有约束力的合作协议，另一个是规模经济的存在。合作博弈要求在宏观角度做大蛋糕，为了保证合作的成果，排除局中人极大化自身利益的非合作博弈策略破坏合作，需要达成一个有约束力的合作协议[2]。一个有约束力的合作协议是合作博弈的关键，在有两个或两个以上的局中人参与的合作博弈中，有约束力的合作协议是对每个局中人的行为策略影响最大的因素。局中人的群体被称为联盟，所有局中人参与的联盟被称为大联盟，除此之外还有各个局中人随机组合形成的联盟，合作博弈需要考虑到所有联盟利益，利益的分配方案必须被所有的联盟和联盟的局中人所接受，使得没有一个子联盟脱离大联盟，没有一个局中人脱离自己所在的联盟，从而保证联盟的正常合作。另一个条件是合作博弈需要建立在有合作前景和可能的基础上，也就是合作博弈的“规模经济”，当合作博弈的局中人进行选择是否参加联盟时，至少参加联盟获得的收益要大于其自己“单干”时的收益，这样大联盟才有可能组成，局中人也会因参与联盟，与其他局中人合作获得更多的收益，比如农民专业合作社，公司的兼并和重组等。一个公平合理、能被社会群体所广泛接受的分配方案是构造和谐稳定的社会的基础，这样的社会因其巨大的内聚力将会产生更多的财富。

合作博弈与非合作博弈联系非常紧密，非合作博弈的纳什均衡解是合作博弈讨价还价解的基础所在，可以说合作博弈是在非合作博弈的架构上进化来的[3]。但两者也有区别，合作博弈和非合作博弈在假设条件上有两个显著的区分特征。第一，合作博弈允许局中人在博弈前进行谈判，而非合作博弈是不允许在博弈前进行谈判的。在 n 人合作博弈中，在谈判中形成一种联盟是合作博弈的核心所在，而非合作博弈只能在博弈过程中进行谈判。第二，合作博弈中一旦达成协议，形成一个合作联盟，那么合作联盟的协议具有强制约束力，联盟的所有决策都要局中人配合。

在完全非合作博弈状态下，各参与者出自“个体理性”会最大化个体收益，即个体在其策略空间中选择最大化自身利益的策略——最大化地利用

① 侯定丕．博弈论导论［M］．北京：中国科学技术大学出版社，2004：108.
② 约翰·海萨尼．海萨尼博弈论论文集［M］．北京：首都经济贸易大学出版社，2003：31.
③ 施锡铨．合作博弈引论［M］．北京：北京大学出版社，2012：106－108.

资源，整个系统此时资源利用效率低下，资源浪费现象严重，会产生一系列负外部性问题，使系统处于“非理性”状态。如果处于完全合作博弈状态，从全系统的视角出发，充分强调公平和可持续发展原则，将资源平均分配给所有参与者，可以使集体理性得到满足，但个体理性不能全部获得满足。如果采用介于两者之间的模糊合作博弈来分配资源与收益，参与者可以有选择性地携带部分资源参与合作联盟，并获得相应的回报。按照局中人参与联盟时所携带的资源数量可以将合作博弈分为 Crisp 合作博弈（携带全部资源参加合作联盟）和模糊合作博弈（携带部分资源加入不同的合作联盟）。Crisp 合作博弈是模糊合作博弈的特例，局中人携带全部资源参与合作联盟。合作博弈的关键因素是局中人的参与率（携带资源比例）和参与合作联盟后获得的收益。

二是合作博弈的解概念。对于一个给定的合作博弈，需要重点分析会形成哪些联盟，联盟之间的成员将会选择加入哪个联盟，携带多少资源加入联盟，这些问题的最终导向都是局中人能通过携带资源加入联盟能获得多少收益，以自身资源获取最大化收益是理性局中人的假定，因此合作联盟的利益分配方案是形成合作联盟中的关键影响因素。对于合作联盟的收益分配的解，学者提出了很多不同的方法，也称为“解概念”。博弈的解必须要考虑到每个局中人的分配所得和每个子联盟的分配所得（更确切的是每个子联盟中的每个局中人的分配所得之和），若存在任何一个子联盟或局中人对分配方案表示不满，他们就会有脱离大联盟的可能，使合作成为泡影。

合作博弈的解归纳起来可以分为两类：占优值法和估值法。一类是占优值法，它是以“占优”和“异议”为主要准则，体现联盟的稳定性，核心和稳定集是“占优”准则的代表方法，这种方法使联盟和每个个体的利益分配都处于一种“占优”状态，即利益最大化，这样联盟和个体都无法偏离该分配，以达到合作博弈的稳定性。谈判集、内核和核仁是“异议”准则的主要方法，它们从联盟和个体角度对分配方案的“异议”出发，将它们的“异议”当作一种威胁，避免可置信威胁的发生，以保障分配的公平合理性。另一类是估值法，这类方法以夏普利值（Shapley 值）和班扎夫权力指数（Banzhaf index of power）为主要代表，这种方法是通过规范道德要求的公理化体系，赋予一种“合理”的分配值，并且这种估值是唯一的。

第3章　流域双层水权制度研究框架

流域的水资源利用效率始终是评判流域水资源管理的重要标准，在水利工程、节水技术已达到“技术瓶颈”时，产权制度提供了一个全新思路来解决水资源管理与利用问题。本章承接第1～2章的文献梳理和理论基础分析，从水资源的产权制度理论出发，对流域范围内的水权制度和水权制度变迁进行理论推演，构建流域水权制度研究框架，对水权制度框架设计目的、基本原则、评价标准、内在逻辑进行分析，本书认为产权明晰是水权交易的前提，且“政府管控+市场调节”准市场资源配置模式应当是水权分配与交易的制度选择，并以此为理论基础构建了流域水权制度框架。

3.1　流域水权制度的理论解析

3.1.1　水资源产权制度的理论推演

新制度经济学认为，产权制度是人类社会最基本的制度安排，产权制度是为了解决在人类社会经济发展过程中对稀缺资源的配置冲突而设立的竞争规则，以保证人们在资源利用过程中不会因稀缺资源而导致无序争夺和无谓的成本损耗①。根据排他性的强弱，产权结构可分为私有产权、共有产权两个产权配置的极端，私有产权是将产权的排他性发挥到最大，任何威胁到产权的情况都可以通过法律途径予以解决；共有产权是排他性最弱的产权，在

① 罗纳德·H. 科斯等．财产权利与制度变迁［M］．上海：上海人民出版社，2014：71－72.

一个范围内（国家、团体或集体）的共有产权是团体中的人们所共有的财产，由于完全界定产权和维护产权的成本极其昂贵，因此大多数产权都处于私有产权和共有产权两者之间。只有当界定产权带来的收益大于界定产权的成本时，人们才会有动力去制定界定产权的规则，因此产权总是在不完全界定的状态下，绝对的产权界定是不存在的，产权的界定程度只是一种相对状态①。从理论上讲，产权完全界定时所节约的成本应当等于产权完全界定时所带来的损失，当两者相等时，产权制度处于变迁与不变迁的临界状态，是一种制度均衡；一旦两者不相等，产权制度就会相应地发生变化，若界定产权所节约的成本大于带来的损耗时，产权制度就会向加强产权界定方向变迁，若界定产权所节约的成本小于带来的损耗时，产权制度就会向减弱产权界定的方向变迁。由于成本和收益的对比趋势不断变化，人们会不断地界定产权，直至两者在边际上相等，这样就会形成短暂的制度均衡。产权制度的演变就是产权不断被界定，产权的外部性不断被内部化，产权的行使效率不断提高的过程，也是产权制度均衡不断被打破，产权制度不断创新的过程②。

人类历史上对资源的攫取一般都会经历以下过程：发现资源，无节制大规模地开发利用资源，浪费资源直至资源成为一种稀缺商品，最后是节约资源、有计划有规律地利用资源。资源稀缺程度加剧和资源价格提升是资源产权制度变迁的根本动因。当自然资源相对充足时，资源的产权界定成本超过了界定产权后所获得的收益，此时人们没有动力去界定自然资源产权，自然资源将会被当作公共物品使用，造成极大的浪费与外部性；当人口激增、社会经济快速发展时，稳定的资源供给无法与资源的需求相匹配，资源供需矛盾使资源的产权制度需要重新审视，通过产权制度的设立，对资源产权的界定将获得更多的收益，界定资源产权收益将大大高于成本，这时人们界定资源产权将有利可图，资源产权制度将顺理成章地出现。可以看出，资源产权制度是一个动态平衡，当资源相对充裕时，资源处于开放利用状态，使用粗放、效率低下，这种利用方式加剧了资源的稀缺程度，为资源产权制度的出现提供了契机，需要对资源进行产权制度设置来提高资源的利用效率；当资

---

① 张五常．经济解释［M］．北京：商务印书馆，2000：67－69.

② 王亚华，胡鞍钢，张棣生．我国水权制度的变迁——新制度经济学对东阳—义乌水权交易的考察［J］．经济研究参考，2002，20：25－31.

源产权界定的程度较高时，会带来较高的界定成本、维护成本和内部管理费用，人们会因潜在收益相对减少而放弃某些资源界定的产权制度，这时产权制度又会回到粗放利用方向。只有当界定产权带来的收益等于界定产权的成本时，产权制度才会达到一种均衡状态，换句话说，就是界定产权的边际收益等于边际成本时，产权制度达到均衡（即图 3－1 中的平衡点 C），见图 3－1。

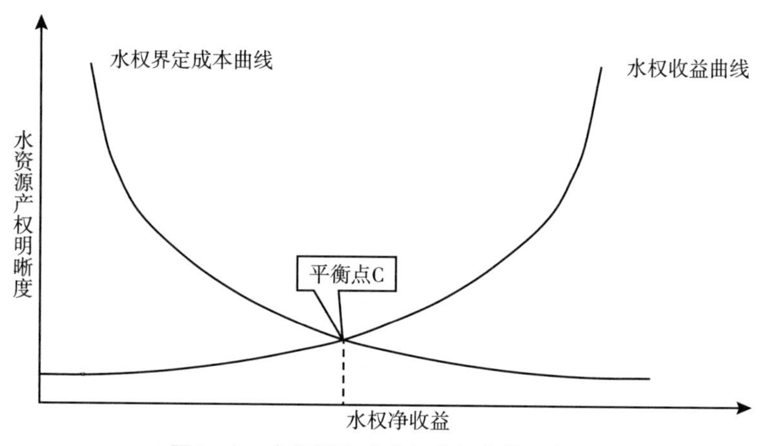

图 3－1　水权界定成本与水权收益示意图

具体到水资源的产权制度，即水权制度，具有独有的特征。由于水资源复杂的自然、经济、社会属性，界定水资源产权的排他性成本很高，因此共有产权是成本相对节约的水权制度安排①。共有产权的特征是水资源被某一特定群体共同拥有，但区别于开放利用的公共财产，在群体内部存在资源利用的准则，群体准则是团体存在的根本，在群体内设立公共管理机构以对资源实施权属管理。群体水权制度安排中，节约排他性成本的相应代价是要付出较高的内部管理成本。目前用水个体或团体所拥有的水权是水资源使用权，它们因国家干预或第三方侵犯而被削弱，水权的分配与再分配实际上就是用水权利的层层下放，国家对这种权利也施加了较多的限制，并进行大量的行政干预，因此个体所拥有的水权是质量较低的水权。水权质量提

① 王亚华，胡鞍钢，张棣生．我国水权制度的变迁——新制度经济学对东阳—义乌水权交易的考察［J］．经济研究参考，2002，20：25－31.

高的过程伴随着国家对水权分配行政干预的减少和市场经济在水权分配中作用的提高。

3.1.2 水资源产权制度变迁的理论解释

制度变迁是制度的替代、转换的过程，是通过不断的制度创新完成的。制度变迁既可以理解为一种效益更高的制度对低效益制度的替代过程，也可理解成一种更有效益制度的生产过程，还可以理解为人与人之间的交易活动的制度结构的改善过程。制度变迁总是伴随着“制度创立、变更、随时间变化而打破的方式”①。制度变迁的原因是旧制度转向新制度变得有利可图，因此社会、个人对新的制度就有了需求，相应产生了制度供给。但是新的产权制度的变迁需要付出成本，理想的制度安排应当是在变迁中成本最小的制度，若新的制度安排变迁成本小于新的制度安排下的个人或团体的收益，制度变迁才会发生，否则制度变迁不会发生②。制度的形成是人们互动的过程，是人们在利益冲突的妥协中多次博弈生成的，是基于自身利益成本不断协商、妥协后的产物，制度内生于人群和社会。由于制度是具有个体理性和集体理性的群体多次博弈的结果，因此制度变迁的核心问题就是重新界定个体和集体的利益调整，制度变迁的过程是一个包含着具有不同利益诉求的行为主体之间相互政治角力过程。行为主体之间的利益一致程度（或利益冲突程度）与力量对比关系，将决定制度变迁的方向、速率、方式、形式和绩效③。

具体至水权制度的制度变迁，由于水权制度供给是由政府部门提供的公共产品，始终存在着公共物品的外部性、非竞争性和非排他性的特征，因此水权制度的供给无法满足制度的需求，水资源供需矛盾将导致在现有制度条件下潜在收益无法取得，水权制度变迁的表层因素来自制度供给无法满足制度需求，制度供需的不平衡导致了水权制度的变迁。而在更深的层面，制度变迁的诱因是水权价格的变化，用水单位对水资源的需求弹性不同，水资源

---

① 道格拉斯.C. 诺思. 制度变迁与经济绩效［M］. 上海：汉语大词典出版社，2009：40-41.

② 王亚华，胡鞍钢，张棣生. 我国水权制度的变迁——新制度经济学对东阳—义乌水权交易的考察［J］. 经济研究参考，2002，20：25-31.

③ 马洪，孙尚清. 西方新制度经济学［M］. 北京：中国发展出版社，2003：97.

价格的变化对每个用水单位的影响也不同，不同用水单位的讨价还价能力影响了制度变迁的方向。由于环境的复杂性和有限理性，制度变迁总是在不确定的条件下进行，在不确定的条件下就会有信息的不对称、不完全性，存在信息成本。由此可见，水资源相对价格的变化是水权制度变迁的源泉。

3.2 流域水权制度框架设计思路

3.2.1 水权制度框架设计目的

人均水资源占有量低、水资源时空分布不均、水土资源和生产力布局不相匹配是我国现阶段的基本水情，特别是在干旱区和半干旱区，水资源的可持续利用成为当地经济社会发展的战略问题。水资源的有效利用和可持续利用的根本出路是要抓好水资源的管理，建立行政管理与市场机制相结合水权制度，创新水资源管理制度与体制。水权制度是市场经济体制下水资源管理的有效制度，是人们在应对水资源危机时不断实践和总结出的科学管理方法。水权制度是以制度经济学和现代管理学为基础理论，以水资源配置的公平性、效率性、可持续性为目标，以降低交易成本和减少信息不对称为制度建设目的，建立的一套适合行政管理体制和市场经济条件的水权管理体制。

玛河流域水权制度设计的目标是建立一种高效的、科学的资源运作与配置体制，构建与社会主义市场经济体制相适应的水权管理制度。具体来说，就是以水资源的公平性和效率性双重属性作为水权管理体制的最终目标，以公平性为原则建立初始水权的分配体制，以效率性为原则建立水权的交易体制，构建水权市场，完善水权价格形成机制，使水资源的开发、利用、保护、培育和发展走上良性循环轨道，使水资源的可持续利用进一步得到保障。

3.2.2 水权制度框架设计基本原则

（1）可持续利用原则。

水资源的可持续发展原则是在水资源的开发与利用中，既满足社会经济可持续发展对水资源的需求，又能够满足生态环境良性循环对水资源的要求，促进区域内经济、社会、人口、资源与环境的协调稳定发展和代际间的用水公平，从而高效地开发、利用、管理和保护水资源①。可持续发展原则强调人与自然的和谐发展，将自然资源利用、环境保护和社会经济结合起来，有效规范人类的经济活动。在贯彻水资源可持续利用原则时，要考虑代内公平和代际公平，满足水资源供需平衡和生态要求。水资源的可持续利用是实现可持续发展的重要保障，要以水资源承载力和水环境承载力为水权配置制度的约束条件，利用水权交易机制促进水资源的优化配置和高效利用，切实保证水资源的可持续利用原则②。

（2）统一管理原则。

统一管理原则指建立适应社会主义市场经济发展要求的集中统一、精干高效、依法行政、具有权威的资源管理体制，建立从中央到地方、从流域到区域，自上而下、权威高效、运转协调的水资源统一管理机构，全面实现对水资源的统一规划、配置、调度、管理等③。流域是水资源开发管理和环境保护的最佳单元，流域具有明确的地理单元，以水资源为纽带，将流域的地理气候、自然资源、环境景观、社会经济和文化传统连接在一起。在考虑流域的水资源管理时，必须要针对全流域的自然、社会、经济和文化，从总体加以考虑，才能保证区域的协调发展，实现资源的可持续利用，保证流域自然、社会、经济目标的高度统一，使流域社会和自然的发展可持续。水资源统一管理必须坚持流域管理与行政区域管理相结合、水量与水质管理相结合的原则。2016年12月11日，国务院印发《关于全面推行河长制的意见》，提出全面建立省、市、县、乡四级河长体系，总河长由党委或政府主要负责同志担任，各河湖所在市、县、乡均分级分段设立河长，由同级负责同志担

① 魏玲玲．玛纳斯河流域水资源可持续利用研究［D］．石河子大学，2014：26.
② 水权制度框架研究课题组．水权水市场制度建设［J］．水利发展研究，2004，4（7）：4-8.
③ 刘振邦．水资源统一管理的体制性障碍和前瞻性分析［J］．中国水利，2002（1）：36-38.

任，各级河长负责组织领导相应河湖的管理和保护工作，这是中央对河湖管理的创新体制，充分体现了水资源统一管理的原则。

（3）优化配置原则。

优化配置原则指在一个特定流域或区域内，对有限的不同形式的水资源，通过水利工程或制度管理等方面的措施在各用水户之间进行科学分配，从而达到合理开发利用的目的。人多水少、水资源分布时空不均、水土资源和生产力不相匹配是我国水资源分配的现状。水资源的稀缺性要求水权制度必须最大限度地提高水资源的利用效率，水资源优化配置原则需要统筹兼顾上下游、干支流、城镇与农村、流域与区域、开发与保护、建设与管理、近期与远期等各方面的关系。要明确国家对水资源的产权管理，明确水资源所有者、使用者的责、权、利关系，按照总量控制和定额管理双控制的要求，根据区域人口总量、行业发展、生态环境状况预定区域发展用水量，以流域为单元对水资源的可配置量和水环境状况进行综合平衡后确定流域的用水总量，同时通过水资源交易制度引导水资源的优化配置。

（4）合理协调原则。

合理协调原则要求在流域尺度范围内实现整体规划、合理开发，在水权制度建立时要充分考虑公众和利益相关者的意愿和主张，实现民主参与，达到真正意义上的公平公正。不同地区间、用水户、行业、部门之间对水权的需求不同，要在有限的水资源基础上满足多方面的需求就要平衡这些利益主体，协调协商是解决的途径之一，并且这种协商应当是多层面的、反复进行的。

3.2.3 水权制度框架设计评价标准

（1）效率性。

一项产权制度安排的效率评价，实际上是与资源配置的效率评价紧密联系在一起的，也就是说，能够促进资源配置效率提高的产权制度安排就是相对更有效率的制度安排。德姆塞茨指出，权利的分配会影响到资源的使用情况，因此通过资源运用的真实价值最大化这一标准，可以重新认识产权制度的实用性。这里的价值最大化，并不是传统意义的市场价值最大化，因为它不能正确反映闲暇与劳动的比较、货币收入与非货币收入的比较，以及要垄断还是要竞争的取舍问题，这里的真实价值最大化是指一种权利分配对资源使用效率的预期影响，与另一个权利分配下资源效率的影响相比会有哪些不同[①]。以科斯、诺思、德姆塞茨为代表的新制度经济学家把制度视为内生变量，从制度的角度分析研究了经济运行和资源配置的效率，按照他们的观点，任何社会的效率观与特定的公平观是相对应的，新制度经济学将公平作为研究资源配置效率的既有假设前提，因此，只有效率观，没有公平观是新制度经济学理论中的一个缺陷。

（2）公平性。

马克思主义政治经济学对“公平”进行了详尽的描述。在马克思主义经济学看来，制度效率的评价标准分为两个方面：一方面，制度属于生产关系，是建立在财产基础上的人与人之间的经济权利关系，生产关系取决于生产力水平，服务于生产力发展[②]；另一方面，对产权制度的评价还应考虑制度配置资源的公平性。马克思和恩格斯（1976）认为，所有制（产权）和公平存在着高度相关性，体现在以下几点：第一，生产资料所有制形式是公平的决定性因素，他们认为生产资料所有制决定了生产条件、劳动产品的分配、财富分配的规则等；第二，生产资料所有权的垄断是财富分配不公平的根源和重要表现，正是因为对生产资料所有权的垄断，才产生了社会财富分配上劳而少得、不劳多得的不公平现象；第三，社会不公平是私有制的必然产物，私有制的发展进一步导致财产占有上的不平等，为剥削的产生奠定基础，在再生产的过程中，资本占有权规律取代商品所有权规律，资本积累实质上是财富不公平的积累。

评价产权制度用一句话概括就是“注重公平、提高效率”。无论市场交易状况如何，产权的安排和修正都意味着财富分配格局的改变，而财富分配格局的改变必然会影响到社会的公平状况。因此，要研究产权和效率的关系，离不开产权与公平关系的分析。具体说就是一方面，要以公平为衡量标准，对权利及财富的分配格局进行衡量；另一方面，以资源配置效率为标准，对产权制度进行全面的成本—收益比较。产权制度的效率性是人类社会经济发展的关键，而产权制度的公平性是减少利益冲突、实现社会经济和谐

---

① 德姆塞茨，段毅才．所有权、控制与企业［M］．北京：经济科学出版社，1999：52－53.

② 保罗·斯威齐．资本主义发展论：马克思主义政治经济学原理［M］．北京：商务印书馆，2011：80－82.

可持续发展的前提。因此，“注重公平、提高效率”是对产权制度的最佳选择标准。

3.2.4 水权制度框架设计内在逻辑

（1）产权明晰是水权交易的前提。

无论是物品的交易还是劳务的交换，其实都是一种权利的交换，即产权的交换，也就是说放弃对某一物品的产权以换得对另一物品的产权①。既然是产权的交易，如果产权没有清楚地界定，那么交易肯定无法正常进行，换句话说，产权清晰是市场交易的前提。明确的产权能够为人们提供交易基础和更明确的选择空间，可以使人们选择交易费用最小化的经济体制，减少和节约交易费用。同时人们对经济体制的选择也会促进经济体制改革向交易费用更小、交易更便捷方向转变。假如没有对初始产权进行设置，资源将成为免费获取的物品，此时人们就会蜂拥而至，展开抢夺，在抢夺的过程中不仅要付出劳动精力成本，还有可能由于过多的争抢而引发争斗，这时资源的价值在边际上就会由劳动和争斗的竞争而耗尽，这就是资源的“租值耗散”。为了减少“租值耗散”，经济主体会制定竞争的规则来约束或减少竞争者的行为，这种约束竞争的规则就是产权制度安排，显然，产权制度安排是市场交易的基本前提，这正是科斯产权理论的基础②。科斯（1937）认为，如果没有明确的产权制度，就没有可供人们购买的产权，产权制度建立后，不仅明确了人们可交易物品权利的边界、类型及归属问题，而且能够被有关交易者乃至社会识别和承认，交易也就能够顺利进行。任何希望使用这一资源的人可以用不同方式向资源所有者支付费用并获得资源的使用权。只要交易费用不为零，产权就对效率和行为发生作用，通过产权交易，每个能够产权交换的经济主体都会得到好处，使经济效率发挥出来③。由此可见，在正常的交易环境下，产权明晰是产权交易的前提条件。具体至玛河流域的水资源管理制度构建，应当在建立水权转让制度之前首先建立初始水权分配制度，通

---

① Demsetz H. Toward a Theory of Property Rights [J]. *American Economic Review*, 1974, 57 (2): 347-359.

② 盛洪. 现代制度经济学（上卷）[M]. 北京：中国发展出版社，2009：117-118.

③ 罗纳德·H. 科斯. 财产权利与制度变迁 [M]. 上海：格致出版社，2014：22-23.

过初始产权制度的分配确定水资源使用者所拥有的水权数量、范围、质量等，为水权转让制度的建立做好基础。

(2)“准市场”资源配置模式是水权分配和交易的制度选择。

在不同的国家经济组织模式中，存在着市场组织模式和指令组织模型两种类别，这两种模式都是配置资源的有效模式，适用于不同的场合。一是市场经济模式。在市场体系中，人们的行动是自愿的，是以自身利润最大化或个人效用最大化为目的的行为偏好选择。买方和卖方都以自主、自愿为原则在市场中进行交易、交换。在市场经济模式中，个人和企业的关系在本质上是平等的，处于平等的交易地位，能够自愿而非等级强制地进行交易，虽然在交易中也会因自身经济规模的大小而产生交易中的不平等现象，但交易双方在本质上并不存在层级关系。二是指令经济模式。在指令经济模式中，经济政策是由政府官员做出的。在计划指令体制中，各经济主体和部门之间是上下级、纵向从属关系。权力机构的金字塔的最高一级进行重大决策并提出计划经济的主要内容。计划内容被逐级分解并沿着官僚阶梯逐级向下传达，基层组织负责计划的执行，而且越往下走越关注计划的细节。个人的积极性依靠行政强制力和政策法规制裁来推动，组织中的个人需要接受来自上级的行政指令和规划安排。三是介于市场经济管理模式和计划指令管理模式之间。纯粹的、极端的市场机制模式和政府指令模式都不会使社会资源得到合理配置。在纯市场模式情况下，许多外部性问题无法通过私人市场得到解决，如公共实施建设、国防、资源环境污染等，此时政府的参与能够使外部性问题得到解决任何纯粹市场经济模式都不会持续很久。19 世纪的美国十分接近自由放任的社会，是一种纯粹的自由放任制度，然而这种情况导致国家出现周期性经济危机，极端贫困和不平等，根深蒂固的种族歧视和污染造成的水源、土地和空气的恶化等问题。

将上述关于国家经济组织的分类模式引申至流域的水资源管理中，流域水资源管理体制改革主要有两种思路。一种是建立政府统一管控模式，以制度建设和法律建设来约束各方的行为选择范围，调节地方利益冲突，实现流域水资源的统一管理；另一种是建立水市场，建立水资源利益调节机制、水权分配和水权交易管理体制，由价格机制和竞争机制主导资源的配置方向，政府通过对市场的监督和管理而不是通过行政命令的形式来保证全流域的资源合理利用。完全摒弃指令配置模式，以市场化配置水资源的模式不可取，原因有以下几点：第一，水利设施等公共物品一般由政府部门提供，政府主导水资源的供给，水资源价格不可能完全按照市场中的供求机制和价格机制所决定，水市场只能在具有私人属性的水资源范围内作用；第二，以流域为单位的水资源需要统一管理，流域水资源除了水电、供水等具有私人属性的用途外，还兼顾流域生态、防洪、防凌、冲沙等公共目标，水市场的资源配置安排要服从流域统一管理的多目标性；第三，水市场的资源交换受时空等条件的限制，水资源利用也需要遵循生态系统的物质循环规律，水权交易不得改变水资源的功能区划；第四，水资源的所有权归国家所有，用水户只拥有水资源的使用权，完全市场化在经济上可行，政治上不可行。

本书采用“政府管控 + 市场调节”的准市场模式配置流域水资源，见图3－2。“政府管控”强调的是在初始水权的分配中政府应当充分发挥主导作用，综合地区经济社会生态等用水目标，合理控制用水总量，明晰界定初始水权，合理制定交易规则，依法维持交易秩序；“市场调节”强调在初始水权得到明晰界定后，市场应当成为水权交易的主导力量，应用价格机制和竞争机制合理配置水资源，政府的行政干预应当逐步淡化，由水权配置的主导者转为交易规则的制定者和交易纠纷的仲裁者。两种模式的有机结合通过引进产权制度、私有部门等市场力量，使原来由政府主导的公共资源管理成为“政府 + 市场”混合管理模式。这种混合管理模式与传统意义上市场化配置有所区别，一方面，准市场类似于竞争市场，资源配置规则越来越倾向于应用价格机制、供求机制作为资源配置的标准；另一方面，与自由竞争市场不同的是，在初始水权分配阶段政府替代市场成为资源配置中的主导力量。需要注意的是，在初始水权分配和水权交易阶段政府都有所参与，但管理侧重有所不同，在初始水权分配阶段政府是主导者、直接参与者，是作为上级主管部门代表国务院依照《水法》中所有权和使用权相分离的原则将水权赋予用水单位，而在水权交易阶段政府是监管主体，根据监管权限对市场交易主体、交易水量额度、交易价格等方面进行监督，规范市场准入，保障信息透明，提高交易效率，减少交易纠纷，两个阶段政府参与管理的内容不同，需要明确管理边界，防止跨界越权。

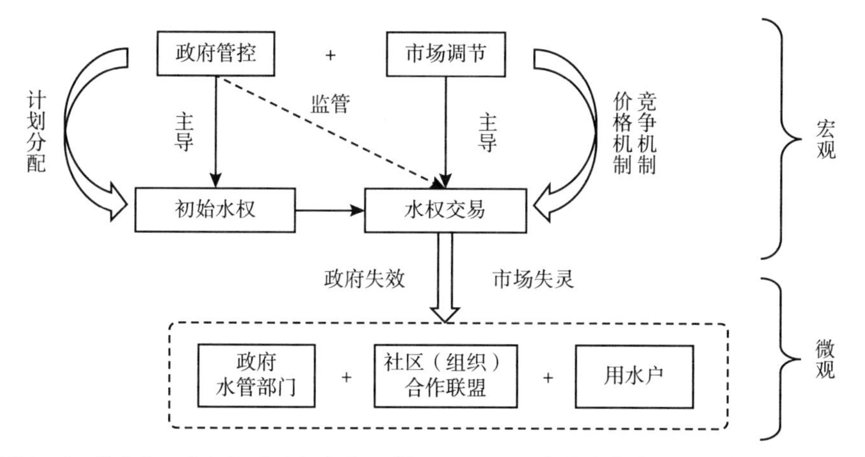

图3-2 “政府+市场”准市场框架下社区（组织）多方主体合作联盟资源配置模式

在初始水权分配阶段，由于水资源公共属性的特殊性，初始水权分配需要考虑到社会、经济、人类生存、生态环境多样性等多种用水方需求，同时考虑到水资源的所有权属于国家所有，水权的初始分配由国家主导是现阶段理性且明智的选择，这样的分配方式在现阶段成本最低、效率最高。国家水行政主管部门通过制订缜密的、考虑多方利益诉求的配水计划，以总量控制和定额管理相结合的制度控制水资源的合理分配，总量控制是对用水分配和取水许可的控制，是对用水源头的控制，定额管理是对用水方式和用水效率的管理，是对用水过程的管理，从不同角度和不同层次的管理使水资源的分配更公平，使用更有效率，进一步满足节水型社会的节水目标。因此，初始水权分配阶段由政府部门进行计划分配更为妥当。

在水权交易阶段，由于资源完全市场化，竞争机制和价格机制会引起资源“竞争无序”和市场混乱，政府若进行干预，自上而下政府会出现机会主义行为，自下而上市场主体会出现寻租腐败行为。政府的干预会使水价大幅低于生产成本，价格将无法反映资源的稀缺程度，从而失去调节供求的杠杆作用，出现“市场失灵”；同时由于水资源的公共资源特征在水权交易时会出现外部性，导致潜在的用水效率损失和生态环境的破坏，即使政府制定相关政策法规强行对水市场进行干预，使水价弥补供水成本的水平，水价依旧无法正常调节市场供求关系，出现“政府失效”，由政府制定的基准水价已无法正常反映市场稀缺情况。“双失灵”现象使水权交易不能简单套用西方市场化资源配置模式，也不能回归至计划指令配置，由此引出社区（组织）合作联盟作为市场和用水户微观主体的中间组织，用水个体能够组织起来形成合作联盟，进行资源的自我管理，保证资源的管理有效性和利用高效性，同时降低管理成本、执行成本和信息搜集成本。社区（组织）合作联盟不是简单的合作社，而是由利益合作协议所约束的既合作又博弈的利益连接体，能够有效减少水权交易过程中“政府失效”和“市场失灵”现象，同时能够有效降低交易成本。在合作联盟中局中人能够通过“强强联合”“强弱联合”“弱弱联合”进行资源（技术等）整合重组，为全系统和局中人提供更高的收益。社区（组织）合作联盟的局中人携带不同量的水资源加入联盟，由联盟的“有形之手”对联盟内部的水资源进行重新分配，这个阶段水资源分配的基本原则是资源产出最大化，不同局中人分配得到不同量的水资源用于生产，产生收益完全属于联盟所有，当一个生产季度完成后，联盟对局中人产生的所有收益按 Shapley 值法进行分配，保证联盟中的局中人获得与其贡献率相匹配的利益。当然，在合作联盟中也可能存在“大联盟”中的“小联盟”，局中人可以根据自身的策略选择范围和其他局中人的可能选择策略进行反复博弈，无论局中人如何行动，其策略一定符合自身利益最大化原则。合作联盟的实质是利益的连接，局中人会因潜在收益加入合作联盟，也会因收益无法达到预期退出联盟，联盟的收益分配方案是维持联盟存在的必要条件之一。

初始水权分配阶段和水权交易阶段有非常紧密的联系，如果初始水权分配阶段进展不顺，则会显著影响水权交易阶段的进展。如果在水权初始分配阶段发生产权界定不清、产权收益缺乏足够的稳定性和交易成本过高的情况，那么水权交易市场将发育迟缓。同时，非正式制度因素的阻碍作用在水权分配的初始阶段和交易阶段都比较突出，我国的水权分配和水权交易都带有显著的中国特色，中央与地方、地方与地方、部门与部门之间的利益关系难以理顺，这些因素都是影响我国的水权初始分配和水权交易两阶段的重要因素。

3.2.5 水权制度框架设计

基于以上分析，本书从水资源管理的角度出发，创新性地构建了一套水权制度体系框架，寻求玛河流域水资源危机的解决方法和对策措施。在明确水权所有权和使用权的基础上，首先以公平原则进行水权初始配置制度的健全和完善，其次以效率原则建立水权流转制度。

水权制度的框架包括水权分配（即初始分配）制度，水权转让（即再分配）制度和水市场、水价形成机制，其中水权分配制度和水权转让制度是本书的核心所在，水市场、水价形成机制是在水权交易制度的基础上构建的水权市场和水价形成机制。水权制度框架图见图3-3。

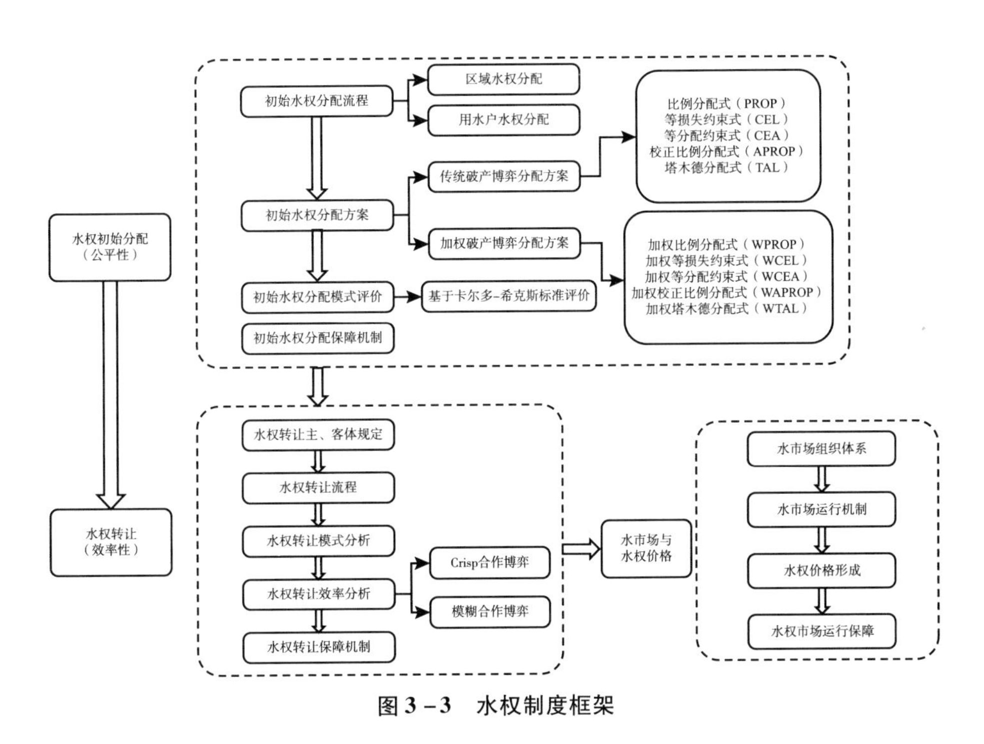

图3-3 水权制度框架

（1）水权分配机制。

水权分配机制是水权制度的基础和核心，是水权转让存在的基本前提之一，只有初始水权确定后水权转让才能顺利进行。水权分配以水资源使用的公平性为基本前提，本书主要探求符合玛河流域实际情况的水权分配机制。在研究水权分配机制的内容之前，首先介绍水权分配的基本原则，水权分配的原则包含公平原则、可持续利用原则、政府主导原则和民主协商原则，其中公平原则是开展水权分配、建设水权制度的最高要求，也是促进社会公平发展的本质要求。其次对初始水权的分配流程进行分析，初始水权分配流程是水权分配的总体框架，包含区域水权分配阶段和用水户分配阶段，其中区域水权分配阶段是国家行使水资源所有权，向各行政区域分配水资源管理权和监督权的过程，是初始水权在政府部门之间的分配，包含国家、流域等水管理部分向省一级水行政主管部门进行区域水权的分配，省一级水行政主管部门向市一级水行政主管部门进行水权分配，市一级水行政主管部门向县一级水行政主管部门进行水权分配；用水户分配阶段是水行政主管部门依法按照各自的管理权限赋予用水单位以水权的过程，这一阶段是水权真正落实到用水户手中的关键一步。水权分配制度研究中最重要的部分是水权分配的模式和水量分配方案研究，是流域用水户关注的焦点，也是博弈的重点。本书采用博弈论中的破产博弈方法，探索符合流域用水户需求的水权分配模式与方案，本书分别介绍了十种破产博弈的分配模式，包括传统破产博弈分配方案的五种——比例分配方案（PROP）、等损失约束方案（CEL）、等分配约束方案（CEA）、校正比例分配方案（APROP）、塔木德分配方案（TAL），在传统破产博弈的五种模型的基础上对模型进行创新，根据流域内不同用水单位对水资源的自适应度加以权重，并提出加权破产博弈分配方案——加权比例分配方案（PROP）、加权等损失约束方案（CEL）、加权等分配约束方案（CEA）、加权校正比例分配方案（APROP）、加权塔木德分配方案（TAL），对这十种分配模式的分配方案进行对比分析，遴选出基于公平性原则最适合玛河流域的水权分配模式。为得到最适合玛河流域的水权分配模式，引入卡尔多—希克斯标准作为评价水权分配模式的标准，该标准是以社会福利最大化为标准评价各分配方案，能够满足玛河流域的社会经济活动对水资源分配公平性的需求。

（2）水权转让机制。

水权转让机制是充分保障水资源的利用效率的制度建设过程，该阶段以水资源的利用效率最大化为基本前提，充分研究水权流转过程中水资源的利用效率最大化的方法。首先，确定水权转让过程中的主、客体，并对其做出相关规定以明确水权转让中的各方责权利关系；其次，对水权转让的流程（即在当前水权交易的框架下水权交易的流程）进行分析，包含以合作博弈为研究方法，探求水权转让中水资源利用最大化分配方案，分别研究在Crisp合作博弈模式下和模糊合作博弈模式下，玛河流域的用水户水权转让的最佳方案，在两种合作博弈模式下，水权转让的最终目标——水资源使用效率最大化得以实现。在得到水权转让最佳模式后，对水权市场和水权价格的形成进行分析，对水权市场的构成、组织体系、运行机制等进行研究，对水权价格形成的三种模式分别进行探索，最后配套以水权转让保障机制，包括政府监管机制、价格引导机制和民主协商机制。

3.3 本章小结

产权制度经济学从产权管理角度出发，为提升资源利用效率的路径提供了一个全新的视角，通过明晰资源的产权属性，提高资源产权作用范围，减少水权交易费用，利用市场竞争机制有效提高水资源的配置效率，让资源"流向"资源配置效率更高的用水单位，从制度管理视角寻求解决玛河流域水资源供求矛盾的新思路。本章首先通过对水资源产权制度的理论推演和水资源产权制度变迁特征进行分析，得出产权制度的明晰是提高水资源利用效率的有效途径的结论；其次，通过分析水权制度框架设计的目的、基本原则、评价标准和内在逻辑，得到水权制度的体系框架设计，水权制度体系应当由初始水权制度和水权转让制度共同构成，其中水权转让制度包含水权市场的构建和水权交易价格的形成机制。

第4章　流域水权管理制度历史沿革

本章对流域的水资源管理制度的现状进行分析，首先对中国和玛纳斯河流域的水权制度历史沿革进行梳理分析，对水权制度变迁的动因进行考察，分析得到影响水权制度变迁的关键因素；然后对不同的水权管理模式进行分析，以新疆某兵团作为兵团区域的典型案例区，以新疆维吾尔自治区昌吉回族自治州玛纳斯县北五岔镇作为自治区的典型案例区，对案例区的水资源管理模式及兵地行政制度差异进行分析，进而得到不同管理模式下的水资源利用效率。

4.1　水资源管理制度的历史沿革

4.1.1　中国水资源管理制度的历史沿革

我国从新中国成立以来的水权制度建设历史沿革可以划分为三个阶段。

第一阶段，开放利用期（1949～1988年）。从1949年新中国成立开始，我国对水资源的利用一直处在计划经济的管理之下，具有国家所有、统一调配、开放利用的特点。我国宪法规定水资源的所有权属于国家，1954年的“五四宪法”是中华人民共和国的第一部宪法，该宪法第一次对水资源的权属进行规定，“矿藏、水流，由法律规定为国有的森林、荒地和其他资源，都属于全民所有”。全民所有是水资源的所有权规定，并由国家代为行使其权利，此后无论是“七五宪法”，还是“七八宪法”，直到现行的“八二宪法”，这一规定再未进行过修改，由此可见，我国水资源的权属是十分清晰的，即全民所有。水资源的开放利用受制于当时的开发能力和取水成本等原因，水资源的利用基本处于开放且可获取的状态，不存在经济调节手段，同时由于当时的社会经济发展并不发达，水资源的供给在支撑经济社会发展方面绰绰有余，因此也不存在水资源短缺、用水竞争等问题，当时的水资源产权制度可以认为不存在正式的产权制度安排。然而在改革开放之后，社会经济发展发生了质的飞跃，用水竞争日益凸显，主要表现为水资源的供给无法达到水资源需求的水平，流域间、流域内的水利用冲突事件日益增加，水资源产权制度因水资源的稀缺而成为必要，水资源产权制度应运而生。

第二阶段，行政指令主导期（1988～2000年）。由于社会经济的快速发展，水资源的稀缺导致产权制度需求成为水资源管理的导向，国家颁布了一系列水资源管理制度，以1988年首次颁布的《中华人民共和国水法》为标志，1988年《水法》象征着产权制度首先应用于水资源领域，水资源管理首次以法律法规文件形式呈现出来，具有里程碑意义。其中第三条将水资源的权属进一步明确，“水资源属于国家所有，即全民所有。”这里可以理解为，水资源所有权属于国家所有，而依法取得水资源的单位和个人拥有水资源使用权，包括用益权、收益权，这里的水资源使用权是残缺的、不完整的，不包括转让权和处置权，应该说水资源使用权人只是从政府管理部门获得了能够使用水资源的许可，并且是在政府的管理、监督之下才能使用，这种使用权的权利具有很大局限性。水资源同时受到流域管理部门和地方政府的双重管理，造成一系列管理重叠区域和管理空白区域。其实这里所讲的流域水权、区域水权和集体水权并不是完整意义上的产权，它们的排他性很弱，其界定、维护和转移都需要行政手段加以执行才能实现，区域水权的长期使用中存在许多缺陷，有时权利无法得到保障，上下游、左右岸、区域间、产业间水权冲突时常发生，这时区域或个人的水权只能依靠上级政府加以协调。综上所述，在1988年《水法》颁布以来，我国形成了一套基于行政手段的共有水权制度，虽然这一系列水权制度使我国水权的排他性逐渐加强，但水权的外部性依然很高。要注意的是，水权模糊是在制度演变过程中的一种合理的经济现象，制度变迁的内在因素是交易成本的升高或降低，在我国，清晰界定水权的成本较高，导致水权制度向模糊水权制度安排迁移，水资源归国家所有，并在国家政府监督之下的制度安排正是在中国特色环境下成本最为节约的制度选择。这种水权制度安排是内部管理成本、用水效率损失与行政管理所节约的成本之间的均衡制度选择。

第三阶段，“准市场”期（2000 年至今）。市场化是能够使资源配置效率达到最大化的配置方式，在这一阶段，市场始终未进入水资源配置的制度安排中，水资源的利用始终处于层级计划指令的制度安排下，市场机制从未成为水权配置的制度安排。直至 2000 年初，浙江省东阳—义乌水权交易事件成为打破行政指令手段垄断水权分配制度的具有历史意义的事件。这例事件是国内首例跨城市、跨区域的水权市场化交易，最重要的是它第一次将市场机制引入水资源管理领域，标志着我国水权市场的正式诞生。此后，社会对水权市场的出现进行了热烈的大讨论，引起很大反响。胡鞍钢提出“准市场”水资源配置思路，他认为在我国，水资源是一种保障国家政体稳定、保证地区安全的战略性资源，水权市场的运作面临许多问题，这些问题单纯靠市场是无法解决的，需要政府大量干预和介入，因此水权市场具有“准市场”特征。随后我国水权水市场的改革不断推进，2005 年水利部颁发《关于水权转让的若干意见》，对水权转让的基本原则、限制范围、转让费用、转让年限、监督管理等做了具体规定，该意见进一步推进了水权制度建设，规范了水权转让行为；2005 年水利部还颁发了《水权制度建设框架》，对水资源所有权制度、水资源使用权制度和水资源流转制度等方面做了具体解释和规定，从国家顶层设计角度为市场进入水权制度建设奠定了基础；2014 年水利部印发《水利部关于开展水权试点工作的通知》，选择具有水权水市场改革基础的 7 个省区，开展不同类型的水权试点工作；2016 年《水流产权确权试点方案》提出要着力解决所有权边界模糊、使用权归属不清等问题，为在全国开展水流产权确权积累经验。这一系列的水权制度安排是由于水资源稀缺导致的水资源供需矛盾而引起的由上而下的强制性制度变迁，由国家出台政策法律法规，层级结构管理部门以权力下放为手段，构建层层管理的制度结构。从东阳—义乌水权交易事件以来，我国水权水市场制度的建设在这十几年来有突飞猛进、日新月异的变化，我国初始水权分配的框架初步形成，开展了一系列水权市场的实践探索和试点工作，为水权制度的进一步建设奠定了良好基础①。

---

① 王亚华，舒全峰，吴佳喆．水权市场研究述评与中国特色水权市场研究展望［J］．中国人口·资源与环境，2017，27（6）：87－100.

通过对新中国成立以来中国水权制度建设各阶段的梳理，可以发现水权制度建设的变化始终是围绕着如何使水资源更好地发挥对社会经济发展的支撑作用而变化的。换句话说，水权制度始终是沿着水资源的公平分配和效率配置这两个目标而逐渐演变的。水权制度的发展方向正是资源高效率应用的方向，同时也是作为战略资源逐渐公平分配的方向。第 2 章提到，水资源的自身属性包括自然属性、经济属性和社会属性，水权制度的演变方向正是水资源的这三种属性的进一步延伸，是在社会经济发展中的产权制度的进一步体现。(1) 水资源的自然属性决定了水资源的利用需要在水资源的独有特征的限制下进行，要遵循生态环境系统的物质循环规律，水资源的交换交易受到时空限制较多，且多以流域为基本研究单位，跨流域的水权交换的管理成本、水利设施建设成本过高，不是水权交易的主流方向。(2) 水资源的经济属性决定了水权交易需要有明确的产权制度保护，需要有明晰的初始水权界定，水权交易才有可能发生，水权的经济属性也只有在市场化的条件下才会发挥最大效率，使水权使用者得到最大收益，因此将市场机制引入水权交易是水权的经济属性导致的必然结果，同时水资源的经济属性也要求在水权交易过程中市场的交易规则需要得到体现，市场的交易规则对水权交易的主体、客体、交易规则、交易期限、交易数量等做了明确规定，保证水权交易能够顺利进行，因此水权制度的建立是水资源的经济属性得到体现的重要途径。(3) 水资源的社会属性在水权制度演变中也同样得到充分体现。水资源作为保障地区和社会稳定的战略性资源，其管理和分配受到社会各界的关注，水资源不仅作为经济物品、私人物品而存在，同时也作为社会物品、公共物品而存在，社会物品要求公平分配，使流域的上下游、左右岸、产业间的合理用水诉求得到满足，公共物品要求非排他性和非竞争性，如防洪、防沙、防凌、环境生态用水等，这些无经济收益的水资源利用需要国家出面统一实施和管理，因此，我国水权制度的演变过程也是水权分配不断公平化、合理化、透明化的过程。综上所述，我国从新中国成立以来的水权制度演变历程是水资源的自然属性、经济属性、社会属性不断深化延伸的过程，水权制度的变迁始终朝着利用效率更高、利用分配更公平的方向迈进，这是水资源内在属性的体现，也是未来我国水权制度变迁的方向。

4.1.2 玛河流域水资源管理制度的历史沿革

本节参考的文献有《新疆维吾尔自治区玛纳斯河流域水利志》（以下简称《玛河水利志》）《石河子玛管处年鉴（2016）》等。玛河流域在历史上就是一个以灌溉农业为主的富庶之区，素有“金奇台，银绥来”之称①，其中“绥来”是玛纳斯县的旧名。玛河流域自古田土肥沃，农村中绿树成荫，风景绝似江南。充足的水资源是玛纳斯成为“赛江南”的最根本原因，如果没有玛河流域五条河流的滋润，地处沙漠戈壁、荒漠边缘的玛河流域不会成为一片绿洲。根据玛河水利志记载，在乾隆二十七年（1762 年），玛河流域起设兵屯，开辟田地 2.8 万亩，屯兵 1400 人，乾隆四十年（1775 年）已屯田 3.5 万亩，招募垦民户 7624 人，到了嘉庆十三年（1808 年）玛纳斯县户屯已扩大到 9.3 万亩，在清末时已有干渠 51 条，支渠 136 条，可浇灌土地 10 万亩。在新中国成立前，玛河流域为了开垦玛河两岸的大片土地，曾经开挖过两条干渠，一条是杨增新时代的“新顺渠”，一条是盛世才时期的“新盛渠”，两条渠都是挖了十几公里就停工了。1945 年爆发了三区革命，河西的民族军和河东的国民党军队隔河对峙，河西的汉族全部逃往河东，因此玛河上游西岸的干支渠几乎全部废弃，田地也撂荒，直到 1949 年新中国成立。新中国成立初期，上游灌区的所有渠道都是利用原有的旧渠道整修扩建而成的，两岸引水仍沿用树梢、苇子、麦草、木料、卵石等土产材料在大河中压坝堵水，这种临时性梢工压坝的方法一直延续到 1959 年红山嘴渠首建成。经过社会经济和水利设施的发展，玛河灌区已逐步形成引水、蓄水、输水、配水齐全的灌溉体系，发展成为渠道纵横、田连阡陌、水库星罗、军民共建的现代化新型农业生产区②。近十几年来节水灌溉技术的提高，玛河流域兵团八师石河子垦区充分发挥体制行政优势，大面积推行滴灌节水灌溉技术，根据《新疆生产建设乐团统计年鉴 2021》截至 2020 年，石河子垦区已累计推广膜下滴灌面积近 394.2 万亩。通过对玛河流域的水权制度建设历程的梳理，发现玛河流域的水权制度始终围绕着水资源的高效率利用

---

① 戴良佐．金奇台 银绥来［J］．新疆地方志通讯，1983（3）：41－45.
② 施文军．浅析玛纳斯河流域水权制度［J］．河南水利与南水北调，2012（16）：106－107.

这一目标，无论是水利设施的修建，分水比例的改变，还是水资源管理机构的变革等，都以水资源利用效率的提升为最终目的。

根据玛河水利志记载，玛河水量分配制度历史沿革分为五个阶段。第一阶段，设坪分水（1951～1956年）：1951～1954年水利工作队边踏测，边绘图，在实地调查中完成了玛河流域规划。形成以场、公社为界的干、支、斗、农四级固定渠道的自流灌溉模式。计划用水，按方收费，维修养护管理，独立经营，互不干扰。在1952年成立了灌区管理委员会，由沙湾县军民生产委员会、绥来县军民生产委员会成立检查组，调查地亩、防止用水浪费、研究工程设计。1955年召开了玛河水利管理委员会第一次代表会议在兵团石河子生产管理处召开，会议确定了轮灌计划，详细统计了渠道及各坪、各作物播种面积，将各渠系的种植面积按分水坪木上的尺寸进行分水，水费按每亩一分五厘收取。1956年玛河灌溉管理委员会议决案中对流域分水面积进行了规定：河东地区，二、三、五区17.3万亩，凉州户2.2万亩，三十团6.1万亩；河西地区，四区9万亩，石河子新城部队2.6万亩。农二十三团9.9万亩。

第二阶段，测流分水（1957～1958年）：1957年12月28日召开了玛河灌溉管理委员会第三次委员会议，会议对玛河管理处1958年的管理范围问题进行了规定，会议决定玛河管理处应管到各干渠的渠首（包括进水闸、拦河坝、排沙闸），各河系配水工作应当按照决议案分水比例，正确地执行引水工作和渠首引退水工程的设计和修建，实行龙口三天一测流，每天进行渠系间的调整平衡，十天做一总平衡，按旬、月、分水季节由玛管处所属有关管理机构向灌区结算水量，并公布旬与各阶段配水情况，保证水资源的稳定供应。规定大河渗漏系数，损失由上游共同承担。对玛河流域水费的规定也做出调整，凡引用玛河水源，无论农田灌溉和工矿建筑及绿化等用水均须缴纳水费，水费按地亩征收，工矿建筑折合地亩征收，每亩收费四分。对有条件的渠系按立方计水收费，条件尚未具备的渠系，在1958年仍以亩或按作物收费。1957年的玛河灌溉委员会会议对引水龙口水量测量天数做出规定，同时将水费收取从原有的按亩收取转变为按引水量收取。这一制度变化的原因是原有的按亩收取水费时，各地区瞒报虚报亩数和种植作物，从而可以获得更多的引水数量，形成恶性竞争，造成大水漫灌，用水效率低下，改为按引水量收费后，可有效避免瞒报虚报问题，同时也利用价格倒逼机制促进各地区提高用水效率，减少水资源浪费。

第三阶段，引洪限额（1959 年）：在 1959 年玛河管理委员会第一次会议上，对大跃进时期的玛河灌溉跃进指标进行了规定：（1）龙口毛用水定额，从 1958 年的每亩 810 立方米降低到每亩 600 立方米；（2）实行十日用水计划制；（3）公社平均灌水定额不超过 65～70 立方米/亩，国营农场不超过 50～60 立方米/亩；（4）公社一昼夜较低不少于 1100～1200 亩，国营农场不少于 1400～1600 亩；（5）渠系有效利用系数（从龙口到社、场农渠口止）公社和农场平均不少于 60%，莫索湾灌区不少于 45%（因莫索湾灌区较长）。这份指标不符合当时当地的基础，虽然当时人民公社 50% 以上的渠道进行了改建，基本改变了旧灌区的面貌，但当时的水利设施条件无法达到会议所定目标，当年也未完成目标。同年还对洪水期的分水比例进行了规定，依据各灌区实播面积按比例分配引洪限额，其中头符龙口 16.5 万亩，石河子龙口 12 万亩，洞子渠 1.5 万亩，凉州户渠 2.4 万亩，头二、三宫渠共 4.1 万亩，莫合渠 16.5 万亩，四符渠 2.2 万亩，二道树窝渠 0.5 万亩，六浮渠 12.7 万亩。

第四阶段，统一平衡（1960 年）：1960 年灌区播种面积比 1959 年增加了 70%，随着玛河流域灌溉面积的增加，水土资源供求矛盾日益凸显，人们逐渐认识到流域需要统一的管理部门进行统一规划、统一调配、统一管理，而不是自说自话，各为其政，由此将原有的自治区水利厅玛河管理处改组为玛河流域管理处，流域管理处作为流域管理委员会的执行机构，负责流域水利灌溉的统一管理，流域管理处同时受自治区水利厅和流域管理委员会的双重领导。

第五阶段，比例固定（1961 年至今）：1961 年召开玛河灌溉管理委员会，会议对水量分配进行了初次固定，根据 1960 年玛河实行总水量 9.51 亿立方米为计算基数，将流域用水单位划分为玛纳斯县、沙湾县和兵团系统，洪水期各单位水量分配及比例固定为：玛纳斯县 1.60 亿立方米，占全河比例 27.4%；沙湾县 0.245 亿立方米，占全河比例 4.2%；兵团系统 4.005 亿立方米，占全河比例 68.4%，枯水期仍根据 1957 年制定的分水比例执行。将分水量按比例固定下来，每年按来水量多水多分，少水少分，明确的分水比例分配减少了许多引水纠纷，形成了固定的分水比例制度。1964 年颁布了《玛河章程》，将“水量固定”分水协议固化成为制度，各用水单位有据可循，有法可依。流域各单位用水各期分配比例规定如下：枯水期（4月11日前后五天至6月30日止，9月11日至11月20日前后五天止），玛纳斯县40.7%，沙湾县6%，兵团53.3%；洪水期（7月1日至9月10日），玛纳斯县27.4%，沙湾县4.6%，兵团68%。该分水比例沿用至今。在玛河章程中对于洪水期和枯水期的各地区的分水比例构成了流域初始水权的分配方案。目前玛河流域的管理单位是自治区水利厅玛河流域管理处，该处拥有玛河流域枢纽和骨干引水工程的管理权和水资源调度权，目前玛河流域水资源的管理模式是三级管理模式，即流域（河系）、市（县）、团场（乡）三级管理模式。

玛河流域的水权制度自1951年来由“设坪分水”“测流分水”“引洪限额”“统一平衡”“比例固定”等分水制度逐步发展起来，分水制度由低级到高级，由不合理逐步走向合理，用水效率不断提升，伴随着社会经济发展对水资源的承载力要求不断提高，适应生产力的要求并逐步演变。玛河流域的水资源管理是随着流域内的水利骨干工程而形成和发展的，水权分配制度随着农业生产的发展逐步健全。

4.1.3 流域水资源管理制度变迁的动因考察

从一种制度转向另一种制度，说明社会的制度需求和制度供给不匹配，制度供需矛盾将催生新的制度，由新制度取代旧的制度。由于新制度的建立要花费高昂的建设成本和社会成本，因此一般制度变迁的出现都是制度供需矛盾已到达无法继续维持现状的情况下，社会各阶层极其渴望新的制度出现的情况下才会出现，其动因是值得探讨的。由于制度供给一般都是由公共部门、政府等提供，而具有外部性的公共物品一般情况下不会满足资源配置效率最大化的需求，因此我们在考察制度变迁的动因时，应重点分析制度需求方面，要素价格和制度运行的交易成本是影响制度变迁的主要因素。国家的水权制度变迁和玛河流域水权制度建设的过程中，水资源短缺程度和交易成本的变化是水权制度发生变迁的主要因素。

（1）水资源短缺程度。

在我国流域水权制度变迁的三个阶段中，水资源短缺是主要影响因素，具体分析如下。

在我国水权制度建设的第一阶段（1949～1988年），水资源几乎处于免费取用状态，低廉的水价使水资源成为类似于免费使用的物品，缺少价格机制的水资源无法对取用人产生取用障碍，造成大量的水资源浪费与低效率使用现象发生，同时水资源的无节制攫取引发了一系列生态问题。由于在这一时期工业、农业并不发达，水资源的供需矛盾还不明显，人们也没有动力进行水资源定价，制度变迁既无主体主持，也无动力改革，水资源低效率利用的制度一直维持着。然而，1978年党的十一届三中全会明确了党在新时期的历史任务是把中国建设成为社会主义现代化强国，揭开了社会主义改革开放的序幕，经济进入快速发展的阶段，经济社会的发展需要水资源的供应，大量的水资源需求在原有的制度下无法得到满足，水资源由无价值、随意取用的物品转变成为稀缺资源，原有的水资源供给无法满足需求，供需矛盾导致水资源的价格逐渐上涨。水价的上涨对不同的用水单位会产生不同的激励，有的用水单位对水价的上涨反应敏感，水价的稍微上浮就会导致用水主体减少水资源的使用量，如农业用水单位；而有的用水单位对水价的变化并不敏感，水价的变化对其水资源的使用量并没有很大的影响，如工业用水单位和服务业用水单位。水价对用水单位激励的差异性导致不同的用水单位对水权制度的关心程度不同，敏感的用水单位会对现有水权制度产生不满，对制度变迁产生强烈需求，而不敏感的单位则相反。水资源的稀缺性导致水资源价格的变化，而水价的变化催生了不同用水单位对初始水权分配制度变迁的需求，用水单位对水价变化的激励结构的差异性导致社会不同用水单位针对水权制度谈判的重新博弈，由此导致水权制度的变迁。稀缺的水资源已无法完全供给水资源的需求，以合理分配水资源，减少水资源浪费为目标，以《水法》为首的一系列法律法规应运而生，《水法》的出现是不同用水主体针对水价变化的政治力量协商后的新的利益分配结果。

在水权制度建设的第二阶段（1988～2000年），《水法》出台后新的初始水权分配制度持续了十几年，水权分配规则虽不能令所有人都满意，但《水法》是所有用水户协商并作妥协之后的结果，是具有相对优势的分配规则。随着20世纪90年代社会经济的迅猛发展，原有的分配规则已不能适应当时的经济结构，特别随着市场经济制度进入我国，在自由分配的资源配置领域原有的计划配置制度逐渐被取代，市场经济下的竞争机制和价格机制逐渐成为资源配置的主流配置思路，在由国家控制的关键经济要素领域，市场机制也逐渐加入进来。随着水资源的进一步短缺和水污染的出现，水资源的价格从原先无法反映水资源的自然价值的低价逐渐提高为可以反映自然资源价值和水利工程的价格，水价的提高使不同用水激励的用水单位又产生了新的矛盾，对制度变迁也产生了的新的需求。

在水权制度建设的第三阶段（2000年至今），由于初始水权的配置制度是由历史逐渐演变而来，贸然改变初始水权配置方案既无群众基础，也难以开展工作，而且容易出现社会群体性事件，因此水权制度变迁的方向便转向水权交易的制度变迁，水权制度建设进入第三阶段。在初始水权分配方案确定之后，水权主体可以选择自用或出售水权，通过市场中价格机制和竞争机制的“看不见”的手使水资源流向配置效率最高的用水单位，然而现有的制度安排并无资源交易的规定，初始水权分配完成后，无论是否用完，用水主体的水权都只能选择自用，农业用水主体分配到相对多的水权，会产生“不用白不用”的思想，缺乏节水激励，工业用水主体随着产值规模的提升，分配的水权出现不够用的现象，然而缺少水权交易的规定让工业用水主体无法使用农业用水主体多余或节余的水资源。人们逐渐认识到，水资源的价格机制只有在水权交易制度中才能得到充分发挥，因此从2000年开始，《关于水权转让的若干意见》《水权制度建设框架》等关于水权交易制度的法律法规逐渐出台，鼓励进行水权交易，在引入市场机制之后，水资源的价格能够充分发挥价格杠杆的作用，使水资源的配置更加效率化。综上所述，我国的水资源经历了“免费使用—有偿使用—竞争使用”三个阶段，水资源的稀缺性使水资源的价格在逐渐上升，水价的变化同时对应着水权制度的三个阶段，在每个制度变迁的节点水价始终起着关键性的引导作用。可以总结如下，水资源的稀缺性（水价）是我国水权制度变迁的重要影响因素。

玛河流域的水权制度变迁与我国流域的制度变迁基本处于同步状态，玛河流域的水权制度变迁也可以总结为，由水资源短缺引起的水权管理制度主动适应社会经济发展的匹配过程。玛河流域地处高山—绿洲—沙漠，具有明显干旱区特征的山盆系统，蒸发量大、降水量小，水资源绝大部分由高山融雪的径流所提供，因此水利工程的建设是玛河流域水资源供给的决定因素之一，玛河流域的水权管理制度也随着流域内的水利工程建设适应性地发生着改变，水利工程的建设也是由于地区的水资源供给无法满足水资源需求，玛河流域的水权管理制度也是由地区的水资源短缺程度所引致的。在“设坪分水”阶段，流域的水费是按亩收取，水费为每亩一分五厘，按亩收取水费造成大水漫灌、水资源浪费现象严重，当然这也与当时的水利监测设施落后有关。按亩收费的规定实施两年后，人们发现这种水费收取方式对人们节约水资源没有激励，反而鼓励用水户多取水、多用水，形成一种反向激励，因此这项规则在1957年时就废止了，取而代之的是在具备测流条件的区域采取按引水量收取费用，不具备测流条件的区域每亩水费从一分五厘涨至四分，与此同时大力改善流域干支流渠系测流设备的改造安装，管理制度变迁的背后是水资源短缺现象的出现和水资源利用效率的提升，按水量收取费用后各用水单位引水量明显减少，水资源浪费现象也得到有效遏制，通过价格机制对用水户节约用水产生了正向激励，以水价收取方式的改变促使人们改变对水资源的粗放利用。到1964年《玛河章程》颁发时已完全按照引水量进行收费，并规定对不同用水单位的水价进行了分类收取，对于农业用水每立方米0.36厘，工交、基建、城市生活等用水每立方米4厘，非用水期蓄水每立方米0.18厘，西大桥泄水每立方米0.16厘。随着玛河流域的经济快速发展，产业结构的不合理和经济发展所需的水资源越来越紧缺，再加上通货膨胀和货币购买力的下降，流域的水价在《玛河章程》制定后不断调整，充分发挥了价格机制在资源配置方面的制约作用，使水资源的配置主动适应流域社会经济发展程度，提高了流域水资源对经济社会发展的支撑能力。

（2）交易成本。

在水权制度运行时会有交易成本的存在，有时交易成本会非常高，甚至制约制度的运行。我国水权制度的变迁过程在一定程度上是制度的运行成本逐渐降低的过程。在我国水权制度建设的第一阶段，经过三十多年的水管理体制演变，我国形成了一套基于行政手段的共有水权制度，共有水权中的水权外部性较高，但共有水权制度是在我国特定国情下形成的制度，具有其合理性和适用性。由于清晰界定水权的成本较高，而在当时水资源的供给远远超过水资源需求的情况下，采用模糊水权的方式可以有效地节约排他性成本，行政计划配置正是在当时的宏观环境下成本节约的现实制度选择。造成上述现象有两个原因：第一是计划配置制度下的行政管理成本越来越高，上级监督地方政府的难度也越来越大，行政命令和一些政策法规在地方无法有效落实，监督成本和政策落实成本的加大造成了所谓的“体制失效”；第二是水权界定和维护的成本在降低，水权产权制度的排他性收益在不断提高，市场化的交易成本在不断降低，引入市场机制的预期收益在不断增大①。两方面制度的交易成本“一高一低”促使现有的以行政计划配置手段的制度均衡被打破，制度由行政配置向市场化产权明晰化方向转变。水权制度变迁的方向是进一步提高水权的排他性，要形成竞争市场，就要明晰水权，水权的明晰界定是市场形成的基础条件和交易的动力来源。但是水权明晰也是要付出成本的，因此水权界定的程度应与当时的社会条件相适应，水权界定程度与明晰水权付出的界定成本、水权明晰后的收益以及内部管理费用息息相关。未来共有产权应当是水权主体形式，而水权的排他性可以不断提高，水权可以分割为区域水权和集体水权，水权主体可以多元化至各级政府、组织、企业甚至个人。综上所述，制度的交易成本是影响水权制度变迁的因素之一。

交易成本在玛河流域水权管理制度变迁中也有所体现。由于玛河流域内包含玛纳斯县、石河子八师、沙湾县、小拐乡等多元行政主体单位，同一行政单位主体中还有农业、工业、生活、生态等用水部门，有限的水资源无法使流域内所有用水主体得到全部满足，只能使用一个相对公平的水资源配置方案。水资源的分配比例是流域内行政单位政治力量博弈后的妥协成果，是不同时期不同阶段用水单位争夺的焦点，玛河流域的水权管理制度的变迁始终与流域内的分水比例有关，初始水权的明晰对于利用水权交易制度提高用水效率至关重要，只有清晰明了地界定初始水权才能在水权交易过程中保证水权主体的交易资格。在《玛河章程》出台之前，分水比例由玛河灌溉管理委员会每年开会决定，由各地区水主管部门根据其灌溉面积、人口等有关指标进行上报，综合流域各区域的指标后进行比例确定，这种方式在当时看来是合理的，因为每年都有新开垦出的耕地，新增人口等，然而随着新开垦的土地增量和人口增量慢慢趋于稳定，该方法便呈现出不便利的一面，频繁地进行重新划分耗费大量的人力、财力、物力，各方谈判成本逐渐增加，得到的收益与付出的成本不成比例，人们逐渐认识到固定分配比例才是初始水

---

① 姜谋余，孙永平，胡健颖．我国水资源资产化管理模式初探［J］．中国水利，2004（4）：52－54.

权分配的正确方向。1964 年《玛河章程》应运而生，并一直沿用至今。由此可以看出，交易成本是玛河流域水权制度变迁的影响因素之一。

通过对流域水权制度变迁的影响因素——水资源稀缺程度和交易成本进行分析，可以发现无论是我国宏观的水权制度变迁，还是干旱区典型流域——玛河流域，它们的水权制度变迁过程都具有共性和相似性，其制度变迁的影响因素都包含资源稀缺程度和交易成本。当然流域水权制度变迁的影响因素不止这两个，还包含许多其他的影响因素，如流域水权制度供给的不足，当时的社会宏观背景等。通过对流域水权制度变迁历史的梳理和制度变迁的影响因素进行分析，可以为流域未来的水权制度发展指明方向，同时也为流域水权制度变迁提供实践基础、经验教训和政策建议。

4.2 流域水权管理模式分析

玛河流域的行政区划包括由兵团第八师、第六师新湖农场、玛纳斯县、沙湾县、克拉玛依小拐乡，各行政区域的水资源由当地水行政主管部门主持管理。由于兵地行政机制差异，各地区在水资源管理模式也各有特色。水资源管理模式的异质性导致了流域内不同行政区域水资源利用效率的差异性、产业结构的差异性和水权交易的不便性。构建流域范围内的初始水权分配制度必须要对流域内兵团、自治区的水权管理模式进行分析，解析不同行政区域管理模式的区别与联系。

4.2.1 兵团水权管理模式——以一二一团为例

2014 年国新办发表的《新疆生产建设兵团的历史与发展》白皮书中对兵团的职责、定位和体制进行了全面介绍。新疆生产建设兵团是新疆维吾尔自治区的重要组成部分，承担着国家赋予的屯垦戍边职责，实行党政军企合一体制，在国家实行计划单列的特殊社会组织，受中央政府和新疆维吾尔自治区双重领导。六十多年来，兵团人在新疆天山南北的戈壁荒漠和边境线上修建水库，整修河流，修渠打井，引水灌溉，开荒造田，在茫茫荒原上建设一个个田陌连片、渠系纵横、林带成网、道路畅通的绿洲垦区。兵团成立以来，始终把水资源开发与水利建设放在重要地位，先后进行了玛河、奎屯河、古尔图河等多条河流的治理，在开都河、阿克苏河、叶尔羌河、塔里木河、和田河、额尔齐斯河、伊犁河等大河流上修建引蓄工程，并在灌区内修建了大量的输配水工程，形成了完整的农业灌溉体系。16个大型灌区通过续建配套与节水改造，提高了用水效率和灌溉保证率，增强了农业抗灾能力和综合生产能力，促进了灌区经济发展；兵团参与的塔里木河综合治理工程取得了较好的社会、经济、生态效益，下泄塔里木河下游的生态水量明显增加，生态环境得到改善；参与了自治区伊犁河和额尔齐斯河开发利用骨干水利工程的建设，推进了兵团灌区配套水利工程的建设，引额济克配套工程——第十师南部灌区开发完成，使克拉玛依地区、阿勒泰地区的社会、经济、生态环境都有所改善；引额济乌工程的建成通水在近年来的抗旱中发挥了作用，有效地缓解了兵团灌区的旱情，保证了农业的丰产丰收；塔里木河上游塔克拉玛干沙漠北缘阿拉尔一师垦区南部的风沙区经过几年治理，已形成一道绿色生态屏障，在一定程度上阻止了沙漠的推进，履行了生态卫士的责任；兵团开创了我国大田作物大面积应用精准灌溉技术的先河，到2016年底，兵团膜下滴灌建设的面积已占全兵团有效灌溉面积的65.2%，成为我国在大田作物中采用膜下滴灌技术范围最广、面积最大、发展最快的地区。

玛河流域内兵团的行政管辖范围包括第八师石河子市（含下属团场）和第六师新湖农场。在兵团的管辖范围内对于水资源的管理模式是统一的集权管理模式，师、团、连层级结构类似于计划时代的管理模式，高度的组织性和统一调配使水资源的使用具有明显的计划特征。高度集权的水资源管理模式在某种程度上有利于辖区内的资源统一管理和资源配置效率，由内部的管理成本取代市场机制是一种适应成本与收益的做法。团场农业生产实行"统分结合"的模式，"统"体现在团场进行统一规划并制订年度计划，"分"体现在用水户自主进行相应的生产决策。本书采用八师一二一团作为兵团范围的典型案例进行分析，以期能够更为直观、更贴近实践地分析兵团水资源管理模式。

一二一团位于天山北麓，古尔班通古特沙漠南缘，地处准噶尔盆地底部西南，玛河中下游下野地垦区。根据一二一团提供的资料，团域全境653.4平方公里，拥有耕地面积31.5万亩。2016年一二一团三次产业产值比为59∶19∶22，农业是团场的支柱产业。一二一团的水资源较为丰富，光热资源充足，团域内水利基础设施建设水平较高。2014年，垦区年供水总量达7412万立方米，其中农业灌溉用水占总供水量的95.7%，采用节水灌溉技术的土地面积占总灌溉面积的95.5%。

一二一团域内农业灌溉采用定量和定额的灌溉制度，根据其种植面积、种植结构等上报需水量，由上级水管部门对其需求的灌溉总量进行核定，同时核定的还有各种植作物的亩均灌溉定额。一二一团在团域范围内的种植作物主要为小麦、棉花，还有葡萄等林果类作物。小麦全年灌溉定额为206.1立方米/亩，灌溉次数为5次；棉花全年灌溉定额172.1立方米/亩，灌溉次数为8次；葡萄全面灌溉定额为292.9立方米/亩，灌溉次数为8次。在水费收取时，团场在年初制定一年的用水计划，由团场水管部门预收水费，水费为0.265元/立方米，在水费收取结束后由团场统一进行供水，年末时对预缴水费进行多退少补。

农业水资源集权管理能够在团场内部顺利实行，与团场高度协调、统一的组织形式具有很大的关系。在调研访谈过程中，团场水管理部门的工作人员认为，统一管理模式的高度组织性被认为是发挥兵团优势作用的基础。但高度集权的管理模式在“人治”管理下不免会产生片面的决策和正向、逆向的寻租行为，使水资源的利用效率降低，进而降低用水户的节水热情。

兵团的水资源管理模式是政府主导的集权管理模式，农业用水户只享有水资源的使用权，而其他方面的权利几乎全部被剥夺，因此用水户只需要缴纳水费，从水主管部门获得取水许可即可获得水资源，而对于水资源的管理和宏观治理等均不涉及。用水户的水资源宏观管理意识淡薄，同时水资源价格偏低也无法激励用水户产生节水热情，水资源浪费现象严重。节水设施的购买安装成本有时会高于减少的水费，因此农户的节水热情并不高，甚至有时会采用价格低廉质量低下的节水设备，间接造成水资源的浪费，形成逆向激励。

4.2.2 自治区水权管理模式——以北五岔镇为例

新疆地处欧亚大陆中心，远离海洋，是典型的温带大陆性气候，光热资源丰富、温差日变化剧烈，干燥少雨。夏季炎热，冬季酷寒，冬夏两季温差悬殊。全疆多年平均降水总量2544亿立方米，降水量地域分布总的趋势是北疆多于南疆，西部多于东部，山区多于平原，迎风坡多于背风坡，盆地四周多于盆地中部。全疆各地蒸发量具有明显差异，南疆、东疆大，北疆小；东部大，西部小；平原大，山区小，蒸发势随海拔高度增加而降低，与降水随海拔增高而加大的规律恰好相反。新疆河流总的径流特征是河川径流年际变化与补给水源关系密切，除降水补给以外还有冰川、积雪、地下水及泉水，补给来源多属混合型。全疆河流从出山口计共有570条，其中北疆387条，南疆172条，东疆11条。根据2000~2019年《新疆水资源公报》，全疆河川平均年径流总量为879亿立方米，其中国内产流（即新疆地表水资源总量）为788.7亿立方米，国外来水89.6亿立方米，全疆出国、出疆总水量229.2亿立方米，其中出国水量226.2亿立方米，流入青海省水量为2.98亿立方米。全疆按区域划分的水资源总量及可利用量情况为，南疆地区水资源总量412.51亿立方米，占全疆水资源总量的49.58%，水资源可利用量为328.95亿立方米；北疆地区水资源总量为398.49亿立方米，占总量的47.9%，地表水资源量380.7亿立方米，水资源可利用量为250.6亿立方米；东疆地区水资源总量20.61亿立方米，占总量的2.42%，地表水资源量16.47亿立方米，水资源可利用量为17.22亿立方米。天山水系水量最丰，总径流量达448.03亿立方米每年，占全疆径流量的55.3%，玛河流域就处于天山水系。

自治区水资源管理的主要模式是农业水权社区管理模式，以农民用水协会为社区管理模式的载体。农民用水者协会这种组织形式是农民参与灌溉管理的一种新型组织形式，对促进流域农业水权管理发挥了积极作用。农民用水者协会由流域内的农业用水户自发组建，为以水文边界（例如以干渠或者支渠为依据）或者行政区划作为管辖范围，辖区用水户自愿入会成为会员。用水者协会按照县域内的行政划分由不同的乡镇级别用水小组组成，各用水小组推荐用水户代表，定期召开用水者代表大会，推举用水者协会执行委员会会员。执行委员会是用水者协会的执行机构，负责日常工作的运行，包括水利工程维修、水利灌溉、协调纠纷等。

本书选择玛纳斯县北五岔镇作为自治区农业用水模式的典型代表进行案例分析。北五岔镇地处玛河冲积平原北部，东面是六师新湖农场，西面是八师 147 团，全镇境内无河流通过，所有用水都来自南部的白土坑水库。北五岔镇处于兵团两大团场的中间，可以更好地对比兵团与自治区的水资源管理模式。北五岔镇受访工作人员表示农民用水者协会将农业涉水部分的选择权和决策权留给农户自身，这在一定程度上提高了用户的节水热情，极大地丰富了农户的自我管理意识。北五岔镇的农户在访谈中也提到，在加入农民用水者协会后，资金来源与用途都变得透明可查，集资办事也可由自身决定，激发了用水户探索用水管理的积极性。用水者协会作为用水户自发形成的管理组织，对完善村镇级用水管理制度，提高村镇级用水管理水平具有积极的影响作用。在农民用水者协会与政府水管部门的不断交互影响下，农民用水者与政府部门的关系也有所改善，矛盾不再尖锐，并能够在灌溉管理的实践中不断丰富完善。同时，用水者协会的存在也为今后的水权交易市场的构建提供了硬件基础。

用水者协会的组织特征决定了只能够协调组织内部人员而不能够解决大范围硬件设施建设问题。首先，虽然农户用水的投机行为得到了规范，但是农田灌溉末级渠系的基础条件差、供水难度大、沿程损失大。其次，由于协会资金欠缺，难以进行整体的渠系维护，只能够按年份进行不同渠系段的维护，这造成了农业灌溉用水实际利用率提升困境。最后，虽然县级在大力推行精准滴灌技术，但是由于农田水利基础设施建设不完备，难以进行相应技术的配套，制约了精准滴灌技术的实施。而这些问题仅仅依靠农民用水协会是难以解决的，必须要加强政府力量的投入，通过“软硬实力”结合，提升整体管理水平。

4.2.3 兵团、自治区水权管理模式对比分析

通过对兵团和自治区典型区域水权管理模式的分析，可以得到两种体制下水权管理模式的特点、长处和弊端。兵团体制下的水权管理模式类似于计划体制，水权管理和使用由政府部门“一手包办”，团场职工只拥有水资源的使用权，并在团场集中计划的规制下进行使用，赋予用水户的水权职能较少，用水户的能动性较差，参与体验较少，节水意识较淡薄。但兵团的集权体制也有其优势，首先能够“集中力量办大事”，科层体制下的水资源管理使水主管部门的计划目标能够通过层层分解传递更有效地实现；其次水资源

作为涉及公共安全和社会稳定的基础性资源，国家对水资源进行强制性管理也有其道理，涉及公共服务产业的水资源必须得到足够供应，例如城乡居民日常用水、生态环境用水、防洪、防凌等，这些都是无法通过私人运营管理的水资源，只能通过政府部门进行集权管理。自治区体制的水权管理模式是采取农民用水协会的水权管理模式，并采用“联户”灌溉的用水管理方式，这种模式能够极大提升农业用水户的自我管理能力、节水热情和相互监督管理能力，能够有效提高水资源的利用效率，同时提高用水户与政府、协会的互动能力，并形成有效的非正式制度制约。自治区的用水协会的模式是在不断实践的过程中形成的，是农业用水户自发形成的能够显著提高用水效率的自组织形式，但同时也要看到用水协会的缺陷。首先，“协会”的存在提高了水资源使用过程中的交易费用，包括政府与协会、协会与协会、协会与农户之间的交易费用，同时“协会”的存在不只是利益的联结，同时组织的成本也需要分担，但个人因其理性只愿意获取收益，不愿意分担成本，这就造成了一系列类似于基础设施不到位、无人维护等情况的出现，威胁到协会的存在。

综上所述，两种不同的水权管理模式各有其优缺点，针对玛河流域的用水单位，应当综合两种模式，在水权初始分配阶段采用兵团水权管理模式，应用集权管理模式，保证水权分配的公平性，使流域的生态环境和保证人类生存的生活用水得到合理分配；在水权转让阶段采用自治区水权管理模式，鼓励建立类似于“用水协会”的合作联盟组织，由不同地区不同产业的用水单位资源形成合作联盟，充分发挥竞争机制和价格机制的资源引导作用，使水资源的效率化得到最大体现。

4.3 本章小结

本章对流域的水权管理制度现状进行分析，试图为后文水权制度建设提供经验。通过对中国和玛河流域水权管理制度进行梳理，发现国家和玛河流域的水权制度演变历程是水资源的自然属性、经济属性、社会属性不断深化延伸的过程，水权制度的变迁始终朝着利用效率更高、利用分配更公平的方向改进，因此水权制度的建设也应当围绕效率性和公平性设立。本章首先总结了流域水权制度变迁的动因——水资源短缺程度和交易成本，并具体分析了这两种因素是如何影响水权制度变迁的；其次对玛河流域内现行的水权管理模式进行分析，选取兵团第八师一二一团和玛纳斯县北五岔镇进行案例分析，得出两种水权管理模式各有优缺点的结论，应综合两种模式，在初始水权分配阶段采用兵团水权管理模式，在水权转让阶段应当采取自治区水权管理模式，发挥市场的资源引导优势。

第5章 流域水资源承载力与利用效率动态演进分析

流域内有限的水资源是支撑干旱区流域社会经济发展的决定性因素，随着流域社会经济的快速发展，原有的水资源供给已无法完全满足流域日益增长的水资源需求，流域资源性缺水和结构性缺水现象愈发严重，流域水资源的供需矛盾已十分尖锐。本章首先对中国水资源承载力进行分析，通过构建水资源承载力评价模型，得到中国水资源承载力评价结果，以水资源承载力结果作为投入要素，加上劳动力要素和资本要素共同测算水资源利用效率，应用 SFA 模型对中国水资源利用效率进行测度，随后使用 Kernel 密度估计方法和马尔科夫链对中国水资源利用效率的动态演进进行分析。其次，从玛河流域的水资源背景出发，计算得到玛河流域水资源承载力的阶段评价，分析玛河流域水资源承载力的提升路径。最后，对玛河流域的水资源供需情况进行详细分析并作以预测，希望得到真实的玛河流域水资源利用现状和供需情况，预测未来玛河流域水资源的供给瓶颈，推断出玛河流域水资源利用的资源性问题和结构性问题。

5.1 三重属性的承载力约束下中国水资源承载力分析

5.1.1 理论推演

水资源是经济发展、社会稳定、人类生存、生态系统循环所必需的基础性自然资源，水资源合理、有效的开发利用是保障生态文明建设、实现绿色可持续发展的最根本手段。中国“十四五”规划明确指出，要全面提高资源利用效率，加强自然资源调查评价监测，推进资源总量管理、科学配置。然而当前中国水资源的资源性缺水和结构性缺水“双缺”现象共存，资源性缺水体现在总量和人均短缺，结构性缺水体现在农业用水大量挤占其他部门用水。严峻的水资源现状迫使涉水部门（主体）需要在存量约束下有效提高水资源利用效率。世界银行2021年《世界水发展报告》显示，中国水资源生产力为3.60美元/立方米，中等收入国家为4.8美元/立方米，高收入国家为35.8美元/立方米，表明中国水资源利用效率还有很大提升空间。因此，建立科学合理的水资源利用效率测度模型并对中国水资源利用效率进行测度评价，能够为提高区域水资源利用效率提供重要参考，具有重大现实意义。

学界对水资源利用效率的定义众说纷纭，但对水资源利用效率的本质属性基本达成一致，即包括技术效率和配置效率。技术效率指固定水资源及其他生产要素使用量取得最大产出的能力，一般采用单位国内生产总值用水量、单位工业增加值用水量等量化指标表示；配置效率指在一定投入要素条件下，实现最优投入组合或者产出组合的能力。目前学界一般采用配置效率对水资源利用效率进行定义，其中比较有代表性的如下：沈满洪（2008）将水资源利用效率定义为水资源投入和带来的产出的比率，赵良仕（2014）等定义为使用单位水资源所带来的经济、社会或者生态等的效益，孙才志（2020）等定义为水资源等生产投入要素和带来的经济、社会、生态环境产出的比率。依照水资源利用效率的定义分类可将水资源利用效率的评估方法分为单要素水资源效率（对应技术效率）和全要素水资源效率（对应配置效率）。单要素水资源效率用水资源消耗系数间接表征，如比值法等，但该方法忽略了水资源之外的其他投入要素。全要素水资源效率是在评估过程中考虑除水资源投入外其他要素（劳动力、资本等）的投入，比单要素水资源效率更贴合实际生产过程，逐渐成为水资源利用效率评价的主流方法。全要素水资源效率的评价方法主要有两种：数据包络分析（DEA）和随机前沿分析（SFA）。DEA方法是将有效的生产投入连接起来，用分段超平面的组合（生产前沿面）来包络全部观测点，该方法是目前水资源效率最常用的评价方法，有学者采用DEA模型对中国省际或区域的水资源效率进行测度分析，还有学者单独对农业用水效率和工业用水效率进行分析；一些学者基于传统 DEA 模型加入非期望影响和松弛型影响因素，应用非径向、非角度的 SBM - DEA 模型对中国区域水资源效率进行测度分析，如杨骞（2015）、赵良仕（2017）、孙才志（2018）等；针对传统 DEA 模型无法处理面板数据的弊端，部分学者将 DEA 模型与 Malmquist 指数分析法结合，构建 DEA - Malmquist 模型对中国省际及区域水资源利用效率进行测度；部分学者在 DEA 模型基础上进行拓展，构建新的评价模型对水资源效率进行测度，如孙才志等（2009）（DEA + ESDA）、李志敏等（2012）（DEA + 主成分分析法）、佟金萍等（2015）（超效率 DEA + Tobit）、任俊霖等（2016）（超效率 DEA + Malmquist + Tobit），邓光耀等（网络 SBM - DEA + GML 指数）。SFA 模型是在确定性生产函数的基础上提出的具有复合扰动项的随机边界模型，复合扰动项包含系统非效率的随机误差项和技术非效率的随机误差项，部分学者采用 SFA 方法测度农业或工业部门的水资源效率。

以上关于水资源利用效率的测度研究形成了良好的研究基础，但也存在些许不足。第一，除王喜峰（2018）外大部分研究仅将区域水资源用水总量作为投入要素，在水资源效率测度阶段仅强调水资源的资源属性，忽略了水资源的社会属性和生态属性。然而同样的水资源在不同区域创造的价值（社会价值、经济价值、生态保护价值）具有异质型，在缺水区域和丰水区域的水资源可用量和水资源总量的基数不同、比例不同，投入生产所带来的经济、社会、生态效应也具有明显的地域特征和差异性。在分析水资源利用效率时，若仅以水资源使用量作为投入指标不免片面，应当根据不同区域的资源禀赋、经济水平、产业结构、生态环境等因素综合考量，因地制宜、对症下药，探求水资源利用效率的提升路径。因此，本书在选取投入要素阶段将考虑水资源的资源属性、社会经济属性和生态属性，将三重属性约束下的水资源承载力作为评价水资源利用效率的投入指标，替代传统的水资源使用总量进行效率测算。第二，DEA、SFA 或衍生模型在效率测度时都存在自身缺陷，且无法满足数据的平移不变性。DEA 模型属于非参数方法，无法统计检验数作为样本拟合度和统计性质的参考，且在计算检验过程中需要对样本值进行筛选，影响观测结果稳定性，同时，DEA 方法的基本假设是参评生产单元的运作环境相同，内生性的技术应用和管理效率差异对效率的影响无法测算；SFA 模型只能测算多投入单产出的资源利用效率，固定的参数模型也无法满足实际情况的多变性；DEA、SBM - DEA、DEA - Malmquist 或

SFA 模型都无法满足数据的平移不变性要求，即在对投入产出的生产单元强制性正向调整后，修正的前沿面结构和原前沿面相对位置将产生偏移，致使效率估计产生偏差。因此，本书将选取 RAM - SFA - RAM 模型进行效率评估，构建无须强制性调整环境因素和统计噪音影响的三阶段组合效率测度模型，将幅度调整测度（RAM）和随机前沿分析（SFA）结合，借助 RAM 模型的平移不变性摆脱强制性正向调整的依赖，避免由此带来的效率估计偏误。

基于上述思路，本书认为在判断水资源利用效率时，不应仅以水资源的经济效率作为唯一依据，而应综合考虑水资源的可持续利用、社会经济支撑和生态环境涵养等方面因素，使水资源的“资源—社会—环境”三重属性在效率评价时得以体现。水资源承载力指以生态、环境健康发展和社会经济可持续发展协调为前提的区域水资源系统能够支撑社会经济可持续发展的合理规模。水资源承载力强调在面对“社会—经济—环境”复合系统时水资源能够提供的支撑能力，也可以理解为度量区域社会经济环境发展受水资源制约的阈值。将水资源承载力作为投入要素进行效率测度具有独特优势：第一，水资源承载力更贴合区域用水实际情形。中国水资源分布具有明显的时空不均特征，不同区域的水资源效率测算应当符合该区域的用水实际，水资源承载力将不同区域的资源禀赋、社会经济、生态环境等方面的影响综合考虑，在效率测度前端进行社会经济和生态环境的约束，使效率测算更为科学合理，结果更贴合区域用水实际。第二，水资源承载力与水资源利用效率定义契合度高。水资源承载力是一个具有资源禀赋—社会经济—生态环境三重属性的概念，既可以反映水资源系统满足社会经济系统和生态环境系统的支撑能力，也可以反映社会经济系统和生态环境系统对水资源系统的开发程度和影响程度，这与水资源利用效率的定义高度契合。基于此，本书在赵良仕对水资源利用效率定义的基础上，尝试从承载力视角对水资源利用效率进行界定：在一定的技术水平下，以生态、环境良性循环和社会经济可持续发展协调为前提，使用单位水资源带来的经济、社会和生态等方面的效益。

本书首先将构建基于水资源“资源禀赋—社会经济—生态环境”三重属性共同约束下的水资源承载力测算模型以评价不同区域的水资源承载力，以水资源承载力作为投入要素测算资源效率；其次构建基于 SFA 效率测算模型进行水资源效率评估；最后应用 Kernel 密度估计和 Markov 链对中国省际水资源利用效率的动态演进特征进行时序分析。

5.1.2　三重属性约束下的水资源承载力模型构建

本书基于水资源的资源禀赋—社会经济—生态环境三重属性约束，将水资源承载力纳入三重属性的复合系统中综合考量，见图5－1。水资源的效率最大化体现在其可持续利用方面，而水资源的可持续利用不仅包含经济的可持续，还包含社会的可持续和生态的可持续，水资源利用要同时保证经济效益、社会效益和生态效益，而非毫无节制地追求经济效益。由此延伸出水资源的三重属性：资源禀赋、社会经济和生态环境。资源禀赋是水资源的固有属性，是水资源作为战略性基础性资源的根源，体现在水资源的时空分异、量质区分和循环再生等特征，体现了水资源的不可替代性；社会经济属性是水资源参与经济生产活动的基础，体现在经济生产的过程中体现的商品和市场效应，需要水资源基础性资源属性所能提供的用途的多样性，保证资源利用的效率性和公平性；生态环境属性是水资源在全球气候循环、生态系统的保护和修复的体现，也是生态文明建设的重要抓手之一，体现在生态系统的保护和修复的服务特征上，保证水资源的贯序使用性。

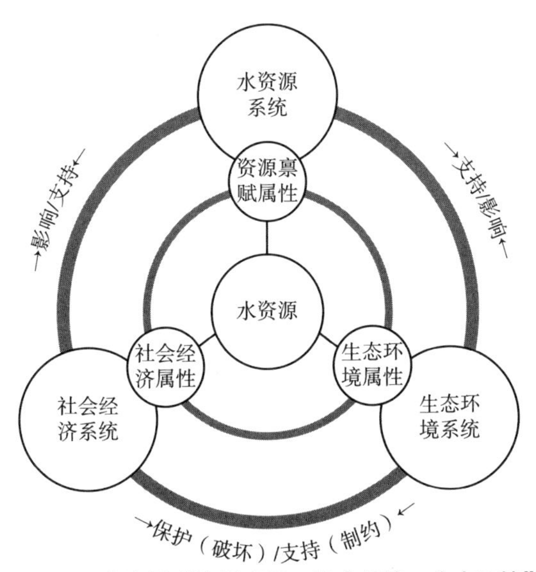

图5－1　水资源“资源禀赋—社会经济—生态环境”三重属性与复合系统的耦合关系

水资源承载力评价指标的选取对评价结果具有关键性作用。在设置评价指标体系时参考了诸多国家标准及相关研究，与水利部关于水资源承载力的评价指标体系大致相同，不同之处有以下两点：（1）本书所构建的区域水资源承载力评估指标体系没有将水质指标单独列出，由于所测度的水资源利用效率更大程度偏向于水资源对社会经济规模的承载能力，因此将水质指标放至社会经济系统层中；（2）水利部技术大纲将水资源承载能力与水资源承载负荷分开进行分析，而本书是从水资源的三重属性所延伸出的三重复合系统构建水资源承载力指标体系，将承载能力和承载负荷融入三重系统中综合考虑。

本书将水资源“资源—社会经济—生态”三重属性延伸出的三重复合系统作为承载力评价指标选取的依据，将资源禀赋、社会经济和生态环境作为系统层指标，指标层指标选取遵循全面、协调、可持续和独立的筛选原则，同时兼顾最严格水资源管理“三条红线”原则。（1）全面。指标选取应当考虑区域经济社会发展需要和水资源开发利用现状，所选指标尽量涵盖水资源承载力涉及的各个方面。（2）协调。水资源承载力评价指标要与经济社会发展的目标、规模、水平和速度相适应，充分考虑水资源条件。（3）可持续。评价指标应当统筹协调生活、生产和生态环境用水，强化水资源的节约与保护，保证水资源的可持续利用。（4）独立。所选每个指标反映一个侧面情况，指标之间尽量不重复交叉。综上所述，选取具有明显代表性的指标，构建中国区域水资源承载力综合评价指标体系（见表5-1）和分级标准（见表5-2），以省为评价单位对中国水资源承载力进行评价。

计算区域水资源承载力的思路如下：（1）单指标承载力计算。根据表5-1的指标体系和表5-2中的分级标准，应用公式（5.1）计算单指标承载力，单指标承载力按照承载力由高到低划分为Ⅰ级、Ⅱ级和Ⅲ级，a 和 b 是通过对单指标承载度等级划分中Ⅰ级、Ⅱ级和Ⅲ级所对应的最优值（1）、及格值（0.6）和最差值（0）计算得出单指标承载度模型中的参数，由此可得到单指标承载力模型，代入数据后可得各省单指标承载力。（2）权重计算。本书采用能够克服层次分析法（AHP）判断矩阵不一致的G1法计算各指标权重，通过建立指标间的序关系，给出评价指标间的相对重要程度的比值判断，最终确定权重系数（表5-2）。（3）水资源承载力综合评价。根据前两步所得结果，应用公式（5.2）可得到区域水资源承载力综合评价结果。

$$E_i = a + b\ln x \tag{5.1}$$

$$E = \sqrt{\sum_{i=1}^{m} (w_i \times E_i)^2} \tag{5.2}$$

式中，E 为水资源承载力，m 为评价指标个数，w_i 为第 i 个指标的权重，E_i 为第 i 个指标的单指标承载力，x 为指标原值，a 和 b 为待估参数。

表 5-1　中国区域水资源承载力综合评价指标体系

系统层	指标层	单位	指标功能	指标类型
资源禀赋	水资源开发利用程度 C_1	%	反映水资源开发利用状况	承载负荷
	单位面积水资源量 C_2	万立方米每平方公里	反映区域水资源可利用程度	承载能力
	人均水资源量 C_3	立方米	反映区域水资源丰、缺状态和发展潜力	承载能力
社会经济	万元 GDP 用水量 C_4	立方米	反映水资源与经济发展的协调程度	承载负荷
	万元工业增加值用水量 C_5	立方米	反映工业用水效率	承载负荷
	单位面积耕地灌溉用水量 C_6	立方米每公顷	反映农业耕地每亩需要供给的水资源量	承载负荷
	人均生活用水量 C_7	每人每天升	反映区域人口生活用水情况	承载负荷
	工业废水排放量 C_8	亿吨	反映第二产业发展对水环境的压力	承载负荷
	生活废水排放量 C_9	亿吨	反映第三产业和居民废水排放对水环境的压力	承载负荷
生态环境	植被覆盖率 C_{10}	%	反映水资源生态可持续发展能力	承载能力
	森林覆盖率 C_{11}	%	反映区域改善水环境的生态功能	承载能力
	湿地总面积占国土面积比重 C_{12}	%	反映区域生态环境状况	承载能力

表 5-2　　中国水资源承载力指标评价分级标准与权重

指标	分级标准			权重
	Ⅰ级	Ⅱ级	Ⅲ级	
C_1	<10	10~40	>40	0.12
C_2	>45	5~45	<5	0.1
C_3	>1700	500~1700	<500	0.09
C_4	<30	30~200	>200	0.12
C_5	<20	20~100	>100	0.11
C_6	<2500	2500~8500	>8500	0.1
C_7	<70	70~130	>130	0.08
C_8	<4	4~8	>8	0.05
C_9	<5	5~20	>20	0.04
C_{10}	>60	15~60	<15	0.07
C_{11}	>20	5~20	<5	0.07
C_{12}	>10	6~10	<6	0.05

5.1.3　三重属性下中国省际水资源承载力测算与分析

无论单指标承载度是正向指标或是反向指标，水资源承载力测算结果应当在［0，1］区间内，0~1 表示水资源承载力从劣到优，及格值为 0.6，因此对超出区间范围的数据需要进行调整，超出 1 的结果调整为 1，使其落在［0，1］之间。2003~2017 年中国省际水资源承载力测算结果见表 5-3。由于篇幅限制，只列出 2003~2017 年的单数年测算结果。

从时间维度来看，中国大部分省份在研究期内的水资源承载力在逐步提升，全国水资源承载力由 0.581 缓慢上升至 0.686，在研究期内由于水利设施的不断建造修缮，节水型社会不断推进完善和最严格水资源管理制度"三条红线"的不断规制倒逼，全国的水资源承载力均有提升，但区域间、流域间和省际间的变化趋势存在差异。从省际区域角度来看，中国西北、华北和华中地区的水资源承载力较全国其他区域呈现较低水平，特别是宁夏、甘肃、河北、新疆和山西等省份，2003~2017 年水资源承载力始终在 0.6 以

表5-3 资源—社会—生态三重属性约束下中国省际水资源承载力测算结果（2003~2017年）

省份	2003年	2004年	2005年	2006年	2007年	2008年	2009年	2010年	2011年	2012年	2013年	2014年	2015年	2016年	2017年
北京	0.437	0.464	0.501	0.507	0.518	0.556	0.517	0.525	0.536	0.571	0.529	0.508	0.534	0.555	0.540
天津	0.397	0.437	0.428	0.438	0.458	0.502	0.487	0.450	0.488	0.542	0.466	0.441	0.442	0.480	0.453
河北	0.381	0.399	0.405	0.396	0.425	0.470	0.461	0.475	0.506	0.538	0.518	0.472	0.492	0.535	0.501
山西	0.407	0.389	0.404	0.421	0.459	0.470	0.474	0.491	0.542	0.522	0.545	0.528	0.502	0.531	0.546
内蒙古	0.549	0.562	0.599	0.609	0.605	0.667	0.663	0.676	0.686	0.680	0.768	0.689	0.687	0.663	0.626
辽宁	0.494	0.550	0.577	0.547	0.566	0.590	0.563	0.701	0.630	0.689	0.672	0.574	0.587	0.637	0.590
吉林	0.541	0.578	0.642	0.590	0.611	0.634	0.625	0.767	0.668	0.706	0.747	0.653	0.668	0.733	0.706
黑龙江	0.613	0.589	0.601	0.598	0.550	0.562	0.669	0.656	0.646	0.673	0.756	0.700	0.674	0.677	0.660
上海	0.391	0.414	0.419	0.426	0.435	0.448	0.452	0.448	0.427	0.447	0.440	0.483	0.512	0.506	0.455
江苏	0.532	0.408	0.496	0.490	0.538	0.522	0.532	0.529	0.562	0.523	0.499	0.528	0.584	0.620	0.532
浙江	0.645	0.684	0.736	0.730	0.745	0.756	0.774	0.829	0.739	0.833	0.773	0.803	0.838	0.831	0.777
安徽	0.581	0.479	0.542	0.511	0.567	0.579	0.595	0.653	0.619	0.645	0.629	0.681	0.700	0.747	0.688
福建	0.674	0.664	0.757	0.781	0.745	0.756	0.725	0.834	0.743	0.845	0.809	0.818	0.832	0.873	0.800
江西	0.671	0.629	0.693	0.720	0.681	0.728	0.723	0.824	0.741	0.837	0.792	0.817	0.843	0.856	0.831
山东	0.501	0.493	0.526	0.473	0.548	0.552	0.546	0.564	0.578	0.544	0.549	0.489	0.498	0.522	0.525
河南	0.510	0.454	0.509	0.461	0.513	0.516	0.512	0.581	0.549	0.520	0.509	0.546	0.548	0.571	0.594
湖北	0.613	0.590	0.590	0.550	0.634	0.658	0.637	0.714	0.660	0.672	0.697	0.723	0.736	0.796	0.769

续表

省份	2003 年	2004 年	2005 年	2006 年	2007 年	2008 年	2009 年	2010 年	2011 年	2012 年	2013 年	2014 年	2015 年	2016 年	2017 年
湖南	0.655	0.656	0.677	0.701	0.692	0.729	0.724	0.782	0.724	0.802	0.778	0.800	0.808	0.827	0.809
广东	0.660	0.640	0.696	0.738	0.706	0.767	0.726	0.761	0.721	0.769	0.787	0.749	0.766	0.801	0.756
广西	0.701	0.680	0.697	0.719	0.701	0.780	0.739	0.794	0.770	0.829	0.833	0.832	0.853	0.849	0.859
海南	0.651	0.580	0.724	0.689	0.735	0.793	0.812	0.833	0.851	0.840	0.872	0.854	0.767	0.873	0.858
重庆	0.657	0.657	0.651	0.623	0.720	0.719	0.699	0.719	0.757	0.751	0.751	0.801	0.757	0.802	0.814
四川	0.659	0.662	0.691	0.667	0.713	0.742	0.747	0.782	0.786	0.832	0.820	0.837	0.816	0.825	0.839
贵州	0.627	0.640	0.639	0.637	0.673	0.698	0.679	0.713	0.671	0.730	0.744	0.809	0.812	0.809	0.826
云南	0.697	0.708	0.707	0.716	0.744	0.775	0.763	0.787	0.787	0.789	0.808	0.808	0.816	0.825	0.835
西藏	0.724	0.707	0.706	0.705	0.716	0.729	0.734	0.747	0.755	0.720	0.732	0.753	0.805	0.827	0.840
陕西	0.583	0.516	0.601	0.541	0.610	0.601	0.659	0.705	0.753	0.691	0.679	0.678	0.672	0.643	0.714
甘肃	0.425	0.389	0.460	0.423	0.474	0.469	0.499	0.521	0.552	0.564	0.565	0.529	0.503	0.503	0.557
青海	0.637	0.637	0.678	0.680	0.707	0.733	0.769	0.780	0.798	0.779	0.777	0.800	0.785	0.796	0.804
宁夏	0.271	0.278	0.290	0.305	0.330	0.353	0.360	0.378	0.395	0.390	0.397	0.401	0.403	0.418	0.420

下，值得注意的是，在2013年后中国北部地区部分省市的水资源承载力有转坏趋势，包括内蒙古、天津和河北等地区。中国西南、华南地区、海南、青海等省份的水资源承载力较全国其他区域呈现较高水平，且承载力呈逐步提高态势。

5.2　基于SFA模型的中国水资源利用效率测度与分析

5.2.1　SFA效率测度模型构建

SFA模型通过极大似然估计来确定生产的前沿边界，能够使用复合扰动项表示随机前沿边界，测算结果更贴近实际情况[①]。复合扰动项由随机误差项和技术损失误差项两部分构成，随机误差项（也称统计噪音误差项）是生产部门无法控制的影响因素，具有随机性，用以表示系统非效率，而技术损失误差项是生产部门可以控制的影响因素，用以表示生产或管理非效率，SFA模型可以表述为：

$$y_{it} = f(x_{it};\ \beta)\exp(v_{it} - u_{it}) \tag{5.3}$$

$$u_{it} = u_i \exp[-\eta(t - T)] \tag{5.4}$$

$$TE_{it} = \exp(-u_{it}) \tag{5.5}$$

其中，y_{it}表示第i个部门在t时期的产出，x_{it}是第i个部门在t时期的投入，β为模型的待估参数，$v_{it} - u_{it}$是复合误差项，表示对最优技术效率的偏离，其中v_{it}表示第i个部门在t时期的随机误差项，假设v_{it}满足独立同分布和对称性的假设，即$v_{it} \sim iidN(0,\ \sigma_v^2)$，其中$u_{it}$表示第$i$个部门在$t$时期的技术损失误差项，假设$u_{it}$满足独立同分布和非负的半正态分布的假设，即$u_{it} \sim iidN^+(0,\ \sigma_u^2)$，$v_{it}$和$u_{it}$相互独立且都和自变量无关，$\eta$是时间衰减系数，用于判别技术非效率随时间变动的程度，TE_{it}表示第i个部门在t时期的生产效率，指实际产出期望和生产前沿面期望的比值。

---

① 刘洪先. 智利水权水市场的改革［J］. 水利发展研究，2007，7（3）：56-59.

对式（5.3）取对数，得到：

$$\ln(y_{it}) = \ln f(x_{it}; \beta) + v_{it} - u_{it} \tag{5.6}$$

本书采取经典 C－D 函数的随机前沿分析模型综合评判水资源利用效率，将劳动力（L_i）、资本（K_i）和水资源承载力（W_i）纳入统一的投入要素体系中，以经济效益为产出变量进行分析。

$$\ln(Y_i) = \beta_0 + \beta_1\ln(L_i) + \beta_2\ln(K_i) + \beta_3\ln(W_i) + (v_i - u_i) \tag{5.7}$$

其中，产出变量（Y_i）选取各省区域生产总值（Gross Regional Product, GRP），劳动力投入（L_i）以全社会从业人员表示，资本投入（K_i）采用固定资产投资总额表示，水资源投入（W_i）采用水资源承载力评估结果表示。

5.2.2 中国水资源利用效率测度与分析

根据 2003 ~2017 年间中国水资源相关投入产出数据，采用 Frontier 4.1 测度中国 31 个省份的水资源效率值，估计值和检验结果见表 5－4。

表 5－4　随机前沿生产函数的 OLS 和极大似然估计参数估计结果

参数	含义	OLS 估计			极大似然估计（MLE）		
		系数值	标准误	t 统计量	系数值	标准误	t 统计量
β_0	截距项	0.553	0.145	3.807***	0.492	0.379	1.297
β_1	劳动力投入变量系数	0.303	0.023	13.304***	0.507	0.061	8.252***
β_2	资本投入变量系数	1.729	0.040	43.034***	1.371	0.025	55.118***
β_3	水资源投入变量系数	－0.307	0.144	－2.136**	1.182	0.182	6.495***
σ^2	技术损失误差项和随机误差项的方差之和	0.096			1.286	0.342	3.763***
γ	技术损失误差项方差占总方差比例	0.920			0.991	0	407.258***

续表

参数	含义	OLS 估计			极大似然估计（MLE）		
		系数值	标准误	t 统计量	系数值	标准误	t 统计量
似然函数值			-112.183			288.409	
似然比检验单侧值						801.185	

注：** 和 *** 分别表示在 5% 和 1% 的显著性水平下通过 t 检验。

表 5 -4 显示，劳动力投入、资本投入和水资源投入均与区域生产总值呈正相关关系，说明目前中国经济增长并未达到技术密集型和资金密集型的拐点，资金、劳动力和水资源的投入均会对区域生产总值起到显著的正向影响，在不增加区域水资源的条件下提升区域生产总值需要提高水资源的利用效率。从 OLS 和 MLE 的 t 统计量的情况看，除 β_0 在极大似然估计时拒绝 0 假设，β_3 在 OLS 估计时在 5% 的显著性水平下拒绝 0 假设，其他变量均在 1% 的显著性水平下拒绝 0 假设，表明变量对区域生产总值的影响都是显著的。

从表 5 -4 可得出以下结论：(1) 在 OLS 估计中，资本投入对区域生产总值的促进作用最为明显，在其他要素不变的条件下，资本投入每增加 1%，产出增加 1.729%；水资源投入的弹性系数为 -0.307，且在 1% 的显著水平下通过检验，由于水资源与其他投入要素的配置不合理，水资源的投入无法与其他要素投入形成规模效应对区域生产总值产生正向影响，这个判断也在γ的估计值处得到印证，γ值为 0.9 说明生产函数中水资源的效率损失主要来自管理的效率损耗。(2) 在极大似然估计中，劳动力、资本和水资源的弹性系数都为正数，分别为 0.507、1.371 和 1.182，资本投入和水资源投入对区域生产总值的影响较高，劳动力投入对区域生产总值的影响较低，与 OLS 相比，极大似然估计的参数估计更贴合实际情形。

表 5－5　基于 SFA 模型中国省际水资源利用效率测算结果（2003～2017 年）

省份	2003 年	2004 年	2005 年	2006 年	2007 年	2008 年	2009 年	2010 年	2011 年	2012 年	2013 年	2014 年	2015 年	2016 年	2017 年
北京	0.647	0.651	0.655	0.659	0.662	0.666	0.670	0.674	0.677	0.681	0.684	0.688	0.691	0.695	0.698
天津	0.618	0.622	0.626	0.630	0.635	0.639	0.643	0.647	0.651	0.654	0.658	0.662	0.666	0.670	0.673
河北	0.641	0.645	0.649	0.653	0.657	0.661	0.664	0.668	0.672	0.676	0.679	0.683	0.686	0.690	0.693
山西	0.605	0.609	0.614	0.618	0.622	0.626	0.630	0.635	0.639	0.643	0.647	0.651	0.655	0.658	0.662
内蒙古	0.611	0.615	0.620	0.624	0.628	0.632	0.636	0.640	0.644	0.648	0.652	0.656	0.660	0.664	0.668
辽宁	0.637	0.641	0.645	0.649	0.653	0.657	0.661	0.664	0.668	0.672	0.676	0.679	0.683	0.686	0.690
吉林	0.599	0.603	0.607	0.612	0.616	0.620	0.625	0.629	0.633	0.637	0.641	0.645	0.649	0.653	0.657
黑龙江	0.613	0.617	0.621	0.626	0.630	0.634	0.638	0.642	0.646	0.650	0.654	0.658	0.661	0.665	0.669
上海	0.664	0.668	0.671	0.675	0.679	0.682	0.686	0.689	0.693	0.696	0.700	0.703	0.706	0.710	0.713
江苏	0.680	0.683	0.687	0.690	0.694	0.697	0.701	0.704	0.707	0.711	0.714	0.717	0.720	0.723	0.726
浙江	0.657	0.661	0.664	0.668	0.672	0.675	0.679	0.683	0.686	0.690	0.693	0.697	0.700	0.703	0.707
安徽	0.608	0.613	0.617	0.621	0.625	0.630	0.634	0.638	0.642	0.646	0.650	0.654	0.657	0.661	0.665
福建	0.629	0.633	0.637	0.641	0.645	0.649	0.653	0.657	0.660	0.664	0.668	0.672	0.675	0.679	0.683
江西	0.595	0.600	0.604	0.609	0.613	0.617	0.621	0.626	0.630	0.634	0.638	0.642	0.646	0.650	0.654
山东	0.670	0.674	0.677	0.681	0.684	0.688	0.691	0.695	0.698	0.702	0.705	0.708	0.711	0.715	0.718
河南	0.641	0.645	0.649	0.653	0.657	0.661	0.664	0.668	0.672	0.675	0.679	0.683	0.686	0.690	0.693
湖北	0.626	0.630	0.634	0.638	0.642	0.646	0.650	0.654	0.658	0.662	0.665	0.669	0.673	0.676	0.680

续表

省份	2003年	2004年	2005年	2006年	2007年	2008年	2009年	2010年	2011年	2012年	2013年	2014年	2015年	2016年	2017年
湖南	0.624	0.628	0.632	0.636	0.640	0.644	0.648	0.652	0.656	0.660	0.664	0.667	0.671	0.675	0.678
广东	0.687	0.690	0.694	0.697	0.700	0.704	0.707	0.710	0.713	0.717	0.720	0.723	0.726	0.729	0.732
广西	0.597	0.602	0.606	0.610	0.615	0.619	0.623	0.627	0.632	0.636	0.640	0.644	0.648	0.652	0.656
海南	0.526	0.531	0.537	0.542	0.547	0.552	0.557	0.562	0.567	0.572	0.576	0.581	0.586	0.590	0.595
重庆	0.594	0.599	0.603	0.608	0.612	0.616	0.621	0.625	0.629	0.633	0.637	0.641	0.645	0.649	0.653
四川	0.624	0.628	0.632	0.636	0.640	0.644	0.648	0.652	0.656	0.660	0.664	0.668	0.671	0.675	0.679
贵州	0.562	0.567	0.572	0.577	0.581	0.586	0.591	0.595	0.600	0.604	0.609	0.613	0.617	0.622	0.626
云南	0.583	0.588	0.593	0.597	0.602	0.606	0.610	0.615	0.619	0.623	0.627	0.632	0.636	0.640	0.644
西藏	0.445	0.452	0.458	0.464	0.470	0.476	0.481	0.487	0.493	0.499	0.504	0.510	0.515	0.520	0.526
陕西	0.602	0.607	0.611	0.615	0.620	0.624	0.628	0.632	0.636	0.640	0.644	0.648	0.652	0.656	0.660
甘肃	0.560	0.565	0.570	0.575	0.579	0.584	0.589	0.593	0.598	0.602	0.607	0.611	0.615	0.620	0.624
青海	0.499	0.504	0.510	0.515	0.521	0.526	0.531	0.536	0.542	0.547	0.552	0.557	0.562	0.567	0.571
宁夏	0.517	0.523	0.528	0.533	0.539	0.544	0.549	0.554	0.559	0.564	0.569	0.573	0.578	0.583	0.587
新疆	0.584	0.588	0.593	0.597	0.602	0.606	0.611	0.615	0.619	0.624	0.628	0.632	0.636	0.640	0.644

中国31省水资源利用效率在2003~2017年的测算结果如表5-5所示，由于篇幅限制，只列出单数年测算结果。从中可知，中国水资源利用效率整体呈现为东高西低、南高北低的空间态势。从时间趋势来看，中国所有省份在研究期内的水资源效率均为正增长，西部地区比中东部地区增长幅度更大，2003~2017年间增长幅度较高的省份包括西藏、青海、宁夏和贵州等，增长幅度较低的省份包括广东、江苏、山东、浙江和上海等，中国西部欠发达省份的水资源效率提升幅度较大，而东部沿海社会经济较为发达地区的水资源效率提升幅度较小，可以推测西部地区在研究期的初始时间节点的水利用效率普遍较低，基数较小，即使在研究期内增长的绝对数较小，增长幅度也会较大，反观东部地区，由于期初该区域省份的资源利用效率已较高，研究期内的增长幅度与西部地区相比会较低。从地区来看，中国中东部地区的水资源利用效率在研究期内始终高于西部地区，其中广东、江苏、山东、上海和浙江等省份的利用效率较高，而部分中西部地区的利用效率较低，水资源利用效率较高的省份多数集中在社会经济发达地区。

5.3 中国省际水资源利用效率动态演进分析

5.3.1 Kernel 密度估计方法

Kernel密度估计是非参数估计方法用以探究数据分布的模型，用于估计概率密度函数的非参数方法。Kernel密度估计的公式为：

$$f(x_0) = \frac{1}{Nh}\sum_{i=1}^{n} K\left(\frac{x_i - x_0}{h}\right) \tag{5.8}$$

其中，K为核函数，N为样本观测值总数，h为带宽。

本书的核函数采用高斯内核对中国省际水资源利用效率的动态演进进行估计，表达式如下：

$$K(x) = \frac{1}{\sqrt{2\pi}}\exp\left(-\frac{x^2}{2}\right) \tag{5.9}$$

5.3.2　Markov 链分析方法

Markov 链能够通过构建转移概率矩阵，用以描述区域水资源利用效率的长期转移趋势，可以准确反映各区域水资源利用效率的动态变化和发生状态转移的概率。本书将水资源利用效率划分为 N 种状态，得到一个 $N \times N$ 的转移矩阵，根据下一期和当期的水资源效率的变动，将转移方向定义为提高、降低和不变这 3 种类型。

5.3.3　基于 Kernel 密度估计的水资源利用效率动态演进分析

根据上节计算所得中国省际水资源利用效率结果，按照国家统计局 2020 年发布的统计制度及分类标准，应用 Matlab2019a 软件，对中国 31 个省份以及东、中、西、东北地区的水资源利用效率进行核密度估计，绘制 Kernel 密度分布。

中国省际水资源利用效率的核密度估计分布如图 5－2 所示。中国省际的水资源利用效率核密度曲线估计有明显右移现象，说明中国水资源利用效率有较为明显的增长趋势；从密度分布曲线的峰度变化可知，中国水资源利用效率的始终保持为三峰，均由宽峰形演变为尖峰形，说明中国大部分省份

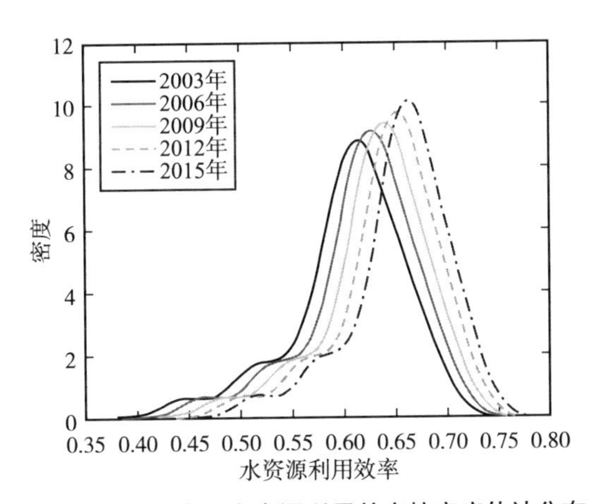

图 5－2　中国省际水资源利用效率核密度估计分布

的水资源利用效率有向尖峰处趋同的趋势，且左边两峰的高度明显低于右峰，左边两峰的高度逐渐降低，右峰高度逐渐升高，说明中国水资源利用效率逐渐向 0.65 左右集中，且利用效率在不断提升，说明中国水资源利用效率出现多极性和梯度性变化，且趋同性在逐渐增强。

按照东部、中部、西部、东北地区划分，各地区省份的水资源利用效率核密度估计如图 5－3 所示。(1) 东部地区。效率核密度估计逐渐右移，表明东部地区省份的水资源利用效率整体有逐步提升趋势；密度曲线始终保持双峰状态，同时左峰低于右峰，且右峰有升高变尖趋势，表明东部地区的水资源利用效率有两个聚集趋势，且左峰的高度基本不变，右峰的高度逐渐在升高，表明在 0.55 左右的聚集趋势不明显，在 0.6 左右的聚集趋势较为明显，东部地区的水资源利用效率的马太效应凸显。(2) 中部地区。效率核密度曲线呈右移演进特征，且移动幅度较大，表明中部地区的水资源利用效率提升幅度较大；中部地区的密度曲线始终呈现为单峰状态，峰值高度在不断提升，但高度变化幅度不大，表明中部地区的效率值有逐渐集中现象，但集中的趋势并不明显。(3) 西部地区。效率核密度估计曲线呈现向右位移，呈现三峰状态，从左至右的三峰高度逐渐提升，第三峰高度明显高于第二峰，且第三峰呈现为明显的尖峰形，表明西部地区省份的水资源利用效率有提升趋势，存在多极化聚集的演变趋势，同时也存在梯度效应。(4) 东北地区。该区域只包含 3 个省份，核密度估计向右位移明显，表明东北三省的水资源使用效率提升较大；该地区的曲线始终呈现单峰状态，且峰值高度不断提升，表明集聚趋势较为明显。

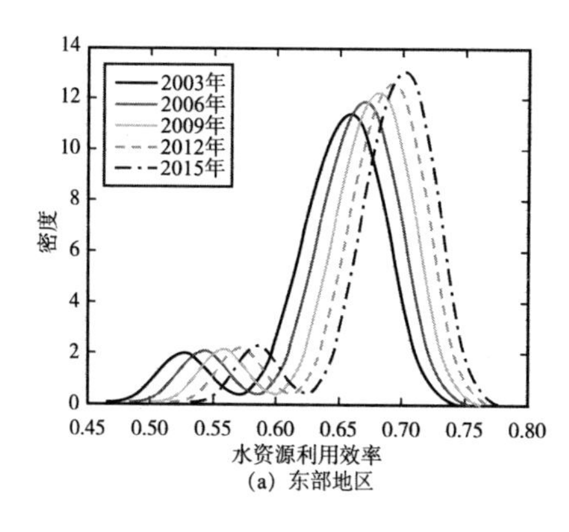

(a) 东部地区

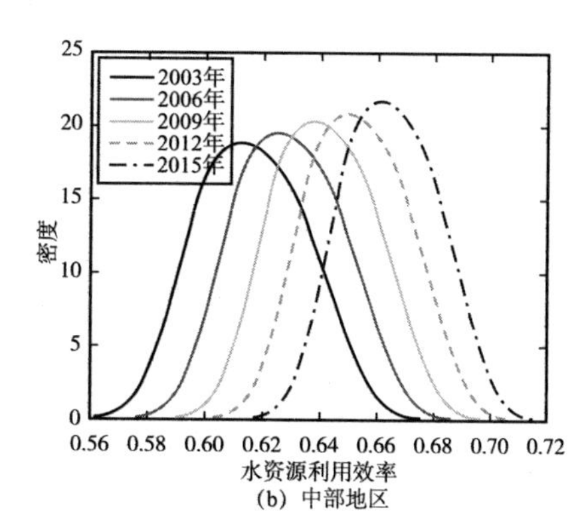

(b) 中部地区

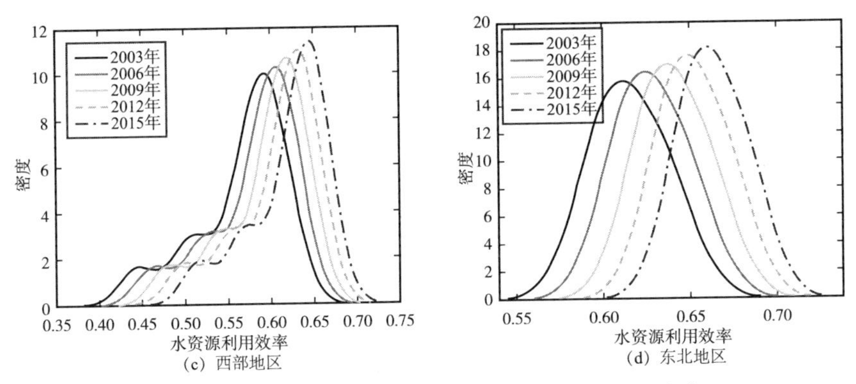

图5-3 中国分区域水资源利用效率核密度估计分布

5.3.4 基于Markov链的水资源利用效率空间时序差异动态演进分析

传统Markov链动态演进分析。基于SFA模型测算的中国31个省份水资源利用效率按照历年样本的四分位点划分为4种类型，分别为高、中高、中低和低水平。应用Matlab 2019a软件分别测算了时间跨度为1a、2a、3a和4a的中国各省水资源效率水平的转移概率矩阵，结果如表5-6所示。(1) 对角线上的元素转移概率较高。表明中国省际水资源利用效率的演变具有俱乐部趋同特征，特别在低水平和高水平地区，俱乐部趋同现象较为明显且较为稳定，中低和中高地区的俱乐部趋同现象存在但不稳定。(2) 趋同俱乐部现象集中在向相邻的更高水平类型转移。跨状态的转移概率较小，且随着时间跨度的加大，向邻近更高状态转移的概率在逐渐加大，在时间跨度为4a时，中低水平甚至全部转移为中高水平。(3) 随着时间跨度的逐渐拉长，在低水平、中低水平和中高水平地区的省份保持原有水平的稳定性在逐渐降低，而高水平地区的稳定性较高。这表明低、中低、中高水平地区的俱乐部趋同程度有所下降，流动性增强，持续性减弱，而高水平地区始终保持在高水平，无流动性。

表 5－6　中国水资源利用效率传统马尔科夫转移概率矩阵（2003～2017 年）

时间跨度（a）	类型	低	中低	中高	高
1	低	0.875	0.125	0.000	0.000
	中低	0.000	0.857	0.143	0.000
	中高	0.000	0.000	0.875	0.125
	高	0.000	0.000	0.000	1.000
2	低	0.750	0.250	0.000	0.000
	中低	0.000	0.571	0.429	0.000
	中高	0.000	0.000	0.875	0.125
	高	0.000	0.000	0.000	1.000
3	低	0.750	0.250	0.000	0.000
	中低	0.000	0.429	0.571	0.000
	中高	0.000	0.000	0.750	0.250
	高	0.000	0.000	0.000	1.000
4	低	0.750	0.250	0.000	0.000
	中低	0.000	0.000	1.000	0.000
	中高	0.000	0.000	0.375	0.625
	高	0.000	0.000	0.000	1.000

空间 Markov 链动态演进分析。采用空间 Markov 链方法可以分析周边地区的用水效率是否会影响本地区的水资源利用效率的概率转移情况。表 5－7 展示了当时间跨度为 1a 和 4a 时，空间要素对中国省际水资源利用效率动态演进的影响。(1) 大部分地区的对角线元素的稳定转移概率大于非对角线元素。这说明在考虑空间影响因素后，中国水资源利用效率仍具有俱乐部收敛特征和马太效应，其中低水平和高水平地区的俱乐部收敛特征较为明显。(2) 空间滞后周边地区效率水平的提高对各地区的稳定转移促进作用不明显。没有出现随着空间滞后的周边地区效率水平的提高，地区的稳定性有逐步提升的现象，只有高水平地区稳定转移始终保持为 1。(3) 当时间跨度加大后，低水平、中低水平和中高水平地区的平稳转移的概率在降低，高水平地区平稳转移概率始终为 1。这与传统马尔科夫转移概率矩阵的结果一致，

说明时间跨度因素对空间马尔科夫转移概率矩阵影响较为有限。

表5-7 中国水资源利用效率空间马尔科夫转移概率矩阵（2003~2017年）

时间跨度（a）	空间滞后	类型	低	中低	中高	高
1	低水平邻居	低	0.600	0.400	0.000	0.000
		中低	NaN	NaN	NaN	NaN
		中高	0.000	0.000	1.000	0.000
		高	NaN	NaN	NaN	NaN
	中低水平邻居	低	1.000	0.000	0.000	0.000
		中低	0.000	1.000	0.000	0.000
		中高	0.000	0.000	1.000	0.000
		高	0.000	0.000	0.000	1.000
	中高水平邻居	低	NaN	NaN	NaN	NaN
		中低	0.000	1.000	0.000	0.000
		中高	0.000	0.000	0.000	1.000
		高	0.000	0.000	0.000	1.000
	高水平邻居	低	1.000	0.000	0.000	0.000
		中低	0.000	0.000	1.000	0.000
		中高	0.000	0.000	1.000	0.000
		高	0.000	0.000	0.000	1.000
4	低水平邻居	低	0.600	0.400	0.000	0.000
		中低	NaN	NaN	NaN	NaN
		中高	0.000	0.000	0.000	1.000
		高	NaN	NaN	NaN	NaN
	中低水平邻居	低	1.000	0.000	0.000	0.000
		中低	0.000	0.000	1.000	0.000
		中高	0.000	0.000	0.500	0.500
		高	0.000	0.000	0.000	1.000

续表

时间跨度(a)	空间滞后	类型	低	中低	中高	高
4	中高水平邻居	低	NaN	NaN	NaN	NaN
		中低	0.000	0.000	1.000	0.000
		中高	0.000	0.000	0.000	1.000
		高	0.000	0.000	0.000	1.000
	高水平邻居	低	1.000	0.000	0.000	0.000
		中低	0.000	0.000	1.000	0.000
		中高	0.000	0.000	0.500	0.500
		高	0.000	0.000	0.000	1.000

注：NaN 表示该类没有有效省份，在计算转移概率时出现分母为 0 的情况。

5.4 玛河流域水资源承载力分析

5.4.1 流域概况

玛河流域地处亚欧大陆腹地，准噶尔盆地南缘，地理位置为东经 85°01′~86°32′，北纬 43°27′~45°21′，流域年平均气温 4.7~5.7 摄氏度，年降水量 115~200 毫米，年蒸发量 1500~2100 毫米，是典型的干旱区内陆河流域。根据自治区玛河流域管理处、《新疆维吾尔自治区玛纳斯河流域水利志》等文献记载，流域内河流属于冰川融雪及降雨混合补给型的山溪性河流，由东向西包含塔西河、玛河、金沟河、宁家河、巴音沟河五条主要河流，全长 753 千米，集水面积 9.06 万平方千米，年平均径流量 20.51 亿立方米，其中玛河年均径流量 12.14 亿立方米，是流域内流量最大河流。地下水资源总量为 11.97 亿立方米，其中天然资源量 2.52 亿立方米，重复量 9.45 立方米，可开采量 8.1 亿立方米，目前开采量 4.22 亿立方米。流域属典型的大陆性干旱气候，受蒙古高压和西风气流影响，流域全年气温悬殊，干旱少雨，冬夏季长，春秋季短，并且春季升温迅速，秋季降温快，水量集中于6月、7月、8月三个月，来水量占全年总水量66.8%。

玛河流域是全疆最大的绿洲农耕区，重要的商品棉、粮生产基地。流域自然环境特点、结构和绿洲社会经济发展在干旱区均具有典型代表性。流域行政区划包括兵团第八师石河子市、玛纳斯县、沙湾县、新湖农场和克拉玛依市小拐乡。根据《新疆统计年鉴2021》显示，2020年玛河流域国内生产总值720.8亿元，总人口110.9万人，人均生产总值64995.5元，高出全区平均水平21.3%，但人均水资源量1849.4立方米，仅为全区水平的58.9%。流域是全区经济发展较为活跃的地区，也是水资源供需矛盾较为突出的地区。

资源性缺水和结构性缺水是流域水资源供需矛盾冲突和生态环境恶化的根本性原因。流域内的河流径流主要来自冰川融水，有限的降水仅能够湿润土壤，稀缺的水资源优先被用于支撑区域社会经济发展。流域内修建了大量饮水枢纽、水库等水利工程，将出山口以下径流几乎全部引入灌区利用，2013年以来由于耕地快速扩大，工业规模的迅速扩张，流域内的水资源已严重过载，水生态系统有崩溃的危机。此外，由于工、农业用水大量挤占生态环境用水，长期集中开采地下水，流域内的中心城市以及绿洲边缘地下水位呈逐年下降趋势，衍生出植被退化、河湖萎缩、土地沙漠化、盐碱化等生态环境问题，威胁流域的可持续发展和当地人类生存①。同时，由于灌区面积大，用水单位复杂，存在着兵地、军地、地地等复杂的用水关系，各方用水主体聚焦水资源分配，用水矛盾不断激化。探求公平合理，符合各类用水主体共同利益，保证流域生态环境的水资源分配制度，是流域自然生态—社会经济系统稳定长期续存的迫切诉求。

5.4.2 数据来源说明

本部分针对玛河流域的相关数据来自玛河流域管理处调研资料、玛河流域塔西河灌区农户调研资料、《石河子环境公报》《八师水利综合年报表》

① 李玉义，逄焕成，陈阜，等．新疆玛纳斯河流域灌溉水资源保证程度及提升策略［J］．自然资源学报，2010（1）：32－42.

《新疆统计年鉴》《新疆生产建设兵团统计年鉴》等资料。本部分在玛河流域的分析调研旨在分析水权水价改革制度在玛河流域的落地实施是否能够达到预期效果和目标，围绕2014年昌吉州人民政府制定并颁布《昌吉回族自治州农业水权水价综合改革方案》后玛河流域水资源承载力、水资源供求情况、水资源利用效率的变化，分析水权制度对水资源利用效率的影响。笔者调研时间为2016年，因此部分调研数据为2016年数据，由于现行管理体制、分配规则等仍沿用2014年水权水价改革后的规则，因此所得结论对现今玛河流域管理体制机制、制度安排等仍有较强的理论和实践指导意义。

5.4.3 玛河流域水资源承载力分析

玛河流域水资源承载力各指标值，通过计算整理如下，见表5-8。

表5-8　玛河流域水资源承载力单指标承载度结果（P=75%）

指标层	单位	实际值	单指标承载度值
水资源利用率 C_{11}	%	54	0.5134
单位面积水资源量 C_{12}	万立方米/平方千米	10.77	0.2096
人均水资源量 C_{13}	立方米	2127.13	0.7098
人口密度 C_{21}	人/公顷	50.65	0.8862
人均 GDPC_{22}	美元	7567.49	1
生活用水量 C_{23}	升/人·天	93.44	0.28
城市化率 C_{24}	%	68	0.6206
万元工业 GDP 耗水量 C_{25}	立方米	89.3	0.628
单位面积耕地灌溉用水量 C_{26}	立方米/公顷	3703.62	0.8299
植被覆盖率 C_{31}	%	35	0.7786
生态环境用水率 C_{32}	%	1.5	0.5706

将表5-8中玛河流域单指标承载度计算结果代入上节的公式中计算得到玛河流域水资源综合承载力为0.21，处于承载度严重脆弱情形，水资源

承载力已到达承载极限。玛河流域的水资源承载力的脆弱情形源于对水资源的开发利用程度过高、玛河流域的单位面积水资源数量过低和生态环境用水的减少。

玛河流域的水资源综合开发利用程度过高。为保证生态多样性及生态环境，从水资源合理配置的角度来讲，水资源开发利用率不宜超过30%，极限开发利用程度是40%[①]。玛河流域的水资源开发利用率已达到54%，已超过流域水资源利用率警戒值，严重威胁到地区生态环境安全和人类生存保障。究其原因，流域地表径流90%用于垦区农业生产，大规模种植棉花等耗水作物导致农业需水居高不下，种植棉花的耗水量是亩均300~400立方米，是粮食、林果和牧草的几倍多[②]。目前流域地下水有6.4286亿立方米，而开采值为4.6278亿立方米，严重超过可开采量。地下水的肆意开采造成流域地下水补充小于开采，地下水位逐年下降，地下水水质也逐年变差，流域内农业残留物（化肥、地膜等）、工业废水污水排放、人类对生态环境的污染导致流域地下水水质已无法通过其自净能力达到水质自我循环，严重影响流域的生产、生活需求。

玛河流域的单位面积水资源量过低。这是由流域自身自然环境条件所决定的，玛河流域是干旱区绿洲的典型代表，其蒸发量远远大于降水量，主要靠山区冰川融水补充径流，在山区形成径流，在平原区消耗径流，径流最终消失在沙漠。水资源量过少导致水资源短缺、水资源开发利用率高，不同用水单位抢占有限的水资源。如何合理有效配置水资源，提高水资源利用效率，提升水资源使用价值，是未来水资源管理的改革方向。

玛河流域的生态环境用水率低且无保障。根据《新疆统计年鉴2021》，由于垦区农业用水过多，用水结构比例失衡，生态环境用水被大量挤占，生态环境用水率为1.5%，远远小于国际标准值。近20年来，由新疆生产建设兵团试验推广的“节水滴灌栽培模式”得到普遍运用，虽然农业节水效果明显，但由于没有水资源节约补偿制度，团场边节水边开荒，节余的水大部分用于开荒新地，耕地面积迅速扩大，导致农业用水居高不下，绿洲农田

① 李丽娟，郑红星．海滦河流域河流系统生态环境需水量计算［J］．地理学报，2000，55（4）：495－500.

② 王月健，徐海量，王成，等．过去30年玛纳斯河流域生态安全格局与农业生产力演变［J］．生态学报，2011，31（9）：2539－2549.

生态用水（传统漫灌农田水外溢）空间进一步压缩，严重影响生态环境和绿洲生态系统的可持续发展。如何在流域其他产业蓬勃发展的基础上确保生态环境需水的留用，是今后政府部门进行水资源分配的注意事项。由于生态环境用水属于公共属性的公益类用水，经济收益性较差，缺乏水资源主体使用激励，只能由政府部门提供生态环境用水，如何发挥政府部门的公共资源管理职能，保证在水资源初始分配时给生态环境留有足量、足质的水资源，是否可将生态环境用水引入水市场，这都是未来需要研讨的问题。

在水资源领域引入产权制度，以水权制度的管理改善水资源承载能力。干旱区绿洲生态—经济系统的维持和发展直接受制于可利用水资源量，有限的水资源只能维持相应规模的绿洲社会经济发展规模。由此提出提高水资源利用效率的措施和思路：在稳定生态环境用水的前提下，引入产权制度和产权交易制度，利用市场机制对水资源的利用途径进行自我修复、自我提升，让水资源利用效率高、利用效益好的用水单位获得更多的水资源，在保证公平性的前提下大幅提升水资源的利用效率，以水资源统一管理的制度体系作以保障，达到节约农业用水、提高工业及城市生活用水比例的目的，提高水资源的经济产出率，保证流域社会经济和生态环境的协调发展，实现区域人口承载力的提高。

5.5 玛河流域水资源供求分析

近几年来玛河流域经济社会发展迅速，伴随着流域内经济建设取得的巨大成就，流域内的生产用水、生活用水激增，特别是农业种植面积的不断扩增，人类向沙漠不断进军，“人进沙退”的背后是对水资源掠夺式的攫取，流域生态环境持续恶化已经表明了水资源的不合理利用对环境造成的危害。“过载式”的社会经济发展使水资源的供需矛盾不断加深，玛河流域径流的有限水资源供给无法满足流域内的水资源需求，衍生出无节制地抽取地下水、侵占生态环境用水、各行业各单位争水抢水的后果，造成地下水位持续降低，生态环境持续恶化，流域内因水产生的矛盾冲突不断，水资源的供需失衡已严重影响流域正常的社会经济秩序。流域的水资源总体利用规划要综合考虑水资源的特殊属性、流域的自然条件、水资源的径流供给和地下水供给，以流域的生产需求、生活需求、生态需求所用水资源为水资源需求方面，综合水资源的科学管理和功能划分，保证流域调节流域水资源供需矛盾冲突。

5.5.1　水资源供给分析

玛河流域的水资源供给来源较为单一，且降水量远小于蒸发量，水资源的供给基本是来自天山的冰川融雪的径流，少量由流域的地下水补充。本节的水资源供给以各规划水平年的多年平均径流量和地下水补充量为依据。

（1）地表水供给。

玛河流域的水资源径流来源由东向西分别是塔西河、玛河、金沟河、宁家河、巴音沟河5条主要河流，玛河是流域内径流量最大的河流，在P=50%水平年时玛河径流量为12.45亿立方米，塔西河、金沟河、宁家河、巴音沟河的径流量分别为1.97亿立方米、3.03亿立方米、0.70亿立方米、2.86亿立方米，玛河流域境内地表水资源量在P=50%时为21.1亿立方米。玛河流域在P=75%和P=50%规划水平年各河流的径流量按各月分布见表5-9、表5-10。

表5-9和表5-10中所表述的玛河流域径流量是出山口的径流量，流域内可利用的地表水资源还要扣除河道内生态用水和不可利用的泄洪量。流域的生态环境用水研究是一个复杂的系统工程，由于缺乏必要的生态水文时间与空间的变化资料，同时在流域尺度内的植被耗水机理和水资源的蒸发等资料的数据缺失，流域内河道内的生态需水量和河道外的生态需水量计算困难，因此本书借鉴学者研究成果，确定流域的河道内生态需水量①②③④。河道内的生态需水量为1.0121亿立方米，不可利用的泄洪水量为1.1229×10^8立方米，由此得到地表的可利用水量在P=75%时为17.07亿立方米，在P=50%为18.97×10^8立方米。

---

① 李玉义，逄焕成，陈阜，等．新疆玛纳斯河流域灌溉水资源保证程度及提升策略［J］．自然资源学报，2010（1）：32-42.

② 贾宝全，张志强，张红旗，等．生态环境用水研究现状、问题分析与基本构架探索［J］．生态学报，2002，22（10）：1734-1740.

③ 赵宝峰．干旱区水资源特征及其合理开发模式研究［D］．长安大学，2010，65.

④ 李俊峰，叶茂，范文波，等．玛纳斯河流域生态与环境需水研究［J］．干旱区资源与环境，2006，20（6）：89-93.

表 5－9　来水频率 P＝75％时玛河流域各河流径流量

单位：万立方米

河流	1月	2月	3月	4月	5月	6月	7月	8月	9月	10月	11月	12月	总计
塔西河	361	356	416	588	820	2970	3768	5339	1378	820	571	517	17903
玛河	2281	2253	2629	3718	5187	18777	23822	33757	8711	5187	3612	3266	113200
宁家河	128	126	147	209	291	1053	1336	1894	489	291	203	183	6350
金沟河	552	513	842	705	1343	4306	6514	8154	2102	1105	839	665	27600
巴音沟河	472	441	552	488	772	4289	10429	4830	2065	1396	829	438	27000
总计	3794	3689	4586	5708	8413	31395	45869	53974	14745	8799	6054	5069	192053

资料来源：自治区玛河流域管理处、《新疆维吾尔自治区玛纳斯河流域水利志》等。

表 5－10　来水频率 P＝50％时玛河流域各河流径流量

单位：万立方米

河流	1月	2月	3月	4月	5月	6月	7月	8月	9月	10月	11月	12月	总计
塔西河	390	363	452	475	1156	3687	6186	4044	1181	742	561	452	19690
玛河	2463	2295	2859	3002	7310	23312	39115	25573	7466	4694	3550	2859	124500
宁家河	138	129	160	168	410	1307	2193	1434	419	263	199	160	6981
金沟河	666	619	740	705	1493	5072	9035	6551	2554	1348	872	625	30280
巴音沟河	408	466	595	451	680	4775	9650	6662	2865	1686	822	559	29600
总计	4065	3872	4806	4801	11049	38153	66179	44264	14485	8733	6004	4655	211051

资料来源：自治区玛河流域管理处、《新疆维吾尔自治区玛纳斯河流域水利志》等。

（2）地下水和回归水供给。

地下水指赋存于地面以下岩石空隙中的水，狭义上是指地下水面以下饱和含水层中的水。地下水是水资源中重要的组成部分，也是干旱区半干旱区重要的水源补充来源。流域的生态环境对地下水的依赖程度较高，生态植被、野生动植物、区域气候调整都需要地下水的供应。根据李俊峰（2006）的研究结果，玛河流域地下水可开采量1.14亿立方米。回归水是灌溉水由田间、渠道排出或渗入地下并汇集到沟、渠、河道和地下含水层中，成为可再利用的水源。流域的回归水由农业回归水和工业回归水两部分构成以李俊峰（2006）的研究成果为参考，回归水数量为9.4亿立方米[①]。将地表水资源供给量、地下水、回归水供给量加总得流域的水资源供给量，在P=75%的规划水平年为27.61亿立方米，在P=50%的规划水平年为29.51亿立方米。

5.5.2　水资源需求分析

（1）农业用水需求量。

农业是玛河流域的基础产业，也是高耗水产业。玛河流域农业水资源用量占全流域用水比例为91%，农业用水占较高，这与流域的三次产业结构、农业生产规模、农业内部种植结构（粮食作物、经济作物、畜牧产业、渔业、林业）及种植条件、水利工程、管理水平密切相关。农业用水的需水量计算采用定额法。定额法是按照农业种植规划各种农作物的种植面积、牲畜头只数、果园面积分别乘以对应的单位定额水量，再加总得全流域农业需水量。亩均灌溉净定额参考《中国主要农作物需水量等值线图研究》[②]，按照流域内农作物的种植结构和灌溉制度确定净灌溉定额。灌溉水利用系数由田间水利用系数和渠系水利用系数综合确定。以2016年玛河流域农业种植规划为规划年，八师石河子垦区耕种面积为177.42千公顷，玛纳斯县和沙湾县耕种面积为112.03千公顷，流域内种植结构基本一致，确定农业需水量八师石河子垦区为11.436亿立方米，沙玛两县为7.312亿立方米，玛河

---

① 李俊峰，叶茂，范文波，等．玛纳斯河流域生态与环境需水研究［J］．干旱区资源与环境，2006，20（6）：89－93.

② 中国主要农作物需水量等值线图协作组．中国主要农作物需水量等值线图研究［M］．中国农业科技出版社，1993.

流域农业总需水量为 18.748×10^8 立方米。

（2）工业用水需求量。

工业是玛河流域新的经济增长点，传统化工企业和新落地的工业项目为玛河流域经济增长提供新的增长极。玛河流域内的工业企业以现代农业节水、信息服务、高效畜牧业、现代农业种植和农产品深加工为发展方向，以优惠的政策吸引中信国安、中粮屯河、农夫山泉等50多家大中型企业落户，加上已有的新疆天业集团、新中基、祥云化纤、澳洋科技、天山电力等企业，区域的工业企业发展格局不断优化，产能不断扩大，工艺不断完善，形成相关配套的产业集群，同时坚持经济效益、社会效应和生态环境效应并重的原则，着重发展循环经济，提倡使用清洁能源，促进资源节约高效利用，减少污染排放。2016年流域工业GDP为212.25亿元，其中八师石河子市168亿元，玛纳斯县32.03亿元，沙湾县12.22亿元。工业用水的需求量采用取水定额法计算，2016年流域工业需水量为1.28亿立方米，其中八师石河子市1.02亿立方米，沙玛两县0.27亿立方米。

（3）生活用水需求量

流域的居民日常用水分为城镇居民用水和农村居民用水，根据人均日常用水量来进行计算。依照全国水资源综合规划技术的要求，综合考虑国民经济和居民生活质量的提高，将定额标准定为城镇居民用水定额为145升/人×天，农村居民用水定额80L/人×天，2015年流域的生活需水量见表5－11。

表5－11　　玛河流域居民生活需水量汇总

地区	城市居民			农村居民			
	人口（万人）	用水定额（升/人×天）	需水量（亿立方米）	人口（万人）	用水定额（升/人×大）	需水量（亿立方米）	需水量总计（亿立方米）
八师	42.69	145	0.2259	20.57	80	0.06	0.2859
玛纳斯县	6.58	145	0.0348	10.84	80	0.0317	0.0665
沙湾县	10.56	145	0.0558	10.07	80	0.0294	0.0852
总计	59.83		0.3165	41.48		0.1211	0.4376

资料来源：2015年《新疆统计年鉴》《兵团统计年鉴》、中国经济与社会发展统计数据库、《新疆维吾尔自治区玛纳斯河流域水利志》、GB/T50331－2002城市居民生活用水量标准等。

（4）生态环境用水需求量。

国内目前研究生态环境需水多以流域生态系统作为研究对象，认为生态环境需水是水资源短缺地区为了维护生态系统的稳定和保持生态环境质量的最小水资源需求量。生态需水分为山区生态需水和平原生态需水，其中平原生态需水包括河道内和河道外的生态需水。本书的研究区域集中在山前平原区，因此只计算平原区的生态需水。

按照李俊峰（2006）的研究，生态与环境用水量以水热平衡、水盐平衡、水/沙土平衡和“三生”平衡为目标，并结合玛河流域各区段的生态环境目标，将玛河流域分为上游、中游、下游三段，分别确定各需水区段的需水量。下游区段要保证常年有水，根据标准流量法或湿周法计算下游生态需水量；中游区段主要是为保护生态系统和维持天然植被，采用蒸散发法计算不同植被的需水量；上游不存在缺水问题，水质和水盐平衡是需水量的重点，采用功能设定法计算①。

范文波对玛河流域生态环境需水的估算方法是从农田防护林、农田水盐平衡、水库湖泊需水和河道生态需水四个方面展开，通过测算四个部分的需水量分别是 1.55 亿立方米、2.95 亿立方米、2.01 亿立方米、2.33 亿立方米，生态需水量为 8.84 亿立方米②。

刘洁将玛河流域的生态环境需水分为山区和平原生态圈层结构，分别进行计算，由遥感信息土地利用图读取各类生态面积单元，从植被生理角度分析生态需水，得到天然植被的总蒸腾量并将其作为植被生态需水总量，通过计算，山区生态需水量为 27.62 亿立方米，平原区生态需水量为 8.29 亿立方米③。

综合多名研究者对玛河流域的生态环境需水的研究，以李俊峰（2006）的研究成果为标准，玛河流域的生态环境需水量为 7.16 亿立方米，此处的生态环境需水是河道外生态需水，河道内的生态需水在水资源供给时已减除。

---

① 李俊峰，叶茂，范文波，等．玛纳斯河流域生态与环境需水研究［J］．干旱区资源与环境，2006，20（6）：89－93.

② 范文波，周宏飞，李俊峰．玛纳斯河流域生态需水量估算［J］．水土保持研究，2010，17（6）：242－245.

③ 刘洁，王先甲．新疆玛纳斯流域生态环境需水分析［J］．干旱区资源与环境，2007，21（2）：104－109.

5.5.3 水资源供求分析

以 2016 年为规划年，玛河流域水资源的需求总量按月份的分类见图 5 – 4。由图 5 – 4 可知，在规划年内玛河流域的农业用水需求在每个月的分布极不平衡，在 4 月、6 月、7 月、8 月这四个月用水需求量猛增，由于农业用水带有明显的种植业农作物需水属性，春灌和夏季的漫灌需水量对水资源的需求增加迅速且强烈，而在其他月份中需求量相对较低，冬季几乎为零，农业需水的特性对水资源的供给要求较高，工业需水量和生活需水量稳定且占比较低，生态环境用水与气温关系较为密切，随着气温的逐渐升高生态需水量逐渐增加，随着气温的降低生态需水量逐渐减少。

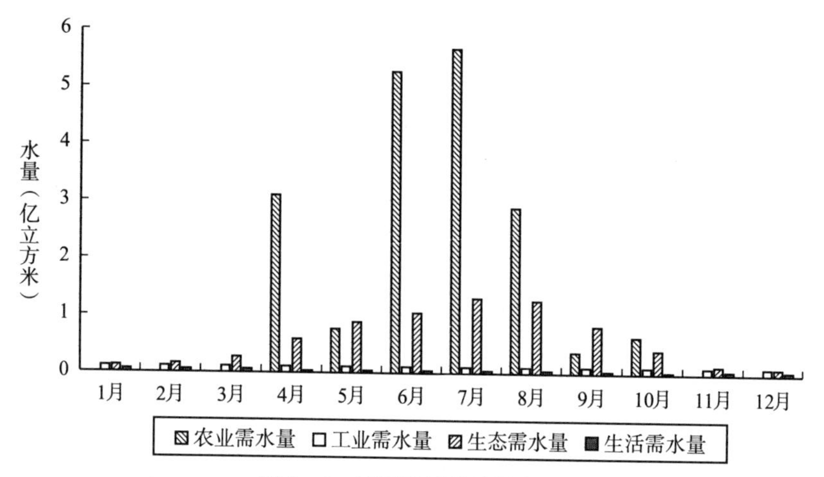

图 5 – 4　玛河流域月均需水量

资料来源：本章上节计算结果。

玛河流域的水资源供需对比见图 5 – 5，规划年内玛河流域水资源在年度单位尺度上可达到供需平衡，但月度供需不平衡且异化程度较高。总供水量曲线在月度尺度上与需水量曲线大致匹配，6 ~ 8 月由于冰川剧烈融水，供水量达到年度总供水量的 54%。总需水量曲线表明，玛河流域的需水量带有明显的农业生产属性，用水大量集中在 4 月、6 月、7 月、8 月，11 月、12 月、1 月 ~3 月需水量相对较少。在 4 月、6 月、7 月，出现了供水量明显小于需水量情况，供水严重不足，原因是在春灌时段，农业单位进入大量需水期，农业需水量猛增，供水量增长速率不及需求量，导致灌区用水紧张，不能满足所有用水单位的用水需求。在 4 月，仅农业单位的需水量就超过流域的总供水量一倍的量，如没有水库等水利设施，水资源的供需矛盾会非常大；6 月供需缺口达到顶峰，缺水量高达 2.75 亿立方米，超出当月总供水量的 73.8%。在缺水量为负数的月份，用水主体分配水量可按需分配，在缺水量为正数的 4 ~7 月，用水主体分配水量应按照公平与效率并重的分配原则进行优化配置。

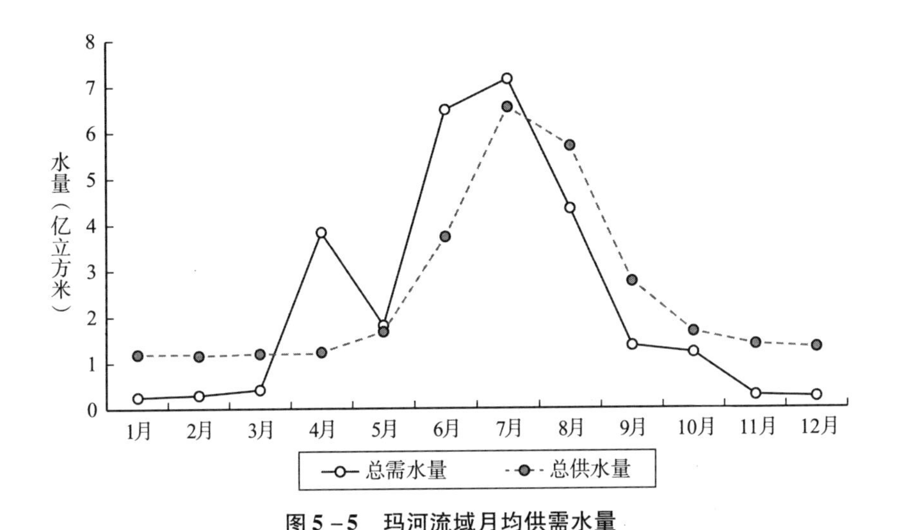

图 5 –5　玛河流域月均供需水量

玛河流域的水资源的需求总量的增长与社会经济发展态势、生态环境建设和城市化进程密切相关，水资源的需求由农业用水、工业用水、生活用水、生态用水的增长和制约所影响。在保持现行人口政策不变的前提下，排除特殊情况下的人口流入或流出，预测玛河流域的人口会缓慢上升直至 21 世纪中叶达到峰值，然后开始缓慢下降，在峰值时流域人口变化相对于水资源的供需影响不大；随着城镇化的加速推进，流域的城市化率将大幅提高，并且中、小城镇的居民生活用水基础设施也逐步完善，因此城镇人均生活用水定额将趋于稳定，农村生活用水会因农村生活水平的提高而略有上升，但随着农村人口的下降，农村生活用水基本稳定不变，玛河综合流域的生活用水将稳中略有升高；当前玛河流域的农作物耕种面积已接近峰值，新增耕地面积有限，并且随着农业节水灌溉等技术的不断创新，流域水资源管理的不断优化，农户节水意识的不断提高，预测流域的农业需水量将稳中有降；目前流域的工业发展还处于“重化工”阶段，属于工业化中期前端，随着科技进步和产业结构升级，工业的产值占比会越来越高，但工业综合用水定额会下降，预测工业需水量会稳定不变，略有上下浮动。综合而言，玛河流域用水需求量增长是一个长期缓慢的过程，同时节水技术和水资源利用效率的提升也是长期工作，玛河流域的需水总量会缓慢上升，最终达到拐点后开始下降。

玛河流域的水资源供给要根据区域社会经济发展、用水需求、生态环境变化，在进一步加强节水意识和现有水利工程配套改造挖潜的前提下，适当建设水资源开发利用工程，可以考虑规划修建跨区域调水工程。对现有的供水设施进行优化改造，提高地表水利用系数，提高渠系水资源利用率，减少水源无谓损失，同时提高地下水的供水能力，合理安排生态环境用水，加强废水、污水治理，加大工业企业循环用水设施建设，提高回归水系数，使水资源的供给达到稳中有升。

5.6 本章小结

通过对中国水资源承载力、水资源利用效率、动态演进特征和玛河流域水资源供需情况、水资源承载力的分析可知，中国各省份的水资源承载力、水资源利用效率及动态演进特征具有明显地域差异，需要因地制宜，采取针对性的承载力、利用效率提升策略。玛河流域的水资源供需关系已到达临界值，水资源的承载力已处于严重脆弱情形，已达到了承载极限，如果不及时采取提高水资源利用效率的有效措施，水资源将很快无法支撑流域社会经济的发展需要。水资源作为基础性资源，其重要性不言而喻，面对水资源数量和质量日益提高的要求，仅仅在水资源需求端的调整已无法解决水资源供需的矛盾，水资源供给端由于自然条件的限制和水利设施改善的有限性，亟须从其他视角提升水资源利用效率，使玛河流域的水资源能够有效支撑经济的高速发展。

第6章　流域初始水权分配机制构建

流域的水权初始分配是水资源高效、可持续利用的基础，同时也是水权流转的前提。由于水资源所有权属于国家所有，水权实质上是对水资源使用权的配置，初始水权的配置就是按照一定的原则分配水资源的使用权。本章首先对水权初始配置的流程进行分析，水权的初始配置分为两个层次，一是区域水权分配，二是用水户水权分配，区域水权分配是在政府内部的水权管理、监督权的下放，用水户水权分配是用水户真正取得水权的阶段；其次，应用破产博弈理论对玛河流域的水权初始分配方案进行研究，在以水权分配的公平性为最终目标的前提下，本章论述了十种水权初始配置方案，并逐个分析，应用卡尔多—希克斯标准进行评价，得到最适合玛河流域的初始水权配置方案；最后，提出初始水权分配的保障机制，包括政府调控机制、监督机制和民主协商机制。

6.1　初始水权分配流程

水权分配从国家到用水户要经历若干阶段，包括从国家向流域、流域向省级区域、省级向市级区域、市级向县级区域以及政府向用水户进行的水权分配。国家向流域分配水权和政府行政内部的水权分配是宏观调控的内容，本书不作研究。本书研究的重点是流域向区域政府的水权分配和政府向用水户进行的水权分配，这两个层次被称为区域水权分配阶段和用水户水权分配阶段，前者是对区域内水资源的管理和监督权的下放，后者是用水户的初始水权的分配，用水户的水权分配形成了在水资源使用权上的初始水权。我国《水法》规定，水资源实行流域管理和行政区域管理相结合的管理体制，也就是说我国水资源的所有权中有部分管理权要通过流域和行政区域的共同管理来实现，同时水权分配也是水资源的所有权和使用权分离的过程，因此，水权分配的层次分为区域水权分配和用水户水权分配，如图6－1所示。本章讨论的重点是区域水权分配过程中的政府选择策略和博弈方案，用水户的水权分配是按照国家法律法规依法取得的过程，不再赘述。

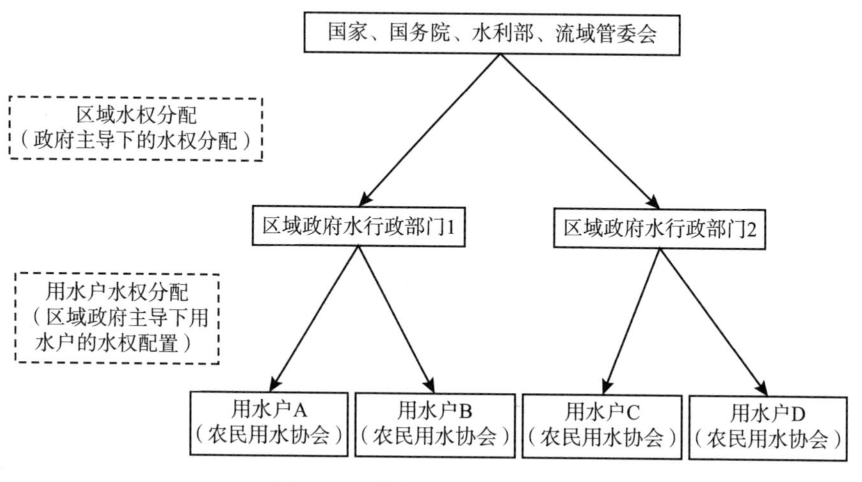

图6－1　水权分配的层次划分

6.1.1　区域水权分配

区域水权分配阶段是国家行使水资源所有权，向各行政区域分配水资源管理和监督权的过程。区域水权的分配过程是在政府内部自上而下逐级进行的，在区域水权的分配结束后，各行政区域便获得了水资源的监督和管理权。该阶段的水权分配方式是通过制订流域水量分配方案，来明确流域内各区域可用的水资源总量。区域水权分配阶段的产物是具有多重内涵的初始水权，包括区域水资源的监督权和管理权，同时也有区域所有用水户可获得的所有水资源的总量限定。区域水权分配为初始水权的完整分配奠定了基础，是水权分配不可或缺的重要组成部分。此时的水权还在水资源的所有权范畴内进行，水资源使用权和所有权还没有正式分离。

我国水权制度建设正处于起步阶段，区域水权分配涉及多方利益主体的切身利益，是多方利益主体博弈冲突的关键所在，需要解决诸多复杂的水资源矛盾，因此水权分配程序应当按照有关法律法规的要求制订详细的水权分配方案，并对协商方式做出具体安排。区域水权分配的流程分为两部分，第一部分是区域水权分配的准备阶段，第二部分是流域水权分配方案的制订，如图6－2所示。

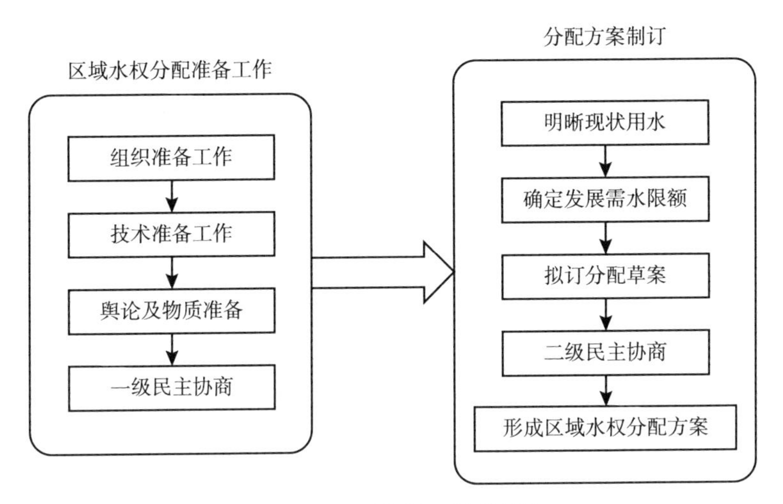

图6－2 区域水权分配流程

（1）区域水权分配的准备。

组织准备工作。首先明确区域水权分配的组织协调机构及其职责，应当设立专门的区域水权分配办公室，组织各用水区域的协商，进行公示；其次要明确水权分配对象的工作机构及职责，由区域人民政府设立本行政区域参与区域水权分配工作的专门机构，负责为区域水权分配的组织协调机构提供相关数据、资料，并且由提出参与协商的人员组成水权分配协商代表参与水权分配民主协商。

技术准备工作。对水资源的可分配水量、用水规模、分配对象等进行确认，同时还要制定具体的分配规则、分配类型等。

舆论宣传工作。对水权分配和水权交易等相关法律法规、基础资料要及时发布。物质准备指硬件基础设置的准备。

一级民主协商。在准备阶段的民主协商是第一次民主协商。这轮协商的主要内容是对准备阶段的讨论，为区域水权分配的下一阶段做好基础工作，区域水权分配的组织协调机构要依照提供的资料和数据对各方利益进行协调。

（2）水权分配方案的制订。

明晰现状用水。根据流域的水资源现状确定可分配水量，在保证生活用水和生态环境用水的基础上，统筹考虑地表水和地下水，测算在不同来水频率下的区域用水分配方案。

确定需水限额。根据各用水行业的发展指标和用水定额，预测各行业在规划期内不同水平年的发展需水量。

拟订区域水权分配草案。确定不同水平年的用水单位的最高用水限额，拟订区域水权分配草案。水权分配的草案要充分考虑水权分配时的公平性和效率性，根据这两项基本原则进行水权分配。

二级民主协商。水权分配草案做好后，应当召集各行政区域政府代表、水行政主管部门的主要领导等各利益方代表，就拟订区域水权分配草案中的事项和一级协商上交的问题进行二次协商，保证各利益方的意见能有效传达。

形成区域水权分配方案。在上述几个步骤都完成后，应当形成一个协商结果，并将该结果写入区域水权分配方案中，同时将听证、复议、行政裁决的结果也写入区域水权分配方案，形成报批方案上报上级水行政水管部门。

6.1.2 用水户水权分配

用水户水权分配是用水户真正取得水权的一步，也是水权的所有权和使用权分离的一步。用水的水权分配是水行政主管部门依法按照各自的管理权限审批或许可水权申请人的资格，赋予用水户以水权的过程。这里的水行政主管部门可以是流域机构，各级政府的水行政主管部门，它们都拥有将水权分配给用水户的权利。

我国目前用水户取得初始水权一般都需要办理取水许可，除了非消耗性用水的初始水权以及法律直接授权规定不经取水许可的除外，用水户水权取得的基本程序包括以下几个环节，见图 6-3。

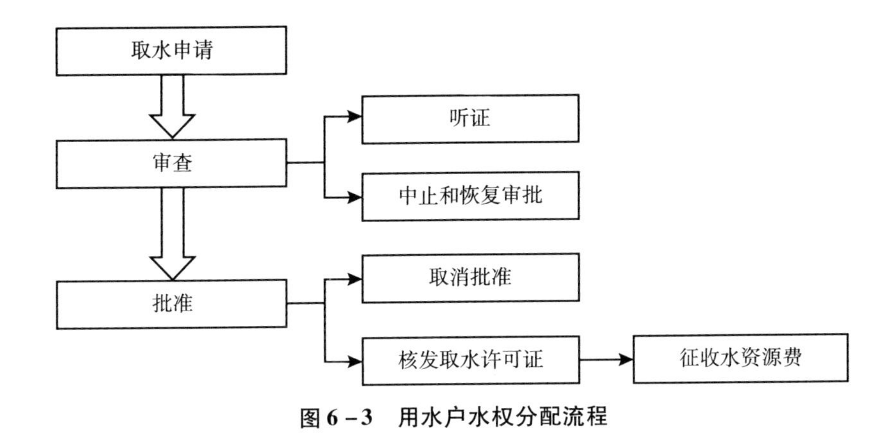

图6-3 用水户水权分配流程

申请。《取水许可和水资源费征收管理条例》规定，申请取水的单位或个人，应当向具有审批权限的审批机关提出申请，申请时需要提交申请书，与第三者利害关系说明书，备案材料，取水的时间、水量，取水地点，取水方式，退水地点等。

审查。各级水行政主管部门在收到取水申请后需要对申请材料进行审查，审查的主要依据是取水行为是否符合水量分配方案和区域配水定额，是否有利于节水和社会经济发展，是否使水资源的利用效率达到相对优化，是否符合公平公正原则。在审查过程中，如果审批机关认为取水涉及公共利益或取水人与他人有重大利害关系，或产生争议或者诉讼的，需要采取以下程序，如果取水涉及公共利益或与他人有重大利害关系，则需要举行听证。

批准。审批机关应当在受理取水申请之日起45个工作日之内决定批准或者不批准。决定批准的应当同时签发取水申请批准文件。

核发取水许可证并征收水资源费。在取水水利工程设施经取水许可审批机关验收合格后或直接利用已有取水工程的用水户，由审批机关核发取水许可证，在核发取水许可证的同时征收水资源费，水资源费由取水审批机关负责征收。

6.2 初始水权分配模型构建

6.2.1 博弈理论的适用性

将博弈理论应用于水权分配研究体系符合水权制度形成的内在机理，同时应用博弈论模拟各利益主体之间的行为选择较为科学合理，可从以下几个方面加以说明。第一，博弈论关注人的经济活动现象，重点研究冲突与合作问题。水权初始分配涉及多方用水单位、组织、部门和用水户的切身利益，水权分配方案是利益相关主体关注的焦点，在水权分配过程中不同用水行业、用水单位、用水地区以及用水目标的冲突和合作是广泛存在的，局中人的策略选择会影响水权配置的结果。第二，博弈论满足个体理性，同时也兼顾满足集体理性。博弈理论认为个体理性与集体理性不相冲突，相反个体和集体的选择都应该是理性的并且是合理兼容的，个体利益的最大化并不必然导致集体利益的最大化，因此实现社会整体利益最大化的前提是在满足个体理性的基础上满足集体理性。在水权分配过程中，不同区域、不同用水行业、单位、组织的利益主张不同，投资决策机制也不同，常常导致不同用水主体的个体理性与集体理性不相符合。个体理性和集体理性的利益错位是导致用水冲突的主要原因，也是解决水权分配合作问题的逻辑起点。第三，博弈论中的破产博弈理论能够契合水权分配过程中不同用水主体间的冲突合作问题。破产博弈是博弈论中一个比较新颖的分支，破产博弈以经济学中常见的公司破产现象为出发点，研究在分配资源总量小于局中人的申诉量之和时的分配次序以及各局中人的分配量。在水权分配中，有限的水资源始终不能完全满足所有用水单位的需水量，因为如果水资源总量大于各用水户的需求总量之和，那么所有用水户按需分配水资源，所有人都可以得到满足，也就没有所谓的冲突和合作了。玛河流域的水资源的短缺情形满足破产博弈中资源有限的条件，可以运用破产博弈理论研究初始水权分配过程。

6.2.2 基于破产博弈的初始水权分配模型构建

水资源矛盾缘于供需不平衡，当流域尺度的水资源供应量明显低于用水需求量时，各用水主体的用水需求无法全部满足，争议冲突在所难免。当用水单位在资源攫取上存在根本性冲突时，参与决策的用水单位越多，博弈的时间就越长，集体决策的成本越高。信息不对称导致的决策不灵活性加大了水资源配置过程中各用水单位间的谈判成本、签约成本、信息获取成本以及博弈成本，引致资源配置过程中交易成本的激增。公共资源公平有效配置的问题涉及资源、环境、经济开发、政治安全等诸多领域，应用破产博弈理论可以有效解决水资源冲突。破产问题指当债务人不能偿债或资不抵债时，清算财产按有关法律程序公平合理地分配给各债权人。无论在跨行政区流域还是非跨行政区流域，资源争夺是对抗性的，用水户间始终存在着冲突与协商，应用破产博弈可以有效解决水资源配置的公平性和有效性问题。

在局中人为理性人的假设前提下，破产博弈理论通过分析不同财产分割规则对决策者的行为影响，更高效、公平地解决资产（资源）在相对紧缺情形下的配置问题。玛河流域的初始水权分配是典型的破产博弈问题。可分配的水资源量是资产，流域中各用水户是债权人，其需水量是债权人的索取权，其实际水资源分配量是通过破产规则分配给债权人的资产量。玛河流域的自然环境条件决定了该区域的水资源在大部分情形下处于供不应求状态，不能保证流域内所有用水户完全达到需水量预期，因此流域的初始水权分配问题可以应用破产博弈模型优化配置。

（1）传统破产博弈分配模型。

传统破产博弈问题是针对加权破产博弈模式而言的，加权破产博弈模型在每个用水主体的分配量中加入权重指标，并应用新的破产博弈模型。传统破产博弈问题是指资产 E 被分配给各个债权人，且债权人拥有的索取权之和大于资产 E。用集合 $N=\{1, 2, \cdots, n\}$ 表示债权人，各债权人 i 针对资产 E 的索取权为 d_i，则 $0 \leqslant E \leqslant \sum_{i \in N} d_i$，破产分配方案用向量 $x=(x_1, x_2, \cdots, x_n)$ 表示，满足 $\begin{cases} \sum_{i \in N} x(i) = E \\ 0 \leqslant x_i \leqslant d_i \end{cases}$，其中 x_i 指分配给第 i 个债权人的资产。与破产问题相对应的合作博弈问题可用以下特征函数描述，$v_{E,d}(S) = \max\{(E - \sum_{i \in N/S} d_i), 0\}$，其中 $S \subset N$，$v_{E,d}(S)$ 指当联盟 N 中除了 S 外的所有债权人都被完全补偿后，联盟 S 能够接受的最低补偿资产。在此研究中，破产问题的解和与之对应的合作联盟博弈的解是相同的。

综合布雷兹耐（Branzei，2008）、汤姆森（Thomson，2003）、赫雷罗斯（Herrero，2002）、奥尼尔（O'Neill，1982）、居里埃尔（Curiel，1987）等提出的破产博弈分配方法，提出以下破产博弈配置模型：比例分配模型（PROP）、等损失约束模型（CEL）、等分配约束模型（CEA）、调整比例分配模型（APROP）和塔木德分配模型（TAL）。

第一，比例分配模型（PROP）。该模型按用水户的需求量占比配置水资源，拥有高需水量的用水户可以通过该模型分配到更多的水资源，拥有低需水量的用水户分配到较少的水资源，也就是所谓的“按需分配”。比例分配模型在水资源较为丰富的地区比较适用，各用水单位可以按照需求量取水并且不会超出水资源的供应量，但在水资源供需矛盾相对较大的地区，按需分配有时会导致社会公共资源分配的不均。

$$x(i) = \frac{d_i}{\sum_{i \in N} d_i} E \tag{6.1}$$

第二，等损失约束模型（CEL）。此模型倾向于最小化用水户之间的用水冲突差距，均衡各用水户间的需水量和分配量之间的差额，并将之降至最小。等损失约束模型是将每个用水户的需求量减去一个相同的差额 α，这个差额 α 能够使各用水单位的用水冲突矛盾均等化，从而实现水资源分配的公平性。但是这种公平也是相对的，当一个用水户的需求量相对大，另一个相对较小时，α 对这两个用水户的影响是不同的。对于需求量大的用水户来说 α 的变化对其影响不大，但是对于需求量较小的用水户来说 α 的变化影响是很大的，减去的 α 或许能够达到其需求量的一半甚至更多，对于需水量较小的用水户一旦按照 CEL 模型减去 α 后，会承担很大的经济损失和水资源压力。因此，该模型适用于需求量较大的用水户，而对需求量较小的用水户不适用。

$$x(i) = \max\{d_i - \alpha, 0\} \tag{6.2}$$

其中，α 满足 $\sum_{i \in N} \max\{d_i - \alpha, 0\} = E$。

第三，等分配约束模型（CEA）。此模型分为若干阶段，每一阶段都优先满足需水量最小的用水户，给每个用水户分配相同的水资源量（即此阶段需水量最小用水户的需水量）后，此阶段结束，将需水量最小的用水户剔除，在剩余的用水户中继续按上述规则分配剩余的水资源，直至不能平均分给剩余的用水户为止，分配完毕。此模型倾向于缩减较小需水量用水户的用水缺口。等分配约束模型是最为照顾需求量小的用水户的模型，以最小需水量的用水户的需求量为标准对所有用水户进行等额分配，可以让需水量较小的用水户优先得到所有满足，而需水量较大的用水户并不能获得满足，会有用水缺口。因此，该模型适用于需水量较小的用水户。

$$x(i)=\min\{d_i,\ \beta\} \tag{6.3}$$

其中，β 满足 $\sum_{i\in N}\min\{d_i,\beta\}=E$。

第四，校正比例分配模型（APROP）。此模型分为两个阶段，第一阶段是各用水户的初始水资源分配，用 $\max\{E-\sum_{j\in N\setminus\{i\}}d_j,0\}$ 表示，其中 $\sum_{j\in N\setminus\{i\}}d_j$ 表示除了用水户 i 之外所有用水户的用水需求，第二阶段是应用 PROP 模型分配剩下的资源。校正比例分配模型中的第一阶段是校正的体现，即用水资源总量减去除了该分配用水户需求之外的所有用水户的需求总量，这一校正的举措体现了对不同需水量的用水户的分配均等化思想，对于需水量较小的用水户，第一阶段分配的水资源量会很小或为零，而对于需水量较大的用水户第一阶段的水资源分配量会较大，而分配水量的多少取决于用水户需求量占所有用水户需求量的比重，比重越大第一阶段分配的水资源越多，反之越少。第二阶段与比例分配模型（PROP）相同。在校正比例分配模型中，由于加入了第一阶段的校正，水资源的分配相对于比例分配模型（PROP）来说更为公平合理。校正比例分配模型（APROP）适用于需求量较大的用水单位。

$$x(i)=m_i+\frac{d'_i}{\sum_{i\in N}d'_i}\left(E-\sum_{i\in N}m_i\right) \tag{6.4}$$

满足 $m_i=\max\{E-\sum_{j\in N\setminus\{i\}}d_j,0\}$，$d'_i=\min(E-\sum_{i\in N}m_i,\ d_i-m_i)$。

第五，塔木德分配模型（TAL）。塔木德分配模型来自犹太人的“圣经”——《塔木德》，分配原则是使每个用水户都尽可能获得需水量的一半或每个用水户都尽量达到同样损失，当可分配水资源总量少于所有用水户需求的一半时，应用 CEA 模型按用水户需求的一半分配，当可分配水资源总量超过所有用水户需求的一半时，分配给用水户的水量要减去按照 CEA 分配的水量。塔木德分配模型是犹太人对财富和资源分配的思想结晶，该模型将所有可分配资源分为“有争议”和“无争议”两部分，“无争议”部分是当所有用水单位的需求总量的一半小于水资源总量时，按照等分配约束模型可直接进行分配，“有争议”部分的分配是将“无争议”部分的资源分配给声明者之后再进行分配，将剩余的“有争议”部分再平分给申请者。塔木德分配模型是适用于水资源需求量较小的用水单位，由于其分配方案的特殊性，塔木德模型选择优先满足所有人的基础需求，这个基础需求取决于最小需求量用水户的需求量，也就是所谓的“温饱”问题，模型的这一阶段可以保证用水需求较小的用水户可以得到其需要的水资源。而当所有用水户的基本需求都满足后，方案转而倾向于满足需求量较大的用水单位，此时的模型在保证公平性的同时考虑用水需求较大的用水户的需求，将剩余的水资源按照等分配约束模型进行分配，直至可分配水资源分配完毕。塔木德分配模型在保护弱者的同时也保证了博弈的公平、公正性，是值得借鉴的一种分配方式。

$$\begin{cases} x(i) = CEA\left(E, \dfrac{d_i}{2}\right), \text{当 } E < \dfrac{1}{2}\sum\limits_{i \in N} d_i \\ x(i) = d_i - CEA\left(E', \dfrac{d_i}{2}\right), \text{当 } E \geqslant \dfrac{1}{2}\sum\limits_{i \in N} d_i \end{cases} \tag{6.5}$$

其中，$E' = \sum\limits_{i \in N} d_i - E$。

（2）加权破产博弈分配模型。

传统的破产博弈分配规则能够根据不同的用水户情形对已有水资源进行配置，减少在资源分配过程中常出现的冲突与纠纷。然而传统的破产博弈模型存在以下问题：第一，只考虑用水单位的用水需求，在用水关系较为紧张的流域，水资源的供需矛盾和利用冲突无法精确测量、预估并妥善配置；第二，流域内各用水单位的水资源供需缺口和水资源分布的时空分异性也没有考虑；第三，不同用水单位对水资源供需缺口具有不同的适应弹性系数；第四，流域内不同行业与用水单位的水资源利用信息存在被公开的风险。基于以上四方面问题，鉴于流域内不同用水主体的异质性，建立一个综合考虑流域内用水单位的不同情况，符合公平、合理原则的水资源分配方案显得尤为迫切。

本书创新性地将流域内各用水单位的水资源自适应度和水资源的需求量作为资源不对称性的两大方面，结合已有破产博弈分配模型，提出加权破产博弈分配模型。将加权破产博弈分配模型中总缺水量，按照各用水单位的水资源适应度所确定的权重成正比分配，各用水单位的水资源分配量等于其需求量减去分配的缺口量。应用加权博弈分配模型进行流域水资源分配分为两个步骤：第一步，建立加权破产博弈模型，见式（6.6）~式（6.10）；第二步，应用自适应度作为加权权重计算指标，将运用分配模型后的各用水户的水资源分配量应用至式（6.14）~式（6.16）中，得到用水户初始水资源分配量。

第一步，建立加权破产博弈分配模型。如下所示，加权破产博弈分配模型分为五种，分别是式（6.6）~式（6.10）。在加权破产博弈分配模型 $\varphi(N, E, d, a, w)$ 中，N 是所有用水单位，E 是可分配水资源量，d_i 是用水户 i 的水资源需求量，a_i 是用水户 i 的水资源分配量，w_i 是用水户 i 的非负权重，其中 $w=(w_1, w_2, \cdots, w_n)$，且 $w_1+w_2+\cdots+w_n=1$。其中 λ 是各模型中的未知系数，应用满足的条件可将 λ 解出，得到加权破产博弈分配模型。

加权比例分配模型（WPROP）[①]：

$$x(i)'=\min(\lambda w_i d_i, d_i) \tag{6.6}$$

满足 $\sum_{i\in N}\min(\lambda w_i d_i, d_i)=E$。

加权等损失约束模型（WCEL）：

$$x(i)'=\max\left(d_i-\frac{\lambda}{w_i}, 0\right) \tag{6.7}$$

满足 $\sum_{i\in N}\max\left(d_i-\frac{\lambda}{w_i}, 0\right)=E$。

加权等分配约束模型（WCEA）：

$$x(i)'=\min(\lambda w_i, d_i) \tag{6.8}$$

---

① Balbina Casas - Méndezabc. Weighted bankruptcy rules and the museum pass problem [J]. *European Journal of Operational Research*, 2011, 215 (1): 161 - 168.

满足 $\sum_{i \in N} \min(\lambda w_i, d_i) = E$。

加权校正比例分配模型（WAPROP）：

$$x(i)' = m_i' + \min(\lambda w_i d_i', d'_i) \tag{6.9}$$

满足 $m_i' = \max(E - \sum_{j \in N \setminus \{i\}} d_j, 0)$，$E' = E - \sum_{i \in N} m_i'$，$d_i' = \min(d_i - m_i', E')$，$E' = \sum_{i \in N} \min(\lambda w_i d_i', d_i')$。

加权塔木德分配模型（WTAL）：

$$\begin{cases} x(i)' = \min\left(w_i \lambda, \dfrac{d_i}{2}\right), \text{当} E < \dfrac{1}{2}\sum_{i \in N} d_i \\ x(i)' = \max\left(d_i - \dfrac{\lambda}{w_i}, \dfrac{d_i}{2}\right), \text{当} E \geqslant \dfrac{1}{2}\sum_{i \in N} d_i \end{cases} \tag{6.10}$$

满足当 $E < \frac{1}{2}\sum_{i \in N} d_i$ 时，$\sum_{i \in N} \min\left(w_i \lambda, \frac{d_i}{2}\right) = E$；当 $E \geqslant \frac{1}{2}\sum_{i \in N} d_i$ 时，$\sum_{i \in N} \max\left(d_i - \frac{\lambda}{w_i}, \frac{d_i}{2}\right) = E$。

第二步，将 C 和 E 的差值依据各用水单位的自适应度按正比分配给各用水单位，换言之，用水单位对水资源的自适应度越高，其需水量和实际分配量之间的差值越大。

本书创新性地提出自适应度（水资源对用水单位收益敏感度的反比）作为非跨行政区加权破产博弈模型的权重计算指标，基于以下思考。在跨界流域中，权重配比可以根据各用水主体对流域水资源的贡献率（即流入量）作为指标分配，将流入量作为权重指标可以直接计算出跨界流域各用水主体的权重值，并且这里通常用水主体是按照地域，以各地区作为用水主体来进行划分。但在非跨行政区内，全部水资源都来自流域自身，即流域内其他用水主体自身不产生水资源，用水单位对流域的可利用水资源无贡献量，因此非跨行政区的用水户权重不能简单地应用跨界河流已有的规则。

在非跨行政区流域中，所有的用水单位所面对的水资源环境是相同的。在丰水年时流域的水资源丰富，所有用水单位共同享受丰富的水资源；在枯水年时，流域的水资源量减少，所有的用水单位又同时面对珍贵的水资源。也就是说无论是丰水年还是枯水年，非跨行政区的流域中的用水单位所面对的水资源量是相同的。在外界水资源环境相同的情况下，能够应用于用水单位的不同权重指标应当从用水单位自身来寻找。由于不同的用水单位对水资源的需求强度不同，且在配水量变化时各用水户的反应也不同。自适应强度高的用水单位对水资源环境变化不敏感，收益波动区间范围小；自适应强度低的用水单位的收益在配水量发生变化时会有较大波动，抗压能力较低。在外界环境变化较大时，其经济收益也会受到较大影响，例如在枯水年，自适应度低的用水单位会因水资源紧缺而经济收益骤降，产生一系列潜在的不稳定因素，资源配置的公平性无法体现。由于流域内农业用水单位需水量大且具有一定季节性，工业用水需求量相对较小且直接影响工业产出，单位水资源的变化对农业用水单位影响较小，对工业单位影响较大，因此工业用水单位的自适应度较低，农业用水单位自适应度较高。自适应度指标属于越大越好型指标，基于流域水资源配置的公平性原则，应当赋予自适应度低的用水单位以高权重，自适应度高的用水单位以低权重，以保证分配的公平性和水资源合作联盟的稳定性。自适应度计算方法见式（6.11）~ 式（6.13）。

$$V_i = \frac{\Delta G_i}{\Delta W_i} \tag{6.11}$$

$$\Delta G_i = \frac{PG_i}{TG_i} \tag{6.12}$$

$$\Delta W_i = \frac{PW_i}{TW_i} \tag{6.13}$$

以上符号均对应了用水单位 i，其中 V_i 表示自适应度，ΔG_i 指边际收益占比，ΔW_i 指边际水资源占比，PG_i 指单位水资源产生的收益，TG_i 指总收益，PW_i 指单位水资源，TW_i 指分配水资源总量。

供需水资源缺口分配可按以下方法：

$$G = C - E \tag{6.14}$$

$$\varphi(i) = d_i - g_i \tag{6.15}$$

$$g_i = \left[\frac{1 - \left(\dfrac{w_i x'_i}{\sum\limits_{i \in N} w_i x'_i}\right)}{n - 1}\right] \times G \tag{6.16}$$

满足 $\sum\limits_{i \in N} w_i = 1$，$g_i \leqslant d_i$，其中 C 为各用水单位需求量总和，E 为总供

需缺口（G），g_i 为各用水单位的供需水缺口，$\varphi(i)$ 是用水单位 i 的最终水资源分配量，d_i 是用水户 i 的水资源需求量，w_i 是用水户 i 的相对权重，x_i' 是用水户 i 运用加权破产博弈分配模型得到的水资源分配量。

上述加权破产博弈分配模型可以体现资源分配的匿名性，无论合作联盟中用水单位的排列顺序、地理位置如何，模型会根据用水单位的自适应度分配总的供需缺口量，而非源自分配优先权，从而体现资源分配的匿名性。

6.3 初始水权分配方案分析

6.3.1 数据来源

本节数据来自玛河流域管理处、兵团第八师水利局、玛纳斯县水利局等处调研资料，并结合《石河子环境公报（2015）》《八师水利综合年报表（2015）》《新疆统计年鉴（2016）》以及《新疆生产建设兵团统计年鉴（2016）》等资料。

玛河流域内由兵团第八师垦区、玛纳斯县和沙湾县组成，这三个地区在行政隶属、水资源分配模式和管理模式上具有较大差异，综合考虑河道分布及水资源利用类别等因素，为了便于比较和分析玛河水资源配置模型，将流域内用水单位进行划分（见表6-1）。表6-1中 A_2、B_2 的用水单位包含玛纳斯县和沙湾县两个不同的行政单位，尽管这两个单位之间存在用水矛盾冲突，但在本书强调兵团与自治区在用水结构、水资源管理与配置、水资源利用效率的不同，因此将玛纳斯县和沙湾县视作一个整体进行研究。

表6-1　　玛河流域用水主体分类

类别	编号	区域范围
兵团农业用水单位	A_1	八师石河子市（含下属团场）、新湖农场农业用水单位
自治区农业用水单位	A_2	沙湾县、玛纳斯县、小拐乡农业用水单位
兵团工业用水单位	B_1	八师石河子市（含下属团场）、新湖农场工业用水单位

续表

类别	编号	区域范围
自治区工业用水单位	B_2	沙湾县、玛纳斯县、小拐乡工业用水单位
生态环境用水	C	全流域生态环境用水
生活用水	D	全流域生活用水

依据干旱区流域特性，在包含绿洲的山盆系统（Mountain - Basin System，MBS）中，水量分析应包含山地系统、绿洲系统和荒漠系统。研究对象区域集中在平原区人工绿洲内，因此只计算绿洲系统供需水量。流域的供水量包含河道引水、地下采水和回归水。农业灌溉需水量以流域现状调查亩均灌溉用水量为基础，参考《中国主要农作物需水量等值线图研究》，按照流域内作物种植结构和田间水利用效率综合确定农业净灌溉定额。生态与环境用水量参考第5章。由于生态环境用水和生活用水属于维续流域绿洲社会经济—自然生态系统运转的基础性资源，且从各发达国家的水权制度的发展演进来看，一般都赋予生存、生活、生态用水以绝对优先权，因此在水资源分配给各用水单位前，政府水管理部门提前扣除生态环境用水和生活用水。生态环境用水量C为7.16亿立方米，生活用水量D为0.44亿立方米。研究重点剖析了兵团农业用水单位、自治区农业用水单位、兵团工业用水单位、自治区工业用水单位应用破产博弈模型配置的初始水资源量，及各模型所得结果的对比分析。

6.3.2 破产博弈模型水权配置对比及分析

表6-2～表6-3表示应用破产博弈配置模型式（6.1）～式（6.5）在来水频率分别为P=75%和P=50%情形下玛河流域各用水主体的水资源配置量。P_i指在不同破产博弈模型下用水主体的水资源分配量占水资源需求量的百分比。在不同的来水频率下供水量等同于破产博弈中不同的待分配资产总量。当P=75%时，供水缺口量为3.827立方米，缺口占比23.6%；当P=50%时，供水缺口量为1.917立方米，缺口占比10.6%。

表6-2、表6-3是在P=75%和P=50%两种水资源情形下分别应用

比例分配模型（PROP）、等损失约束模型（CEL），等分配约束模型（CEA）、校正比例分配模型（APROP）、塔木德分配模型（TAL）五种破产博弈模型对玛河流域的用水主体进行初始水权分配的方案。

表 6-2　P=75%时不同破产博弈模型下玛河流域用水主体水资源分配量

单位：亿立方米

类别	需水量	PROP		CEL		CEA		APROP		TAL	
		$X(i)$	$P_i(\%)$	$X(i)$	$P_i(\%)$	$X(i)$	$P_i(\%)$	$X(i)$	$P_i(\%)$	$X(i)$	$P_i(\%)$
A_1	11.436	9.255	80.9	10.183	89.0	7.609	66.5	9.804	85.7	9.853	86.2
A_2	7.312	5.917	80.9	6.058	82.9	7.312	100	5.68	77.7	5.728	78.3
B_1	0.768	0.622	80.9	0	0	0.768	100	0.44	57.3	0.384	50
B_2	0.552	0.447	80.9	0	0	0.552	100	0.317	57.4	0.276	50
总计	20.068	16.241		16.241		16.241		16.241		16.241	

表 6-3　P=50%时不同破产博弈模型下玛河流域用水主体水资源分配量

单位：亿立方米

类别	需水量	PROP		CEL		CEA		APROP		TAL	
		$X(i)$	$P_i(\%)$	$X(i)$	$P_i(\%)$	$X(i)$	$P_i(\%)$	$X(i)$	$P_i(\%)$	$X(i)$	$P_i(\%)$
A_1	11.436	10.343	90.4	10.957	95.8	9.519	83.2	10.723	93.8	10.808	94.5
A_2	7.312	6.614	90.4	6.832	93.4	7.312	100	6.599	90.2	6.683	91.4
B_1	0.768	0.695	90.4	0.289	37.6	0.768	100	0.482	62.8	0.384	50
B_2	0.552	0.499	90.4	0.073	13.2	0.552	100	0.347	62.8	0.276	50
总计	20.068	18.151		18.151		18.151		18.151		18.151	

在 CEL 模型中，流域内各用水单位的损失是相等且非负的，并且倾向于最小化该损失差额。供水量较大时，在优先满足兵团农业用水单位和自治区农业用水单位的同时尚能顾及需水量较小的两个工业用水单位，一旦供水量紧缺，基于排除规则两个工业用水单位的用水需求便被完全忽略，水资源全部分配给需求量更大的兵团农业单位和自治区农业用水单位，以减小其损失差额。CEL 模型对于需求量小于平均水资源缺口量的用水户来说，其需求

量被视作剩余量，在分配过程中被剔除，因此该模型适合需水量较大的用水单位。这样的分配方案不符合社会发展规律，工业部门分水额为零必然会引起其不满，甚至会引发社会稳定问题。

CEA模型倾向于缩减较小需水量用水户的用水缺口，即从用水单位视角，分配的水资源拥有最大边际效用。在玛河流域，该模型可以理解为优先满足水资源需求量较小的用水单位，兵团和自治区的工业用水单位因需水量较小，水资源的单位边际效用相对较高而优先得到满足。在流域的工业用水得到全部满足后，剩余的水资源将用以满足需水量为第三的自治区农业用水单位，自治区农业用水也得到较好满足，需水量最大的兵团农业单位获得相比其他分配模型最少的资源量，因此当用水户具有较小需水量时运用CEA模型将拥有对其索取量有较高的满意度，而需水量较高的用水单位只能在最后才能获得剩余的水资源量。

PROP模型是介于CEA和CEL之间的折中分配规则，同时也是在现实生活中应用比例最高的模型之一。该模型按需求比例分配资源，保证所有用水户都获得分配，且分配量与各自需求量的比值相等，此模型保证所有用水单位获得符合其需求量的配比资源，且比值相等，在资源配置中体现相对公平，同时可以看出拥有较大水资源需求量的用水单位将获得最多的水资源。因此PROP模型适用于水资源需求量较大的用水单位。

APROP模型是对PROP模型进行改进之后得到的模型。首先将水资源需求缺口量平均分配给各用水户，再将剩余水资源按PROP模型分配给各用水户，该模型对需求量较大的用水户较为适用，但当其他的用水单位的需水量有所增加时，模型转而倾向于满足具有较小需求的用水单位。在玛河流域兵团农业用水单位、自治区农业用水单位、兵团工业用水单位、自治区工业用水单位的水资源分配量依次减少，需求量最大的兵团农业用水单位依旧拥有最大水资源分配量。

TAL模型在保护弱者利益的同时保持相对公平公正的博弈规则，当资源小于所有用水单位需水量的1/2时，该模型保证需水量最小的用水单位获得相对“温饱”的资源，与其他模型相比能够更好地保护小户的基本利益，减少矛盾冲突发生概率，当资源大于所有用水单位需水量的1/2时，模型中所有用水户处于相同的竞争地位，拥有更大需水量的用水户便具有更大的竞争力去谋取更多利益，保证博弈中相对理性的竞争规则。从表6-2中可以看到，兵团工业用水单位和自治区工业用水单位分别获得其需水量的50%，兵团农业用水单位获得86.2%，自治区农业用水单位分配到78.3%，需水量较少的工业部门所分配的用水量只能满足其基本需求，而需水量较大的农业用水部门获得了更多的水资源，同时需水量较大的兵团农业单位比自治区农业单位获得了更多的水资源量。同时，对比表6－2和表6－3，当水资源可分配量增加时，需求量大的用水单位获得更多的水资源，而需求量较少的工业用水部门分配水量不变。

流域内各用水单位对五种破产博弈配置模型的偏好是不同的，例如兵团农业用水单位倾向于CEL模型，兵团工业部门倾向于CEA模型，自治区农业部门倾向于CEA模型，自治区工业用水部门倾向于CEA模型。可以发现一个规律，当用水单位的需水量较少时，CEA模型能够分配给其最多的水资源，而随着用水单位需水量的增加，会选择其他的分配模型。五种模型在不同的情形下都具有可用性。

6.3.3 加权破产博弈模型水权配置方案对比及分析

传统破产博弈模型在配置水资源时没有考虑各用水单位不对称性和水资源脆弱性，资源配置结果对流域内用水单位不尽公平合理，机制设计缺乏激励，影响博弈各方积极性。当需水量逐渐增加，面临水资源破产情形时，流域内用水单位进行协议合作的可能性将更加渺茫。应用加权破产博弈模型，首先要确定各用水单位的权重。由于在水资源配置模型中将生活用水和生态用水提前扣除，用水单位只包含流域内兵团和自治区的农业、工业用水单位，因此在流域尺度内的气候变化、水资源禀赋、人均生活用水、植被覆盖率等与流域水自然资源，以及生活生态用水有关的影响因素均被剔除在权重确定的影响因子之外。

将玛河流域数据代入式（6.11）~式（6.13），分别得到兵团农业用水单位、自治区农业用水单位、兵团工业用水单位和自治区工业用水单位的自适应度 V_{A1}、V_{A2}、V_{B1}、V_{B2}，计算分别得到1.202、1.338、0.872、0.687，兵团农业用水单位、自治区农业用水单位、兵团工业用水单位和自治区工业用水单位的权重值赋予分别为0.213、0.168、0.293、0.326。

（1）非加权破产博弈模型与加权破产模型分配方案对比。

由于兵团工业用水单位和自治区工业用水单位无法满足加权破产博弈第二步公式条件，采用第一步所得结果作为最终结果。加权破产博弈模型在资源配置中的原则与非加权的破产博弈模型相似，但所得结果不同，揭示了权重赋予在最终配置中所起作用。表6-4和表6-5分别列出在P=75%和P=50%时玛河流域不同用水单位在不同破产博弈分配模型中的水资源分配量。图6-4~图6-8更直观地在各破产博弈模型在加权和非加权情形下，将各用水单位分配水资源进行对比。P=50%时的水资源量分配与P=75%时基本相同，为避免重复没有列出。

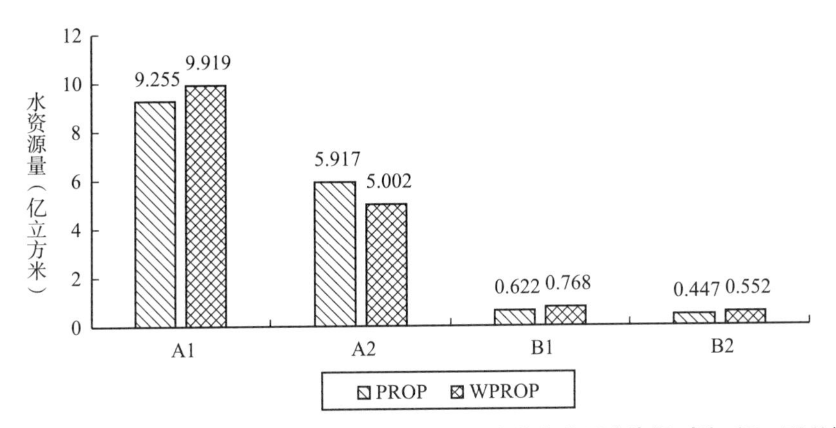

图6-4　PROP破产模型在加权与非加权下各用水单位分配水资源对比（P=75%）

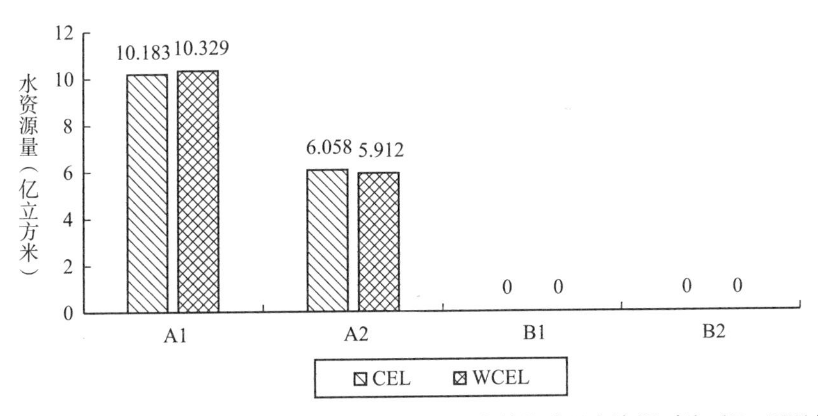

图6-5　CEL破产模型在加权与非加权下各用水单位分配水资源对比（P=75%）

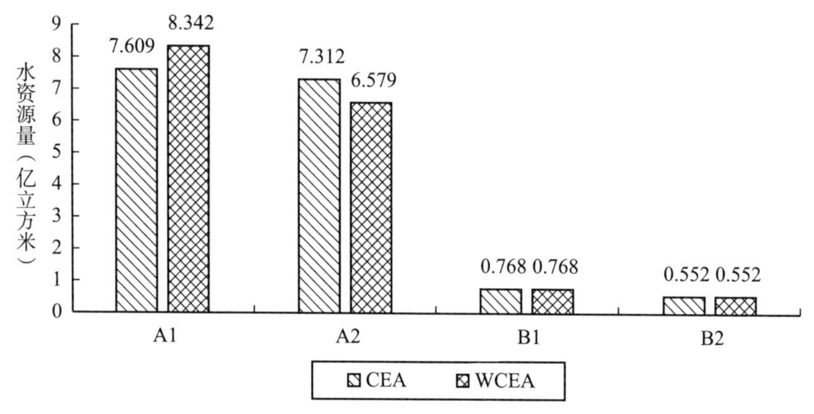

图 6-6 **CEA** 破产模型在加权与非加权下各用水单位分配水资源对比（**P=75%**）

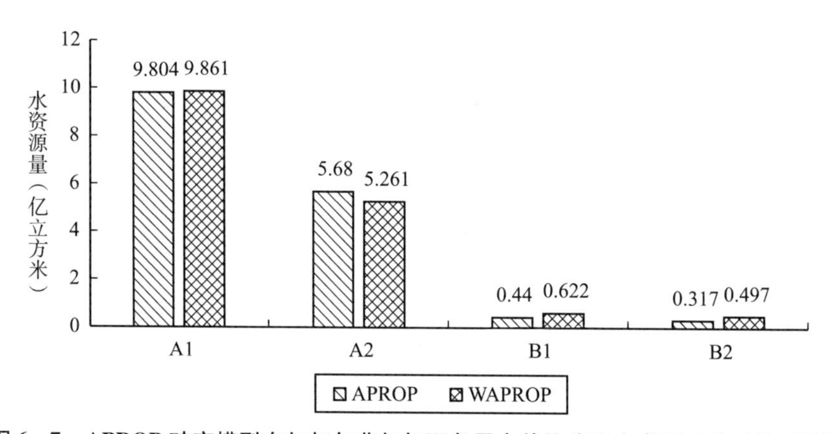

图 6-7 **APROP** 破产模型在加权与非加权下各用水单位分配水资源对比（**P=75%**）

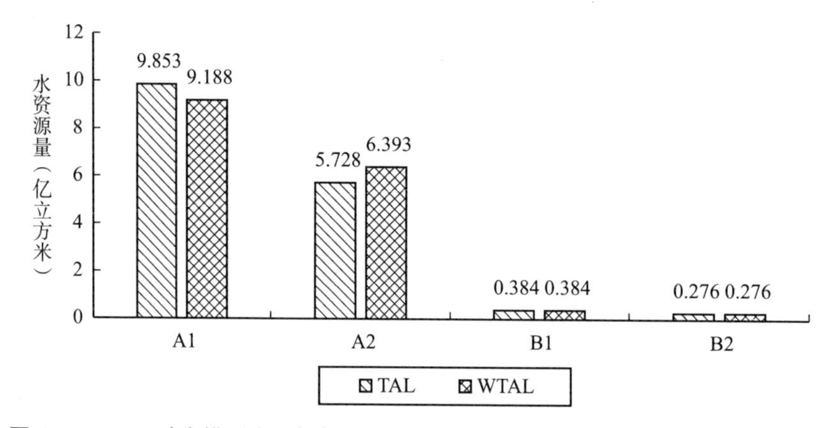

图 6-8 **TAL** 破产模型在加权与非加权下各用水单位分配水资源对比（**P=75%**）

表6-4 P=75%时不同加权破产博弈模型下玛河流域用水主体水资源分配量 单位：亿立方米

类别	需水量	WPROP		WCEL		WCEA		WAPROP		WTAL	
		$X(i)$	$P_i(\%)$	$X(i)$	$P_i(\%)$	$X(i)$	$P_i(\%)$	$X(i)$	$P_i(\%)$	$X(i)$	$P_i(\%)$
A_1	11.436	9.919	86.7	10.329	90.3	8.342	72.9	9.861	86.2	9.188	80.3
A_2	7.312	5.002	68.4	5.912	80.9	6.579	90	5.261	72.0	6.393	87.4
B_1	0.768	0.768	100	0	0	0.768	100	0.622	81	0.384	50.0
B_2	0.552	0.552	100	0	0	0.552	100	0.497	90	0.276	50.0
总计	20.068	16.241		16.241		16.241		16.241		16.241	

表6-5 P=50%时不同加权破产博弈模型下玛河流域用水主体水资源分配量 单位：亿立方米

类别	需水量	WPROP		WCEL		WCEA		WAPROP		WTAL	
		$X(i)$	$P_i(\%)$	$X(i)$	$P_i(\%)$	$X(i)$	$P_i(\%)$	$X(i)$	$P_i(\%)$	$X(i)$	$P_i(\%)$
A_1	11.436	11.189	97.8	10.911	95.4	9.519	82.3	10.683	93.4	10.256	89.6
A_2	7.312	5.642	77.2	6.645	90.9	7.312	100	6.313	86.3	7.235	98.9
B_1	0.768	0.768	100	0.386	50.3	0.768	100	0.642	83.6	0.384	50.0
B_2	0.552	0.552	100	0.209	37.9	0.552	100	0.513	92.9	0.276	50.0
总计	20.068	18.151		18.151		18.151		18.151		18.151	

由图6-4可知，WPROP模型以需求为基础，采取“中性”价值取向，对PROP模型的水资源配置做出调整，需水量低且自适应度高的用水单位优先获得全部满足，只有自治区农业用水单位分配量减少，加权模型不再严格按以需求量“多劳多得”。

图6-5表明WCEL的配置规则是给用水单位提供基于需求量的基本权利或必需品，以需水量大的用水单位为重点优先满足，对比CEL需水量相对较小的兵团、自治区工业用水单位甚至没有分配水资源，兵团、自治区农业用水单位由于权重加入有所微调。

图6-6表明，相比CEA模型，WCEA将用水单位需求量当作配置上限，在分配过程中满足兵团、自治区工业用水单位之后，兵团农业用水单位

的分配量有所增加，自治区农业用水单位有所减少。

图6－7表明WAPROP与APROP分配过程类似，首先根据其他用水单位需求缺口分配基础配水量，然后根据WPROP规则分配剩余水资源，加权模型下兵团农业用水单位、兵团工业用水单位和自治区工业用水单位的分配量因权重值的加入有所增加，自治区农业单位所有减少。

图6－8表明在WTAL规则下，兵团、自治区工业用水单位分配值没有变化，而兵团、自治区的农业用水单位分配值有所微调。

综上分析，由于流域内用水单位的用水条件、用水方式、取水途径、水资源利用效率等具有不同差异，各用水单位拥有不同的水资源缺乏量，被公开的风险以及缺乏水资源适应性空间，加权破产博弈分配机制能够有效地、稳定地分配初始水权。合作联盟中用水单位的边际价值随其需水量的变化而成正比变化，从而加权破产博弈模型能够随着用水单位的用水需求变化和水资源的战略价值的变化而调节用水单位的权重比，这种灵活的配置机制在一定程度上有助于减少流域内用水单位的不对称性。加权破产博弈模型以用水单位应对缺水条件的自适应度为基础分配权重值，自适应性低的用水单位能够通过权重配比得到更大比例的水资源，确保在水配置过程中的公平性，有助于避免用水需求量的增加和径流的减少导致的在一定时间内流域合作联盟的破裂。

（2）不同用水单位视角分配方案对比。

从玛河流域不同用水单位的视角来看，通过十种模型的对比可以找出最适合各用水单位的模型。

针对兵团农业用水单位，如图6－9所示，CEL模型在加权前后对比其他配置模型都赋予兵团农业单位最多的水资源，且WCEL比CEL分配水量更多，CEA和WCEA模型相对其他模型分配水量较少，因此最适合兵团农业用水单位的模型是加权等损失约束（WCEL）模型。这里也可以推广至更大的范围，即在用水需求量最大的用水单位最适合加权等损失约束模型。

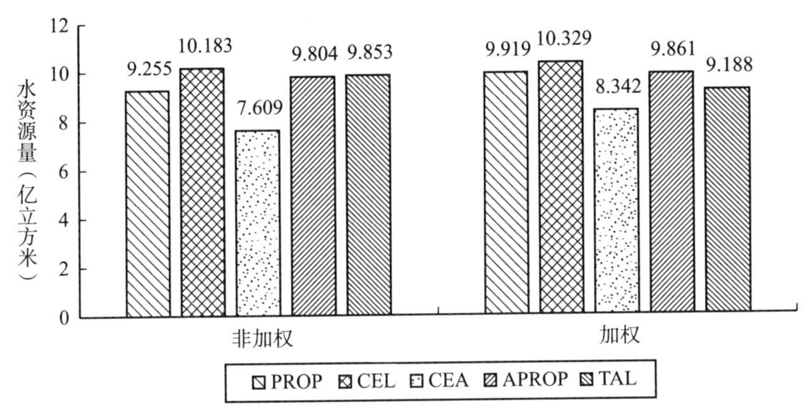

图 6 - 9　兵团农业用水单位在不同破产博弈模型分配水资源对比（P = 75%）

针对自治区农业用水单位（见图 6 - 10），由于该用水单位拥有较高的自适应能力，因此五种加权模型的分配量基本低于非加权模型，CEA 和 WCEA 模型都分配给其最多的水资源，其余模型的分配水量基本持平，因此自治区农业用水单位应当选择等分配约束（CEA）模型。

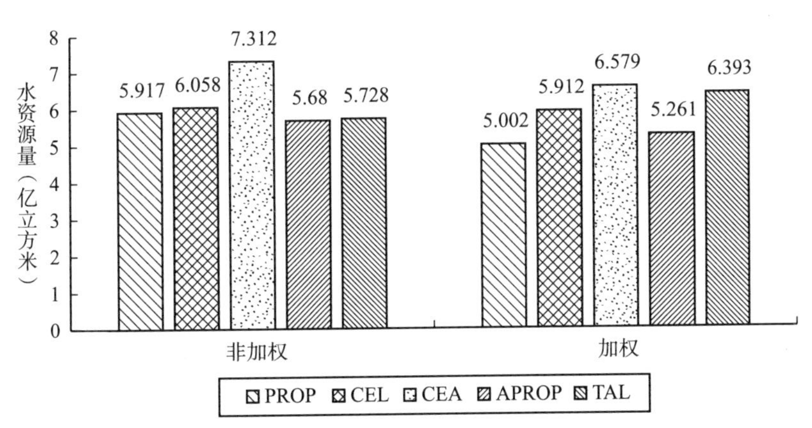

图 6 - 10　自治区农业用水单位在不同破产博弈模型分配水资源对比（P = 75%）

针对兵团工业用水单位和自治区工业用水单位（见图 6 - 11 和图 6 - 12），由于两个用水单位具有较高权重值，在 CEA 的两类模型中都获得 100% 满足，因此两个用水单位都会选择等分配约束（CEA）模型。值得一提的是，

CEL 模型在两类模型中的配置量都为 0，PROP 和 APROP 模型在加权后 B_1、B_2 都有较大幅度的增加。

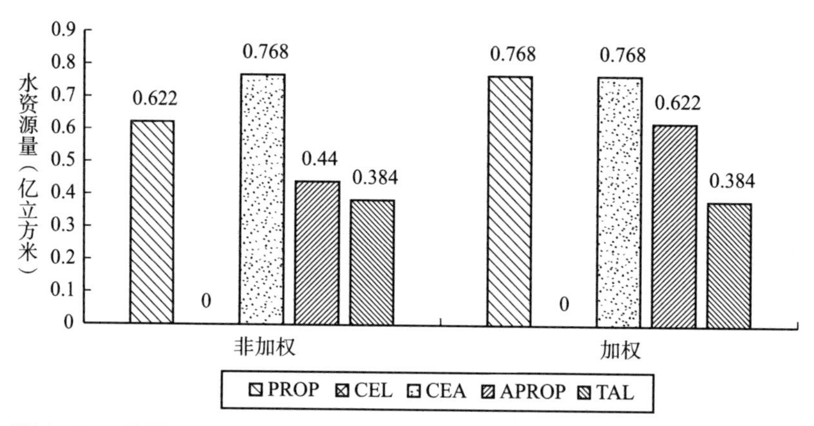

图 6-11　兵团工业用水单位在不同破产博弈模型分配水资源对比（P=75%）

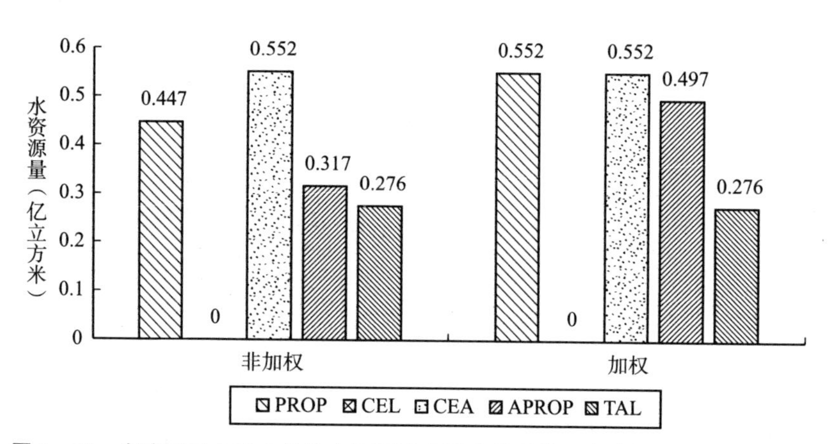

图 6-12　自治区工业用水单位在不同破产博弈模型分配水资源对比（P=75%）

综上分析，具有不同用水需求和自适应度的用水单位在行为策略选择时对十种破产博弈模型的偏好各不相同，基于个体理性而言，用水单位会选择使其获得最多资源的配置模式，以此获得最大收益，因此无法辨明不同的配置模型哪个更优。针对个体而言，不同的用水单位会因其自身的收益而选择收益最大化的模型，但针对流域而言，可以选择使整个流域获得收益最大化的模型。后文将对不同配置模型的配置效率进行探讨。

6.4 初始水权分配方案评价

6.4.1 卡尔多—希克斯评价标准

根据第3章关于水权制度标准评价的分析，公平性和效率性是水资源配置过程中最为重要的两项基本原则，公平性采用对不同用水主体的权重配比进行调整予以保证，而效率性拟采用卡尔多—希克斯效率作为衡量标准。针对不同用水单位由于其个体理性所采取的不同选择方案，单独从任一用水单位的角度去选择配水方案都不尽合理。本书选择从流域整体出发，选择全流域用水单位所能获得的最高效益为标准进行选择。卡尔多—希克斯标准由卡尔多在1939年发表的《经济学福利命题与个人之间的效用比较》中提出，后由希克斯完善，该标准认为若一项经济政策在实施后从长期来看能够提高全社会的生产效率，使社会总福利得到提升，那么该政策就是有效率的，也就是为了提升全社会的总收益，在短时间内会减少部分人的福利；与之对应的帕累托最优标准要求在不损害任何一个主体的情况下，其他主体的福利得到提高。然而在水资源相对紧缺的干旱区和半干旱区，水资源的初始配置阶段无法实现保证在部分人水资源收益不变的情形下提升其他人的收益，因此在现实水资源配置中采用卡尔多—希克斯标准，此标准比帕累托最优条件更为宽松，更易实现全社会福利改进。

6.4.2 初始水权分配方案评价与分析

玛河流域在不同破产博弈模型配置下由水资源分配获得的社会总福利如图6-13、图6-14所示。CEA和WCEA模型在不同来水频率下都具有最大社会总福利，且WCEA模型比CEA模型的社会总福利更高。

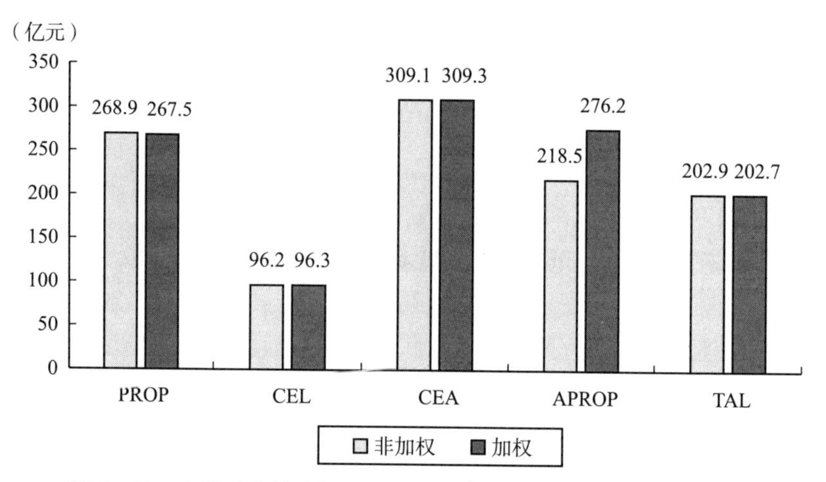

图6-13 应用破产博弈模型玛河流域社会福利对比图（P=75%）

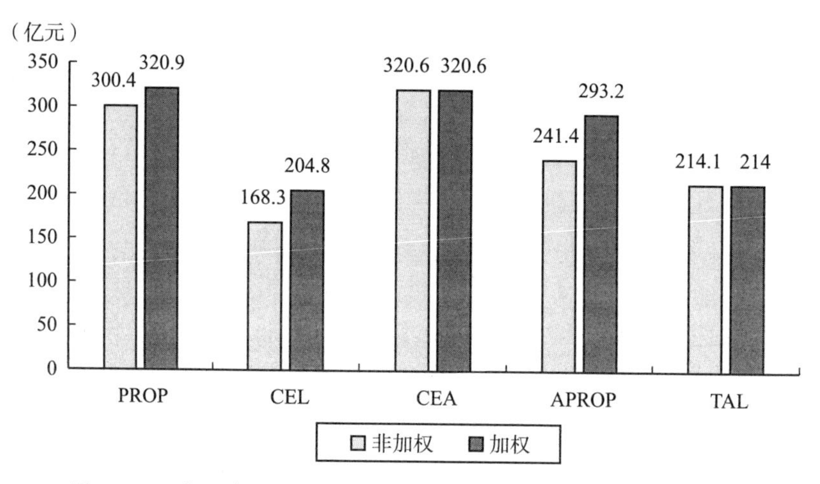

图6-14 应用破产博弈模型玛河流域社会福利对比图（P=50%）

当P=75%时，WPROP的社会福利是WCEA的86.5%，当P=50%时，WPROP模型几乎拥有与WCEA模型同样多的社会福利，这意味着随着水资源供应的增加，应用WPROP模型可以显著地提高全社会福利。并且当P=75%和P=50%时，WAPROP的社会总福利比APROP分别提高了26.4%、21.5%，WAPROP规则通过对APROP分配规则的改变能够有效地在既定条件下提高社会福利。

在P=50%时，WPROP、CEA、WCEA模型相对于其他配置模型具有更高的社会总福利，WPROP拥有最高社会总福利；PROP和CEA模型比现行分配方案的社会总福利更高；WAPROP的社会总福利比APROP提高了21.5%，是所有分配方案中通过加权配比提升效益最大的方案，WAPROP通过优化APROP的分配规则有效提高了社会福利。

当来水频率逐渐增加时，加权破产博弈模型的社会总福利相对于传统经典破产博弈模型的增加量也成正比。

综上所述，WPROP分配方案比流域现行分配方案社会总福利提高71.3亿元，提升了28.6%，玛河流域在WPROP破产博弈模型配置下能够达到最高社会福利。当水资源供给产生变化时，APROP模型和WPROP模型社会福利变化速率最快。

6.5 初始水权分配保障机制

6.5.1 政府调控机制

在水权分配管理中的政府调控机制是为了保证水资源的分配公平，确保水资源分配效率优化的同时保证生态环境用水不被占用。生态环境用水和人民生活环境用水的使用必须由政府部门来保证实施。水权分配无论在行政配置还是市场配置，都离不开政府在水权配置中的宏观调控作用。政府的宏观调控能够使水权分配达到相对公平合理的配置。在玛河流域水权分配中，要充分考虑兵地、地地、军地之间的用水需求，以及流域内不同地区的人们生存发展所必需的用水权，同时还要考虑生态环境用水和生态圈内的生物自然物种用水，只有依靠政府的行政手段才能实现在用水分配问题上的高度协调统一，完善组织、法律、水利工程等配套措施，实现水权的科学公平合理分配。同时，水权的分配实际上也是利益的分配，在玛河流域复杂的兵地关系中，只有成立统一的玛河流域管理处，对流域内各个用水单位进行统一管理，才能实现流域内的相对公平。

政府的宏观调控机制体现在以下几个方面：第一，在组织领导和政策制定方面，政府在水权分配中处于主导地位，是水权分配中的水权给予方，将水权的所有权和使用权相分离，将水资源使用权分配给各个用水单位和用水户，通过政府的宏观调控，能够使公民基本生活用水和用水安全能够得到保证，起到“托底”作用；第二，在协调流域各方用水利益冲突和分配方案方面，根据流域水资源的承载力和水环境的承载力，政府部门需要编制出台相关研究报告和可行性研究报告，组织专家学者进行充分论证讨论，并组织各利益有关部门进行协商，提出合理措施和水权分配方案。政府宏观调控机制见图 6－15。

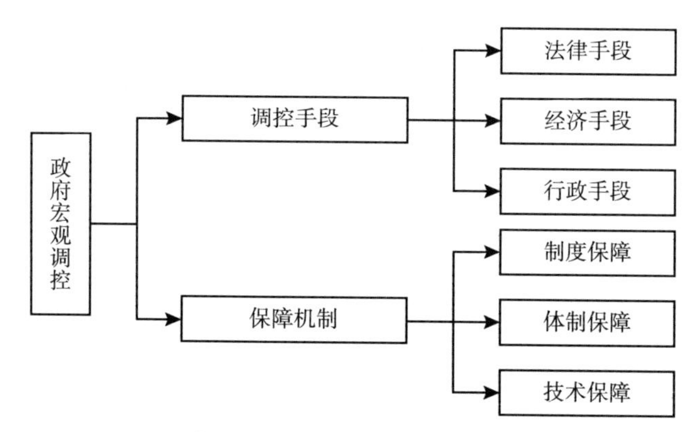

图 6－15　政府宏观调控机制

应当建立玛河流域“政府＋市场”准市场资源管理模式，健全流域统一管理体制。由八师石河子市、沙湾县、玛纳斯县政府主导牵头组织，以产权制度改革为突破口，建立公平公正可持续的初始水权分配机制，处理好区域之间、用水主体之间的利益关系，保证全流域水资源的合理分配。打破八师、玛纳斯县、沙湾县行政制度藩篱，以水利厅玛河流域管理处为基础建立统一权威高效的流域管理体制，充分发挥政府主导作用，统一规划、统一协调、统一配置、统一调度、统一管理流域水资源，实现水务管理一体化，建立区域水资源配置的宏观指标体系和微观定额体系，对水权分配的总量、定额、范围、优先权和期限进行详细制定。

6.5.2 监督机制

监督机制是政府在水权分配过程中必要的管理手段。水是每个人的必需品，用水权是人类的基本人权，水权分配与人民的生活息息相关，因此对水权分配各个层面的监督不可缺少，如果缺少监督则会导致滥用职权、徇私舞弊、权钱交易和权力寻租等腐败问题。

水权分配的监督机制包括内部监督和外部监督。内部监督是政府对水权分配主体的监督，包括水权从流域向区域分配的监督、区域内部分配监督和区域政府向用水户分配水权的监督，这里主要是政府内部上下级间的相互监督。内部监督是各级水行政主管部门不可推卸的责任，相对于外部监督，政府层级监督机制对规范和管理水权分配中的违约行为更加直接有效。而外部监督是指社会成员对水权分配全过程的监督，外部监督包括社会对政府的监督，也包括社会对水权分配过程中的主体间的监督，以及水权分配过程中所有事项的监督。外部监督可以较好地防止政府人员滥用职权，减少水权分配中的不公现象。

政府水主管部门要找准定位，切实行使好“裁判员”和“调解员”角色。第一，在玛河流域水权初始分配阶段，政府水主管部门要对获得水权主体的资格、类别、合约签订等方面进行监督管理，防止出现垄断、“水霸”等不公平现象，维持水权市场秩序。第二，组织农民用水协会行使行业协会监管、组织新闻媒体行使社会公众监管，“政府 + 协会 + 公众”三管齐下，各部门相互协调，相互制约保障各方权益，共同提高水权监管效率。

6.5.3 民主协商机制

民主协商机制是协调流域内不同用水主体间利益不均的有效管理方法。在流域水权分配过程中，由于水资源的有限性和流动性，上下游、左右岸、各行业的水权分配只能是“零和博弈”，水权分配的过程其实就是利益分配的过程，玛河流域复杂的用水户关系必然导致各方对水权的争夺，而一方多收益必然导致一方受损，此时需要能在多个用水户间调节的民主协商机制减少冲突。

民主协商的原则是依法办事、平等参与、公平合理、民主集中和公正公开原则。民主协商的主体包括流域内各级水行政主管部门，涉及水权分配的用水户、用水单位和法人机构。民主协商的内容包括水权分配的主体、对象、范围、依据、原则和程序，初始水权的用水类型和期限，水权分配监督管理措施，流域各方用水量，用水定额，初始水权的设定、变更、转让、终止、权利、义务等。

在玛河流域初始水权分配阶段，流域水主管部门应当广泛听取各方利益相关者的意见，兼顾地区间、产业间各方主体的利益诉求，以兵团、自治区县市级单位的水主管部门、社区（组织）联盟、农民用水户代表、工业企业代表为协商主体，在流域内建立成本较低的民主协商组织。民主协商机制是政府与合作联盟组织、用水协会、用水主体的博弈谈判机制，协商主体通过广泛参与，民主投票，使自身诉求有途径得到表达，只有相关利益群体广泛参与，充分考虑到流域内各产业、各行业的用水主体的利益，水权制度才能得到顺利的贯彻执行。

6.6 本章小结

初始水权制度是水权制度体系中的重点内容，也是水权转让制度、水市场构建、水价制度形成的基础，只有产权明晰的水资源产权才能够进行市场配置，因此要着重构建初始水权分配制度，保证流域各用水主体能够获得公平的初始水权分配。本章首先对初始水权分配的层次进行划分，分为区域水权分配和用水户水权分配，区域水权分配是由政府主导的区域水资源管理和监督权力的下放，用水户水权分配是在区域政府主导下用水户的水权配置，本书对两个层次的水权分配流程进行了分析；其次，应用破产博弈理论对玛河流域的初始水权进行分配，传统破产博弈模型没有考虑到不同用水单位对水资源供需缺口的适应弹性，创新性地加入自适应度（水资源对用水单位收益敏感度的反比）作为加权破产博弈模型的权重计算指标，保证流域各用水单位在初始水权分配中的公平性，对十种破产博弈分配方案进行对比分析，从全社会和不同用水单位的视角综合对比，应用“卡尔多—希克斯”评价标准得出玛河流域最优初始水权分配方案；最后，提出初始水权分配保障机制，包括政府调控机制、监督机制和民主协商机制。

第7章 流域水权转让机制构建

水权转让是水权供求双方为追求经济利益，满足自身意愿的一种自主选择行为，是在初始水权分配后对水资源的再次优化配置。水权转让对水资源的优化配置不同于水权初始配置的政府主导行为，水权转让以市场配置作为水资源优化配置的主要手段，用市场中“无形的手”对水资源进行利益最大化的配置。水权转让的制度建设基于市场机制实现水资源的高效利用，保障水资源对经济社会的基础性和保障性作用。本章首先明确水权转让过程中的主体和客体，并研究水权转让的程序，明确在水权转让过程中的步骤；其次对三种传统水权转让模式进行分析，创新性提出新型水权转让模式——合作博弈联盟，运用合作博弈方法对水权转让的深层动力机制进行分析，应用第6章的玛河流域初始水权分配方案进行水权转让的方案设计，得出最适合玛河流域的水权转让方案；最后提出水权转让的保障机制。

7.1 水权转让架构和主客体界定

7.1.1 水权转让层次结构

水权交易可建立两级水权交易市场构架，根据图6－1中的水权分配的层次，可延续其水权架构，建立两级水权交易市场，见图7－1。

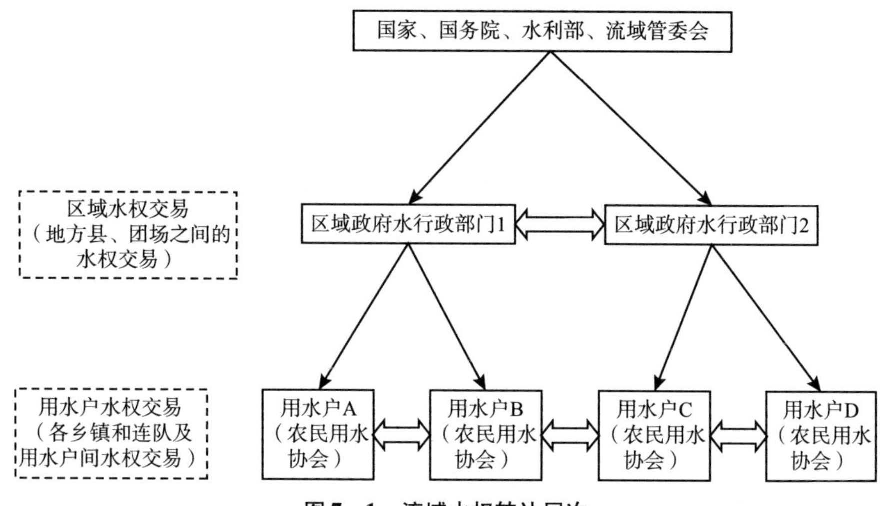

图 7 – 1　流域水权转让层次

如图 7 – 1 所示，水权转让市场是由水权分配架构衍生而来，具体分为两个层次。第一层次是在区域层面的水权转让，具体在玛河流域即玛纳斯县、沙湾县、兵团团场之间的水权交易，区域的水权交易是以县团级为交易级别进行的水权交易，这层的水权交易是寡头市场，由县（团）级政府出面能够使水权交易更加容易地进行，这种交易模式是政府与政府之间的交易，交易的内容是由自治区水主管部门分配的水权，这种交易模式与 2000 年浙江东阳—义乌全国首例水权交易相似。第二层是在用水户层面的水权转让，这一层级包含各乡镇和连队（农民用水协会）之间，以及用水户之间的水权转让，这一阶段是垄断竞争市场，是用水主体在取得水资源使用权后进行的水权交易。

两个层次的水权交易是有前后顺序的，第一层的水权交易在第二层水权交易之前，且第一层的水权交易是在水资源的使用权并未分配给真正的用水户之前的水权交易，是政府与政府之间的水权交易，其交易的标的是国家水利部门赋予县（团）级单位的水资源所有权，其中包含水资源的使用权（此时并没有进行权利分割）。两个层次的水权交易不仅转让主体不同，并且转让的客体也不相同，可以说是两种不同类型的水权交易。

7.1.2　水权转让主体

水权转让主体是指在水权转让活动中的行为主体，对水权转让的主体进行清晰界定，是明确主体权利和义务、保证水权转让活动顺利高效进行的基础前提之一。水权转让主体包括水权出让的主体和受让的主体。在水权交易的第一层次中，水权的转让主体通常以组织的形式出现，例如集体组织或政府；在水权交易的第二层次中，水权转让主体是依法取得取水许可证的持证人。

水权转让主体的不同界定导致了水权主体的多元性。从买卖关系上看，水权转让主体是依法取得水资源使用权并依法出让其部分或全部水资源使用权的个体或组织，政府及水管理部门一般不能成为水权转让主体，只有在维护生态和环境利益需要向社会回购水权时，才会成为受让主体；从法律形式角度，水权转让主体可以是具有民事行为能力的自然人，也可以是具备合法资质的法人①。无论水权转让主体的形式如何，水权转让主体的本质都是拥有水权供求意愿并具有转让能力的合法个体或组织。理论上任何持有合法水权的水权主体均可成为水权转让的主体，包括各级政府、企事业单位、社会团体和个人等。

7.1.3　水权转让客体

水权转让客体是水权转让主体所转让的对象，通常水权客体是以水资源为载体的水资源使用权。水资源转让客体必须依赖有形的实体——水资源。水权转让的客体是水资源使用权和水资源的有机统一体，水资源只有和与之匹配的水权相统一时，水权转让的过程才能有序进行。随着水权转让工作的逐步开展，相对单一的水权客体界定应当在广度和深度上进行拓展，要明确主体除了水资源使用权外的一系列相关权利及其相互之间的关系。

---

① 王立宏．水资源使用权探析［D］．中国政法大学，2006：68－69.

7.2 水权转让流程

水权转让的程序一般包括申请、审批、公告、登记、监管等环节，见图7－2。

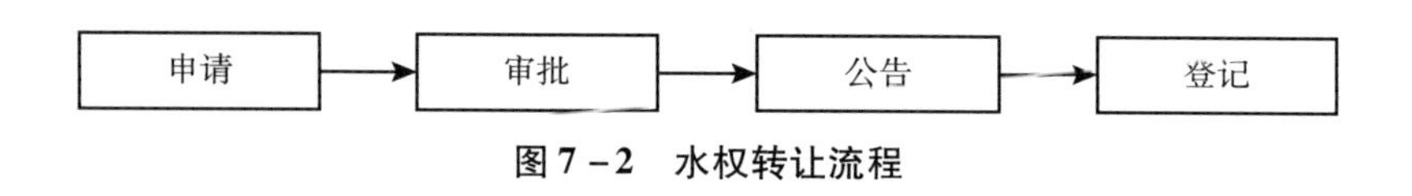

图7－2 水权转让流程

7.2.1 水权转让申请

水权转让申请由水权转让主体向水权管理机构提出，提交水权转让申请的材料包括水权转让所在地政府的意见、证明转让合法的证件、水权转让主体间的意向性协议等材料。

7.2.2 水权转让审批

水权转让审批是水行政主管部门对水权转让的各环节进行审查，保证水权转让主体的行为符合有关规定，确保水权转让的公平性和合理性，保证水权主体在水权转让过程中行为的合法性，在追求经济利益的最大化的同时，规范水权转让行为。

水权转让审批程序与水资源管理权限密切相关，在审批权集中管理的模式下，国家的水行政主管机关及其下属流域机构应当受理水权转让申请者的请求，统一对各级水权转让进行审批；在审批权较为分散的管理模式下，水权转让的审批权被下放至各级地方政府及其相关管理部门，水权转让申请者向所在的管辖部门提出申请，后者依据审批权限对水权申请者的申请进行审查、批复。

7.2.3 水权转让公告

水权转让公告是水权转让信息公开的主要方式之一，是规范水权转让行为的主要手段，其目的是为增强水权转让的公开性、透明性，为水权转让监管提供重要的信息支持。水权转让管理机构在对水权转让申请及相关材料进行审查时，将水权转让的总体情况以公告等形式向公众公布，要求水权转让的利益相关者在公告有效期内了解水权转让的影响。水权转让主体需要将自身状况、水量、水质、用途、期限、环境及第三方影响等相关信息进行公告。

7.2.4 水权转让登记

水权转让登记由水权管理机构及其指定单位对批准或变更的水权转让予以登记，记录水权转让主体、客体、转让价格、期限、用途等相关事宜。水权转让要在取水许可总量约束下进行，水权转让登记能够避免水权转让主体在超过许可范围时进行的无效转让[①]。

7.3 水权转让模式分析

水权转让制度建设的目的是强化水权配置效率，提高水权管理水平，运用市场经济的“无形之手”使水资源配置效率最大化，让水资源自发“逐利”，使有限的水资源最大化全社会福利。在水权转让的过程中，如果只单独追求水权使用效率的最大化，个人用水户只通过水权转让流转出其多余的水资源进行转让，由于各种限制无法达到水资源的最高效利用。博弈论中的合作博弈为水权转让过程提出了一种全新的思路，应用合作博弈理论中Crisp法将加入联盟的用水户的水资源进行重新分配，应用Shapley值法对联盟的收益进行重新分配，能够使集体和个体的收益都有所提升，使水资源分

① 李炎霖．我国水权转让法律制度研究［D］．西北农林科技大学，2012：59.

配效率更高，水权转让行为更具效率性。

7.3.1 传统水权转让模式

以2000年东阳—义乌的水权交易实践为开端，拉开了我国水权市场的帷幕，两地探索应用产权理论和市场化配置机制重新分配了水资源，有偿转让使这例水权交易拥有了区别于政府调配强制性分配意味的市场化配置特征，自此全国水权交易实践遍地开花，为我国水权交易制度设计提供了大量的实践经验和启发。自从全国各地的水权交易实践相继展开，我国法律部门也出台了与水权交易相关的法律法规。根据我国法律法规对水权转让的规定，并结合我国水权转让现有实践的特征，可大致将水权转让的方式按以下几种分类：跨流域水权转让、同流域不同产业间水权转让、同流域同产业水权转让，见图7－3。

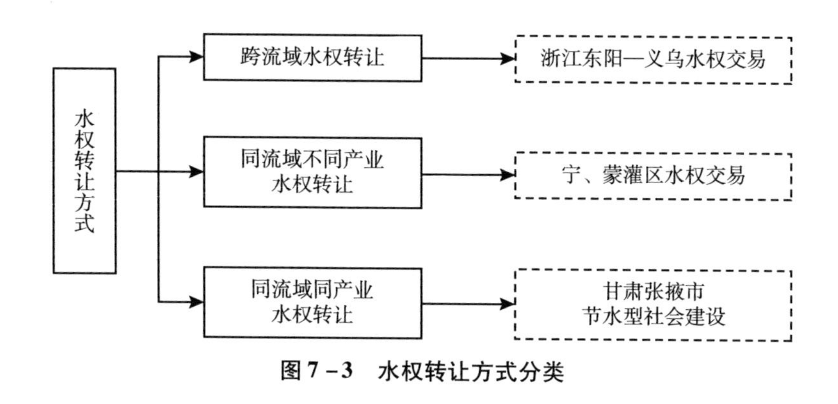

图7－3　水权转让方式分类

（1）跨流域水权转让。

跨流域水权转让一般发生在水权交易的第一层次，以省、市、县（乡）级政府为交易主体，通过上级政府的协调与沟通，两地政府签立协议，确定水权转让的水资源量、转让方式、相关成本负担、水利设施建设等方面事宜，形成跨流域的水权转让。这类水权转让是在水资源的所有权和使用权尚未分离的情形下进行的政府之间水权的权利转让，与传统意义上的水资源使用权的转让不同。跨流域水权转让一个非常重要的特征是政府的强力主导，或者说是政府的强力推动。因此跨流域水权转让模式存在两大问题：一是政府意愿太强，忽视了水权交易的操作程序的严格性；二是地区间水权交易主体的短期行为，由于地区间水权转让的交易主体是政府，而目前水权市场缺乏制度性保障，政府人员任期的有限性和水权交易的长期性之间会存在较大的冲突。

跨流域水权转让在我国实例有很多，我国首例水权交易东阳—义乌水权交易就属于跨流域水权转让。东阳市的横锦水库每年向义乌市转让5000万立方米的水资源永久使用权，义乌市一次性出资2亿元购买东阳横锦水库的水资源使用权，按当年实际供水量支付0.1元每立方的综合管理费，且承担横锦水库引水工程2.79亿元的投资，东阳义乌水权转让的交易价格是9.58元/立方米[①]。这次水权转让对东阳和义乌两市来说“双赢”之举，义乌市规模急剧扩大，城市人口大量增加，正在形成浙中大城市框架，力争建成现代化商贸名城，而水资源紧缺越来越成为制约义乌城市发展的瓶颈，东阳市实施灌区配套建设项目节水增效显著，通过水权转让为可供水资源找到了市场，使水资源经济价值得到了体现，这对两市社会经济发展都有利。

（2）同流域不同产业间水权转让。

同流域不同产业间水权转让发生在水权交易的第二层次，以同一流域内已获得水资源使用权的农业、工业等用水单位为水权交易主体，在政府的监管下，以市场作为资源配置的决定性手段，以竞争机制和价格机制引导水资源合理配置，流向“效率更高、效益更好、福利更优”的用水单位，在这一阶段，水权转让的客体是水资源使用权，且交易双方属于不同性质的用水单位。由于农业单位水资源利用效率普遍低于工业用水单位，且农业用水单位用水量大，水价偏低，用水户节水热情不高，使农业部门的水资源使用效率低下，存在着瞒报、欺报、水资源浪费现象；反观工业用水单位，在初始水权分配规则已定的情况下，工业用水单位的水权分配量已成为固定数值，随着工业企业的不断发展和扩张，其水资源量的需求量会越来越多，且随着生态环境的不断恶化，符合工业使用要求的水资源越来越稀少（这里的工业用水要求包括水量和水质两方面），工业企业的水资源短缺会迫使其产生

---

① 李晶．我国水权制度建设进展与研判［J］．水利发展研究，2014（1）：32－37.

节水激励和净水要求。由农业单位通过节水、转让等方式结余出来的水资源可以作为可转让的水资源通过一定的方式转让给工业单位，工业单位提供超过农业用水水费的价格来购买水资源，这样双方都可获利，形成“双赢”局面，符合我国立法部门提出的提高水资源利用效率，让市场成为资源配置的决定性手段的要求。

同流域不同产业间水权转让是政府部门最为推崇的水权转让方式，在我国有很多实例，其中典型案例是黄河流域内蒙古、宁夏灌区的水权交易。宁蒙两区煤炭资源丰富，发展火电，将煤炭资源优势转化为经济优势，是宁蒙两区推进经济社会快速发展的主要实现方式，但能源项目大部分都是高耗水的项目①。由于宁蒙两区均超定量指标使用黄河水，增加黄河取水已经不可能，通过农业节水取水，资金短缺却又成为重要制约因素，在此情况下，黄委提出由工业项目投资方建设农业节水工程，把灌溉过程中渗漏蒸发的无效水量节约下来，转移到拟建能源项目的工业用水，也就是“投资节水、转让水权”的新思路。根据水利部财务经济司调研组 2005 中国水利发展报告资料，宁蒙水权转让是在不增加黄河分水指标的前提下，通过高强度的节水投入，实行同流域跨产业的水权转让。2004 年，宁夏水权转让水量 0. 39 亿立方米，占全区现状引黄工业耗水量 0. 994 亿立方米的 40%；内蒙古拟议中的水权转让水量 0. 6 亿立方米，占全区现状引黄工业、生活耗水量 1. 6 亿立方米的 38%。到 2004 年 3 月，两区八个大型工业项目已经签订了水权转让协议，转让资金总额已达 3. 6 亿元。宁蒙两区通过一批项目的水权转让，初步建立了区域水权市场的雏形。

（3）同流域同产业水权转让。

同流域同产业水权转让发生在水权交易的第二层次，以同一流域相同产业的用水单位为交易主体，以用水主体所拥有的水资源使用权为交易客体，在基层水主管部门的监督管理之下，用水协会或用水个体自发形成的水权交易。同产业的水权交易是水权交易几种类型中最为简单，也是目前最为普遍的水权转让方式，主要集中在农业。由于农业用水量需求较大，水利设施较为集中，水权转让所需的固定资产投资在农业灌溉水利工程建造过程中已完成，因此农业用水户之间的转让最具可行性，也最容易实现。农业水权转让

---

① 单以红．水权市场建设与运作研究［D］．河海大学，2007：18－19.

可以农业用水协会和农户作为水权转让的主体，具体可分为农业用水协会之间的水权转让、农业用水协会与农户之间的水权转让、农户之间的水权转让，在实际操作过程中，由于农户个体人员较多且较为分散，不利于水权转让的统一管理，农业用水协会可将农户统一起来，使农户的水权转让行为更具管理规范性。

我国甘肃张掖市临泽县和民乐县水节水型社会建设中的水票交易就是同产业间的水权交易的实例。甘肃省张掖市是我国节水型社会建设试点，该市提出在农业用水单位实行“水票制”，农民持有的水权证的水量作为依据购买水票，用水时先交水票后放水，水票成为控制各用水户的年度用水总量的手段，也是进行水权交易的载体。如果超额用水，需通过市场交易从有水票节余者手中购买，农户节约的水票在同一渠系内可以转让。水权转让的主体是水票持有者和购买者，水权转让的客体一般为年内临时用水的结余水量，转让的价格也有所规定，农业、工业用水价格分别不超过基本水价的3倍和10倍。张掖市的水票交易制度建立大大提高了农户的节水意识，农户会根据水票的交易精打细算，或改变种植结构或增加节水措施或将水票出售，在提高经济收益的同时也推动了社会节水灌溉的意识和产业结构、种植业结构，这种水权转让模式推动了产业结构调整和农业种植结构调整，提高了用水效率。

7.3.2 新型水权转让模式——合作博弈联盟

传统水权转让模式或以政府计划安排为资源配置决定方式，或将市场经济部分引入水权转让的过程，只将水权由农业产业转让至工业产业，将资源由效率应用较低部门简单转移至效率应用较高部门，这种简单的资源流动无法使水资源的配置效率达到最大，因为没有考虑到资源应用的规模效应、交易成本和管理成本。本书拟将博弈论中的合作博弈方法引入水权转让的过程中，成立合作博弈联盟组织，具体模式在第3章中已有具体阐述，此处不再赘述。流域内不同区域不同产业的用水户有更多的配置选择，用水户可以选择“单干”或加入合作联盟，由于存在规模效应，即合作联盟收益的“超可加性”，理性的用水户一定会选择使其有限的资源得到最多收益的模式，合作博弈联盟组织以“看得见的理性之手”对联盟内的资源进行最优化配置，并将收益也进行一定的分配法则进行分配，为用水户提供一种有效提高水资源收益的模式，并能提升全社会的资源收益，是未来水权转让制度构建的努力方向。

（1）合作博弈联盟特征。

在解决各类矛盾冲突的过程中，人们往往倾向于达成协议，通过“合作”，双方各取所需，各获其利，形成“双赢”甚至“多赢”的局面。如果采取剑拔弩张的“非合作博弈”，有时会导致谈判破裂，合作结束，即使达成协议，收益也会减少。博弈主体作为“理性人”，其行为必定为“利己”，而非“利他”或“利团体”，博弈结果未必能让所有人都满意。合作博弈在解决矛盾和冲突方面有着非合作博弈无法替代的重要作用，在合作博弈的框架下达成合作协议也成为解决问题的关键和手段。

本书采用介于两者之间的模糊合作博弈来分配资源与收益，参与者可以有选择性地携带部分资源参与合作联盟，并获得相应的回报。

合作博弈的重点在于如何分配联盟收益，即如何“分蛋糕”，制订合理的分配方案是合作联盟存在的必要条件之一，同时也是联盟形成中最棘手的问题之一。合理的分配方案必须要符合联盟中所有参与者的利益，同时也要保证联盟具有超可加性。制订合理的分配方案对于提高联盟向心力、稳定性，提升个人收益都具有直接影响，只有提高凝聚力，才能将蛋糕做得更大。

合作博弈的解即为蛋糕的分配方案。解的概念分为两类，一类是“占优解”，包括核、稳定集、谈判集和核仁等；另一类是“估值解”，包括 Shapley 值、Banzhaf 值、τ 值等。合作博弈的利益分配机制中最具代表性的是 Shapley（1953）提出的 Shapley 值模型。该模型是根据联盟中的参与者对联盟整体的边际贡献度决定各个参与者的利润分配，边际贡献度越大的参与者分配的利润越多。Shapley 值法通过有效的利益分配机制调动了联盟中各参与者的积极性，使参与者能获得与之贡献率相匹配的收益，在非对抗性的合作中，参与者的收益不会因为新成员的加入而减少。

（2）Crisp 联盟的合作博弈。

合作博弈通过分析联盟中所有局中人的策略选择来共同决定联盟收益的分配。已知联盟中的局中人集合 N 和特征函数 v，可以定义具有特征函数的 Crisp 合作博弈。

定义7.1：具有特征函数形式的 Crisp 合作博弈是一个有序对偶（N，v），它包含局中人集合 N 和从 $2^N \to R^+$（实数）的特征函数 v，即：

$$v: 2^N \to R^+，满足 v(\varnothing) = 0，R^+ = \{r \in R \mid r \geqslant 0\} \tag{7.1}$$

其中，v 表示每一个 *Crisp* 合作联盟对应一个实数，这个实数表示联盟创造出的收益；N 表示由 n 个人组成的有限（非空）集合，$N = \{1, 2, \cdots, n\}$；2^N 表示 N 中一切子联盟的集成，其中任意一个子联盟记为 $S \in 2^N$，用 $|S|$ 表示联盟 S 中成员的个数。

定义7.2：N 人的 Crisp 合作博弈 $v \in G^N$ 的分配集合 $I(v)$ 满足以下条件：

$$I(v) = \{x \in R^n \mid \sum_{i \in N} x_i = v(N), 且 x_i \geqslant v(\{i\}), \forall i \in N\} \tag{7.2}$$

其中，向量 $x = (x_1, x_2, x_3, \cdots, x_n)$ 是联盟的收益分配方案，x_i 表示分配给局中人 i 的收益，$v(N)$ 表示联盟 N 的总收益，$v(\{i\})$ 表示局中人 i 自己"单干"时获得的收益。式（7.2）表示联盟有效性和个体理性。联盟有效性指 n 个局中人的收益之和应该等于这些局中人的合作所创造的财富，因为"蛋糕"的不完全分配可能会引起局中人的不满，从而降低联盟的存在可能性。个体理性指联盟分配给局中人的收益应该大于局中人独立使用资源时的收益，否则局中人就有退出联盟的动机。

定义7.3：Crisp 合作博弈 $v \in G^N$ 是超可加的，其充分必要条件是对局中人所组成的任意两个联盟 S_1 和 S_2，如果 $S_1 \cap S_2 = \Phi$，那么有：

$$v(S_1 + S_2) \geqslant v(S_1) + v(S_2) \tag{7.3}$$

定义7.4：Crisp 合作博弈 $v \in G^N$ 是凸博弈，其充分必要条件是对局中人所组成的任意两个联盟 S 和 T 满足

$$v(S \cup T) + v(S \cap T) \geqslant v(S) + v(T) \tag{7.4}$$

凸博弈的意义在于，如果两个联盟联合起来形成一个包含这两个联盟成员在内的更大一些的联盟，这个更大联盟的总收益加上这两个联盟的交集所获得的收益，不会小于原先这两个单独联盟的收益之和。本书讨论的合作博弈都是超可加博弈和凸博弈。

制订合理的利益分配方案是合作联盟存在的必要条件之一，同时也是联盟中最棘手的问题之一。在合作博弈的利益分配方法中最具代表性的是 Shapley 提出的 Shapley 模型，该方法被认为是一种"稳定分配理论和市场

设计实践”，对主观的“公平”和“合理”等概念予以严格的公理化描述，寻求满足参与主体需要的公理的解。模型根据联盟中的参与者对联盟整体的边际贡献度决定各个参与者的利润分配，边际贡献度越大的参与者分配的利润越多。这样的分配方法易于被合作联盟中的参与者接受和使用，保证联盟在利益分配时的公平性和效率性，从而确保合作联盟存在的必要性和稳定性。在非对抗性的合作中，Shapley 值法能够使参与者的收益不会因为新成员的加入而减少，从而有效调动联盟中参与者的积极性，使参与者能获得与贡献率相匹配的收益。Shapley 值法对于 Crisp 合作博弈的解的表述如下：

$$\varphi_i(v) = \sum_{S:i \notin S} \frac{|S|!(n-1-|S|)}{n!}[v(S \cup \{i\}) - v(S)] \quad (7.5)$$

其中，$\varphi_i(v)$ 表示局中人 i 基于 Shapley 值法分配的收益期望；$|S|$ 表示参与联盟 S 中的人数；n 表示参与博弈的总人数；$v(S)$ 指联盟 S 获得的总收益；$v(S \cup \{i\})$ 表示局中人 i 加入联盟 S 后联盟的总收益。

（3）模糊联盟的合作博弈。

模糊合作博弈是 Crisp 合作博弈更为一般的表达形式，局中人可以携带部分资源加入不同的联盟来参加博弈以获得更多的收益，即每个局中人的参与水平从 Crisp 博弈的 $\{0, 1\}$ 扩大至模糊合作博弈的 $[0, 1]$。

模糊博弈的定义为，存在若干个局中人参与博弈，令 $N = \{1, 2, \cdots, n\}$ 表示局中人非空的集合，模糊联盟是“超立方” $[0, 1] \times [0, 1] \times \cdots \times [0, 1]$（共有 n 个 $[0, 1]$）的向量 $\vec{s}$，记作 $\vec{s} \in [0, 1]^N$。向量 $\vec{s} = (\vec{s_1}, \vec{s_2}, \vec{s_3}, \cdots, \vec{s_n})$ 中第 i 个坐标 $\vec{s_i}$ 就是局中人 $i \in N$ 在模糊联盟 $\vec{s}$ 中的参与水平（参与程度），用 F^N 表示“超立方” $[0, 1]^N$。如果 $\vec{s}$ 中的元素只由 0 和 1 构成，则它是一般合作博弈中的联盟 $S \in 2^N$ 的特征向量。e^N 表示大联盟，$e^{\phi} = (0, 0, \cdots, 0)$ 表示空集，特别地，对于每个 $i \in N$，用 e^i 表示对应于“单人”联盟 $S = \{i\}$ 的特殊模糊联盟。模糊联盟被定义为 n 维向量，对于某些模糊联盟来说，它可能只涉及部分局中人，因为有些局中人的参与率为 0。除去联盟中参与率为 0 的局中人所剩下集合，是真正参与模糊联盟的局中人的集合，称为载体（Carrier）。

定义 7.5：对于任意给定的模糊联盟 $s \in F^N$，它的载体为

$$\mathrm{car}(s) = \{i \in N \mid s_i > 0\} \quad (7.6)$$

载体规模的大小反映了该模糊联盟中愿意参与合作的人数，而在载体中不是百分之百投入合作的局中人数量可以反映联盟的“模糊程度”。

对于每个 $s \in F^N$，其模糊程度 $\varphi(s)$ 为 $\varphi(s) = |\{i \in N \mid s_i \in (0,1)\}|$。若 $\varphi(\sigma)=0$，表明 s 中的元素是0或1，这个联盟就是一般合作联盟；若 $\varphi(\sigma)=n$，表明这个模糊联盟中包含了所有参与者，且这些参与者的参与率都小于1。

定义7.6：拥有局中人集合 N 的模糊合作博弈的特征方程是：

$$v: F^N \rightarrow \Re^+, \ v(e^{\phi})=0, \ \Re^+ = \{r \in R \mid r \geqslant 0\} \tag{7.7}$$

其中，$v: F^N \rightarrow \Re^+$ 是从 F^N 到实数空间的一个映射，表示对每一个模糊合作联盟对应一个实数，用以表述模糊联盟创造出的收益。拥有局中人集合 N 的合作模糊博弈的全体记为 FG^N，FG^N 是无限维线性空间。

定义7.7：N 人的模糊合作联盟 $v \in FG^N$ 的配置集 $I(v)$ 是 n 维向量的集合，满足分配的有效性和个体理性：

$$I(v) = \{x \in \Re^n \mid \sum_{i \in N} x_i = v(e^N), \text{且} \ x_i \geqslant v(e^i), \ \forall i \in N\} \tag{7.8}$$

在模糊合作博弈中，合理的利益分配方案必须保证大联盟中的各个子联盟无法使这个分配方案更好，同时任何人以任何部分资源参与的模糊联盟也不会使这个分配方案更好，这样的分配方案比Crisp合作博弈的解要求更为严格。但同时也具有其合理性，这样的分配方案阻止了任何局中人“少出力，多得益”的企图，激励局中人全力参与大联盟的合作。

于（Yu，2010）对Shapley值法进行了拓展，提出模糊Shapley值函数，这个模型适用于任何合作博弈的Shapley值计算，包括模糊合作博弈。根据定义，可以将模糊合作博弈转化为与之相对应的Crisp合作博弈，如下所示：

$$w_s(1) = v(s_1 e^1) \tag{7.9}$$

$$w_s(12) = v(s_1 e^1 + s_2 e^2) \tag{7.10}$$

$$w_s(T) = v(\sum_{i \in T} s_i \times e^i) \tag{7.11}$$

$$w_s(N) = v(\sum_{i \in N} s_i \times e^i) \tag{7.12}$$

其中，v 是指模糊联盟的收益函数；$v(s)$ 指局中人参与模糊联盟 S 所创造出的联盟总收益；w_s 指与模糊博弈 v 对应的 *Crisp* 博弈函数；$w_s(1)$ 指局中人1携带资源加入联盟 S 所创造出的收益；s_1 指局中人1参加联盟的参与率，即携带资源的比率；N 指所有局中人组成的大联盟，T 指联盟 S 中的子联盟。此时局中人 i 的 Shapley 值为：

$$\varphi_i(w_s) = \sum_{i \in T \subseteq N} \frac{(|T|-1)!(|N|-|T|)}{|N|!}[w_s(T) - w_s(T \backslash \{i\})] \tag{7.13}$$

其中，$|T|$ 和 $|N|$ 分别指模糊联盟 T 和模糊联盟 N 中的局中人数，$w_s(T\backslash\{i\})$ 指联盟 T 中除局中人 i 的收益。基于式（7.13），可以得到局中人 i 以 s_i 参与率加入模糊合作联盟 S 所获得模糊 Shapley 值：

$$\varphi_i(v) = \sum_{i \in T \subseteq N} \frac{(|s|-1)!(|N|-|s|)}{|N|!}[v(\sum_{i \in T} s_i \times e^i) - v(\sum_{i \in T \backslash i} s_i \times e^i)] \tag{7.14}$$

7.4 水权转让效率分析

根据上节对水权转让模式的分类介绍，不同的水权转让模式对应着不同的水权管理体制，针对各地区各流域不同的情况应当因地制宜，采用适合特定情形的水权转让模式。水权转让实际上是水资源使用权的转让、变更，是产权交易，产权交易的目的是使资源得到更优配置，使资源所有者得到更多收益，使全社会福利得到更高提升。因此，在初始水权分配方案已保证水权分配的公平性情况下，水权转让是使水资源的效率性得到体现的实现途径，而不同的水权转让模式对应着不同水资源利用效率，本节将分析不同水权转让模式下的水资源利用效率。

7.4.1 传统水权转让模式效率分析

水权转让的效率是以单位水资源在转让前后的产出效益之差为标准进行衡量的。当水权转让后的产出效益之差较大时，认为水权转让的效率是较高的；当水权转让后的产出效益之差较小时，水权转让的效率是较低的。这种衡量标准符合产权交易的效率评价标准，产权交易的初衷就是使资源“流动”至利用效率最高，收益最高的产权主体。在不同的水权转让模式中，由于水权转让的制度规定、交易成本、资源稀缺性等的异质性，水权转让的效率也有所不同。

针对跨流域的水权转让模式，由于该模式的水权转让一般是由国家层面政府部门推动的，带有显著行政命令形式的水权交易，并且一般是在水权被转让区域及其缺水或水资源质量出现严重偏差时才会出现的水权转让形式。这种水权转让模式考虑更多的是国家公共管理层面的区域协调发展和局部社会稳定等社会性问题，同时跨流域水权转让的固定资产投资一般来自国家水管部门，带有明显的政治色彩。因此社会公共效益是其主要的考察目标，水权转让效率方面并不是这种转让模式的主要参考标准。

针对同流域不同产业和同流域同产业的水权转让，相比于跨流域水权转让，这两类水权转让是真正能够运用市场机制和竞争机制使资源得到自由“流动”配置的水权转让模式。在同流域不同产业的水权转让模式中，水权能够在农业、工业、生态环境和生活用水之间进行交易，通过不同产业间水资源利用效率的差额，使水权转让的效率性得到体现，一般是在农业用水部门和工业用水部门之间实现水权转让。农业用水部门用水量大且单位水资源参与的经济产出较低，这是由农业产业的自身属性所决定的，而工业用水部门的有水资源参与的经济活动产出一般较高，因此由不同产业间水权转让相比跨流域水权转让而言水权转让效率较高。在同流域同产业间的水权转让模式中，水权只是在初始水权分配方案确定下的“资源缺乏”处与“资源富裕”处进行交易，同时水权转让局限于同一产业中，交易频率较低，交易量较小，大多发生在农业用水单位之间，转让主体的单位水资源利用效率并无较大异质性，因此，同流域同产业的水权转让效率并不高。

7.4.2 合作博弈联盟水权转让效率分析

(1) 合作博弈联盟的资源分配流程。

合理的水资源分配体制在保证流域内生活、生态用水的情况下，能够最大限度地提高水资源的利用效率，提升用水户的收益率，同时减少水资源的浪费。用水户可在公平、公开、公正的水资源管理体制和水权交易框架内以个体或联盟的形式进行水权交易，促使水资源向单位收益率高的部门或个体流动，以达到水资源分配体系的最主要目标——水资源利用效率最大化，以及个体用水户的最主要目标——最大化收益。因此用水户应携带水资源参加不同的模糊联盟中以获得更多的收益。同时，用水户还需考虑其他用水户的策略，他们会参加哪些模糊联盟，携带多少资源参加联盟，他们能分配到多少收益，运用模糊优选模型，通过逆向思维和换位思考，理性的用水户会得到最优的模糊合作联盟的参与率。

由于用水户单位资源的净收益不同，在水权交易中资源会倾向于优先满足收益率高的个体的全部需求，流域内的其他用水户会被迫加入不包括最高收益率用水户的联盟，这样可以分配到更高的收益。若加入含有最高收益率用水户的联盟，其他用水户会因贡献率相对较低而获得相对少的收益，并且在资源分配时也会因高收益率用水户的存在而相对降低分配到的资源，因此加入不包含最高收益率用水户的联盟是明智的选择。

在水权初始分配方案已经确定的情况下，水权转让的合作博弈流程分为两大步骤。第一步，用水主体携带全部水资源参与 Crisp 联盟，在联盟中水资源进行二次分配以获得最高效益，并以 Shapley 值法分配所得收益；第二步，除收益最高的用水主体外的参与人自发形成不同的模糊联盟，用水户在不同的模糊联盟中具有不同的参与率，也获得了在不同模糊联盟中的混合收益。水权转让的合作博弈流程见图 7 -4。

（2）合作博弈联盟的收益分配。

一是 Crisp 合作博弈收益分配。

在 Crisp 合作博弈模型中可将用水户分为农业用水户 1、农业用水户 2，工业用水户 3、工业用水户 4，生活用水 U 和生态用水 E 四类，假设农业用水户 1 的单位水资源收益率高于农业用水户 2，工业用水户 3 高于工业用水户 4，生态用水和生活用水在水资源分配前由政府水管理部门提前扣除。

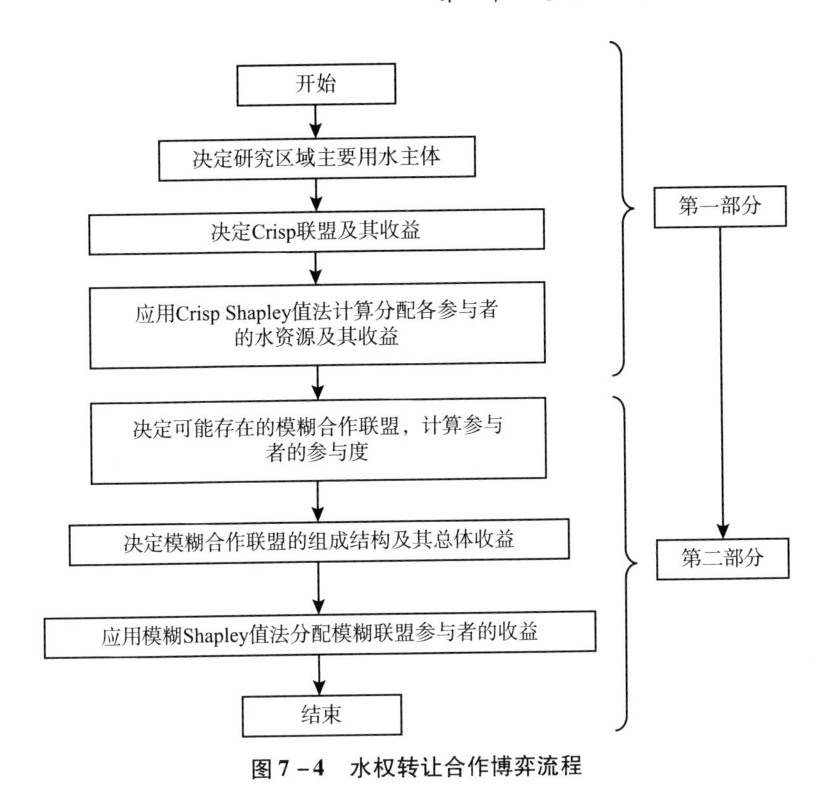

图7-4　水权转让合作博弈流程

在初始水权分配方案确定后，用水户可选择加入联盟或“单干”，这取决于个人收益的对比，理性的用水户会使用有限的初始水资源谋求最大收益。本书假定合作联盟是“超可加”的，用水户在加入合作联盟后至少不会分配到比“单干”时更低收益，因此讨论 Crisp 合作联盟的构成及利益分配是必要的。在 Crisp 合作联盟中，加入联盟的局中人携带着全部资源，联盟中的水资源会首先分配给单位收益率最高的用水户，直至达到它能保证最大收益率时的最大用水量，即联盟的当最高收益率的用水户达到最高配水量后，联盟的水资源将会分配给单位收益率第二高的用水户，直至它的最高水量，以此类推，将水资源全部分配给联盟中的用水户，这样联盟获得了其能达到的最高收益。Crisp 合作联盟中的水资源分配流程见图 7-5，其余子联盟以此类推。

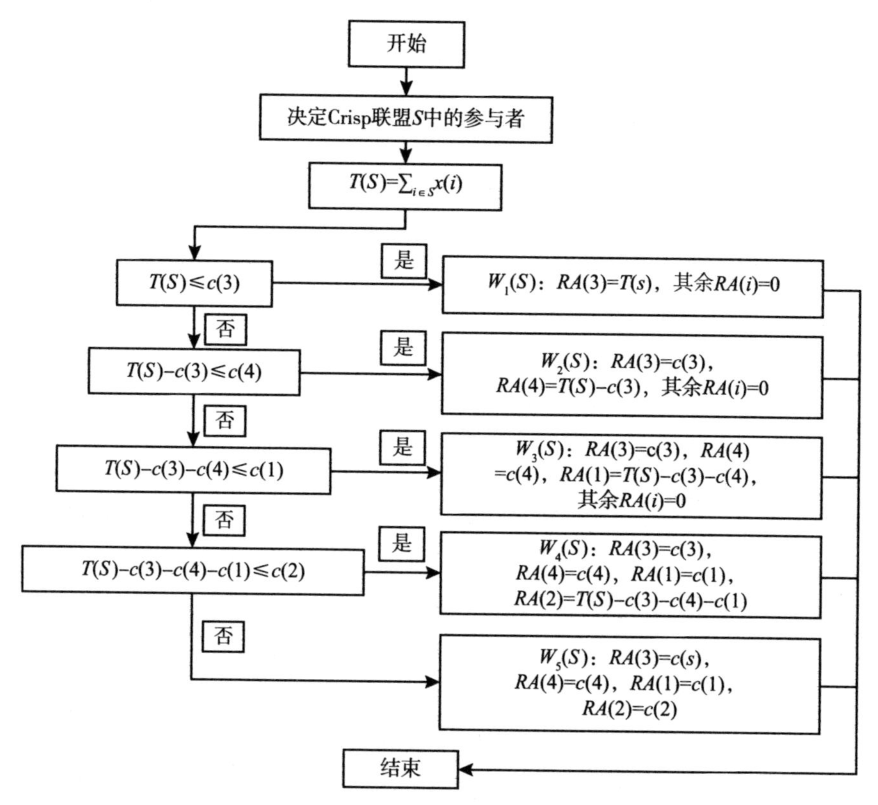

图7－5　Crisp合作联盟水资源再分配流程

注：$x(i)$：局中人 i 的初始水权；$T(S)$：Crisp 联盟 S 中的水资源总量；$c(i)$：局中人 i 可使用的最大水资源量；$RA(i)$：局中人 i 在联盟中的再分配得到的水资源；$W(s)$：联盟 S 的水资源再分配方案；假定局中人 i 单位水资源收益率 $b(i)$ 具有 $b(3)>b(4)>b(1)>b(2)$。

运用 Shapley 值法计算联盟中的利益分配问题，局中人 i 的 Shapley 值收益应计算局中人 i 参与的博弈中所有联盟的收益，根据上一步的计算，可以得到局中人 i 在联盟中水权再次配置时获得的水资源量，依据式（7.5）可以得到局中人 i 在参与 Crisp 联盟时获得的 Shapley 值（收益）。

二是模糊合作博弈收益分配。

在模糊联盟合作博弈中，局中人可以携带部分资源加入任意联盟，收益是在各个联盟中获得的收益之和。当理性的局中人决定以不同的参与率加入不同的联盟时，所获得的收益一定大于加入 Crisp 联盟，此时整个系统获得最大的混合收益，参与模糊联盟的局中人也将根据参与率的不同获得系统分配的混合收益。拥有最高单位收益率的局中人3无论加入任何联盟，携带多少资源加入，都会分配到最多的水资源和收益，其余局中人会避免加入包含局中人3的联盟，因此在计算模糊合作联盟时将局中人3排除在外。联盟S中的参与人构成见表7-1。

表7-1　模糊合作联盟构成

模糊联盟	S_1	S_2	S_3	S_4
用水主体	1，2	1，4	2，4	1，2，4

具有模糊合作博弈的流域最大收益为：

$$\text{Maximize } W = \sum_{s=1}^{4}\sum_{i=1}^{3}\varphi(i, s) \tag{7.15}$$

约束条件为：

$$0 \leqslant pr(i, s) \leqslant 1 \tag{7.16}$$

$$\sum_{s} pr(i, s) = 1, \ \forall i \tag{7.17}$$

$$t(s) = \sum_{i=1}^{3} pr_i(s) \times X(i), \ \forall s \tag{7.18}$$

$$v(s) = \begin{cases} B(s) \times t(s), & \text{如果 } t(s) \leqslant C(s) \\ B(s) \times C(s), & \text{如果 } t(s) > C(s) \end{cases} \tag{7.19}$$

$$v(i, s) = B(i) \times pr(i, s) \times A(i) \tag{7.20}$$

$$\varphi(i, s) = \sum_{i \in T \subseteq S} \frac{(|s|-1)!(|N|-|s|)}{|N|!}\left[v\left(\sum_{i \in T} s_i \times e^i\right) - v\left(\sum_{i \in T \setminus i} s_i \times e^i\right)\right] \tag{7.21}$$

其中，W是系统的总收益；$v(i, s)$是局中人i独立使用其用于参与联盟S的水资源所产生的收益；$t(s)$为模糊联盟S所拥有的水资源量；$pr(i, s)$是局中人i加入模糊联盟S时携带的水资源比例（参与率）；$X(i)$是局中人i在第一步时分配的水资源量；$\varphi(i, s)$是局中人i参与模糊联盟S所获得的收益；$v(s)$指模糊合作联盟S的收益，$B(s)$是模糊合作联盟S的单位水资源收益率系数；$C(s)$指模糊合作联盟S在最高水资源收益率系数$B(s)$情形下的最大水资源可承载量，也就是如果参与联盟S的局中人携带的水资源量超过了$C(s)$，那么联盟的单位收益率系数就不会维持在原有水平。模糊联盟的单位收益率系数是在特定的水资源约束下存在的，局中人携带进入联盟的资源总量不应超过 $C(s)$。T 指联盟 S 中的子联盟。其中，模糊 Shapley 方程既包含非合作博弈中单个局中人作为一个独立个体参与博弈时获得的收益，也包含了在加入合作联盟后的合作博弈所获得的收益。

参加模糊合作联盟的局中人 i 在模糊联盟中的总收益为：

$$\varphi(i) = \sum_{s=1}^{4} \varphi(i, s) \tag{7.22}$$

7.4.3 玛河流域水权转让合作博弈分析

（1）Crisp 合作联盟形成及利益分配。

根据对玛河流域用水主体的分类（见表 6－1）和 P＝75% 时破产博弈最终确定的水权分配方案 WCEA，确定玛河流域用水户的初始水权分配，即兵团农业用水单位 9.519 亿立方米，自治区农业用水 7.312 亿立方米，兵团工业用水 0.768 亿立方米，自治区工业用水 0.552 亿立方米。在获得初始水权分配量后，用水户将根据收益综合评判是否加入联盟。Crisp 联盟中主体参与率限定为 0 或 1，在“超可加”合作联盟中，用水主体加入大联盟将获得比“单干”时更高收益，由此假定用水户携带全部水资源加入 Crisp 大联盟。根据 Crisp 联盟水资源分配原则，首先将联盟内的水资源优先全部满足兵团工业用水部门直至达到其最大水资源可承载量，然后依次满足自治区工业用水部门，兵团农业用水部门和自治区农业用水部门。Crisp 联盟总水量为 14.99 亿立方米，分配给兵团农业生产部门、自治区农业生产部门、兵团工业生产部门、自治区工业生产部门的水资源量分别为 11.5 亿立方米、2.09 亿立方米、0.8 亿立方米、0.6 亿立方米。可以看到，根据 Crisp 合作联盟的资源分配原则，收益率最高的两个工业部门和兵团农业生产部门都获得了其最大水资源可承载量的水资源，而自治区农业生产部门只得到了 2.09 亿立方米的水资源。本书中单位水资源收益采用万元 GDP 耗水量换算而来，各用水主体、联盟的单位水资源收益和最大水资源可承载量见表 7－2，其中联盟的最大水资源可承载量由用水主体所在区域水库的库容及可调节水量综合决定。

表 7-2 区域、联盟水资源收益参数及最大可承载量

局中人	单位水资源收益（元/立方米）	最大水资源可承载量（亿立方米）
A_1	6	11.5
A_2	5.8	7.3
B_1	180	0.8
B_2	150	0.6
S_1：$\{A_1, A_2\}$	7.5	9.4
S_2：$\{A_1, B_2\}$	16.8	8
S_3：$\{A_2, B_2\}$	39	2.6
S_4：$\{A_1, A_2, B_2\}$	14.6	10

运用式（7.5）计算出各用水主体参与 Crisp 大联盟 $\{A_1, A_2, B_1, B_2\}$ 所获得的 Shapley 值。例如，根据表 7-3 用水主体 A_1 在 7 月参与大联盟获得的 Shapley 值可计算如下：

$$\begin{aligned}\varphi(A_1) = &\frac{1}{4}[v(\{A_1\}) - v(\{\emptyset\})] + \frac{1}{12}[v(\{A_1, A_2\}) - v(\{A_2\})] \\ &+ \frac{1}{12}[v(\{A_1, B_1\}) - v(\{B_1\})] + \frac{1}{12}[v(\{A_1, B_2\}) \\ &- v(\{B_2\})] + \frac{1}{12}[v(\{A_1, A_2, B_1\}) - v(\{A_2, B_1\})] \\ &+ \frac{1}{12}[v(\{A_1, A_2, B_2\}) - v(\{A_2, B_2\})] \\ &+ \frac{1}{12}[v(\{A_1, B_1, B_2\}) - v(\{B_1, B_2\})] \\ &+ \frac{1}{4}[v(\{A_1, A_2, B_1, B_2\}) - v(\{A_2, B_1, B_2\})] = 23\end{aligned}$$

表 7-3　　7 月 Crisp 联盟的收益　　单位：亿元

联盟	收益	联盟	收益	联盟	收益
$v(\{A_1\})$	19	$v(\{A_1, B_1\})$	38.2	$v(\{A_1, A_2, B_1\})$	55.5
$v(\{A_2\})$	11.7	$v(\{A_1, B_2\})$	31.6	$v(\{A_1, A_2, B_2\})$	50
$v(\{B_1\})$	10.4	$v(\{A_2, B_1\})$	27.2	$v(\{A_1, B_1, B_2\})$	38.6
$v(\{B_2\})$	6.3	$v(\{A_2, B_2\})$	23.4	$v(\{A_2, B_1, B_2\})$	48.9
$v(\{A_1, A_2\})$	33.8	$v(\{B_1, B_2\})$	20	$v(\{A_1, A_2, B_1, B_2\})$	66.4

每月各主体加入 Crisp 大联盟的收益见表 7-4，其中 1 月、2 月、3 月、11 月、12 月 A_1、A_2 初始水量为 0，此时 Crisp 联盟由 B_1、B_2 构成。Crisp 合作联盟的总收益为 372.7 亿元，高于“单干”时各用水主体的收益之和 320.5 亿元，增长 16.3%；用水主体兵团农业用水单位、自治区农业用水单位、兵团工业用水单位和自治区工业用水单位加入 Crisp 大联盟的 Shapley 值年度收益分别为 69.5 亿元、45.4 亿元、156.4 亿元、101.4 亿元，分别高于各主体“单干”时的收益 57.1 亿元、42.4 亿元、138.24 亿元、82.8 亿元。如图 7-6 所示，各用水单位在加入合作联盟后的收益都要高于“单干”时的收益，兵团农业用水单位在加入联盟后所得收益高于“单干”所得收益 12.4 亿元（21.7%），自治区农业用水单位多出 3 亿元（7.1%），兵团工业用水单位多出 18.2 亿元（13.1%），自治区工业用水单位多出 18.6 亿元（22.5%）。可以看到，所有的用水单位在加入 Crisp 合作联盟后都获得了更多的收益，其中兵团工业用水单位超出最多，然后依次是自治区工业用水单位，兵团农业用水单位和自治区农业用水单位。这是由各用水单位在不同的子联盟中所得到的 Shapley 值不同而决定的。可以看到自治区农业部门所获收益涨幅最大，这是由其基数小的原因导致的。由此可以得出结论，在理论探讨层面，Crisp 合作联盟在全社会角度能够获得更高的社会产出，同时针对个体参与 Crisp 联盟也能获得更多收益。

表 7-4　　Crisp 合作联盟各主体 Shapley 值（收益）汇总　　单位：亿元

月份	局中人			
	A_1	A_2	B_1	B_2
1 月	0	0	13.4	8.8
2 月	0	0	13.4	8.8
3 月	0	0	13.4	8.8
4 月	4.9	3.1	5	3.2
5 月	4.2	2.9	13.8	8.6
6 月	14.2	9.3	9.7	6.3
7 月	23	15.9	15.3	10.3
8 月	14.4	9.4	15.8	10.3
9 月	2.8	2	14.9	9.3
10 月	4	2.8	14.9	9.4
11 月	0	0	13.4	8.8
12 月	0	0	13.4	8.8
合计	69.5	45.4	156.4	101.4

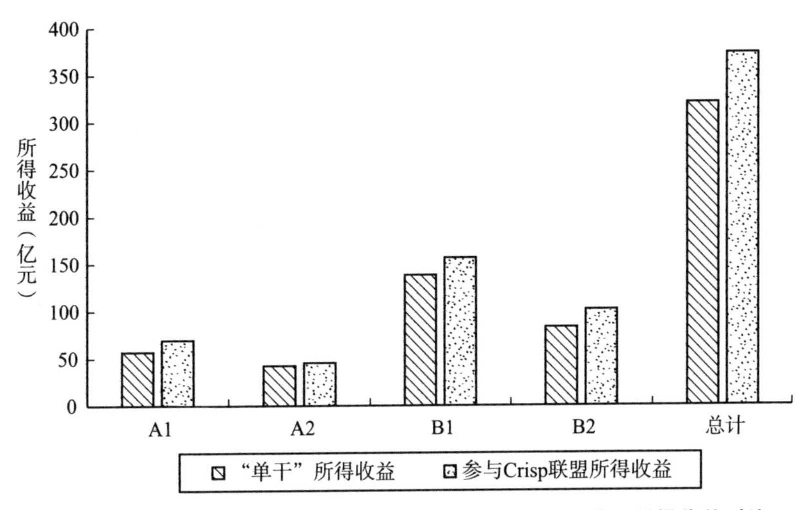

图 7-6　玛河流域用水户“单干”和参与 Crisp 合作联盟所得收益对比

（2）模糊合作联盟的形成及利益分配。

根据式（7.15）~式（7.21），玛河流域水权初始分配方案以及表7－2，在Matlab环境下运用线性最优化配置，在排除单位水资源收益率最高的主体 B_1 后，得到各主体参与模糊合作联盟的参与率（见表7－5），各模糊联盟分配水量（见表7－6），Matlab运算过程见附录。在表7－6中，用水主体并非将水资源直接携带至对其个体而言收益率最高的模糊合作联盟，而是根据联盟中其余参与者的携带水资源量、各模糊联盟的最大水资源承载量及单位水资源收益综合考虑，得出其最优参与率，此时系统水资源拥有最高收益。表7－5表明在模糊合作联盟中水资源分配遵循效率优先原则。

表7－5　模糊合作联盟各主体参与率

主体	S_1	S_2	S_3	S_4
A_1	0.0000	0.8911	0.0000	0.1089
A_2	0.0000	0.0000	0.4826	0.5174
B_2	0.0000	0.1324	0.6718	0.1958

表7－6　模糊合作联盟水资源分配方案　单位：亿立方米

模糊合作联盟	S_1	S_2	S_3	S_4
各模糊合作联盟分配水资源量	0	8.555	3.900	4.928

如图7－7所示，模糊合作联盟的总收益为434.7亿元，高出“单干”收益之和114.2亿元，提高了35.6%；高出Crisp合作联盟61.99亿元，提高了16.6%。兵团农业用水单位、自治区农业用水单位和自治区工业用水单位在以不同参与率加入模糊合作联盟后分配的模糊Shapley值（收益）之和分别为66.48亿元、75.56亿元、154.41亿元，“单干”的兵团工业用水单位收益为138.24亿元。在P＝50%时若采用模糊合作博弈联盟收益可达434.7亿元，分别比流域内各用水单位“单干”收益之和提高16.3%、35.6%；兵团农业用水单位、自治区农业用水单位、自治区工业用水单位在加入模糊合作联盟后的收益分别提高16.4%、78.2%、86.5%，兵团工业用水单位没有提高。

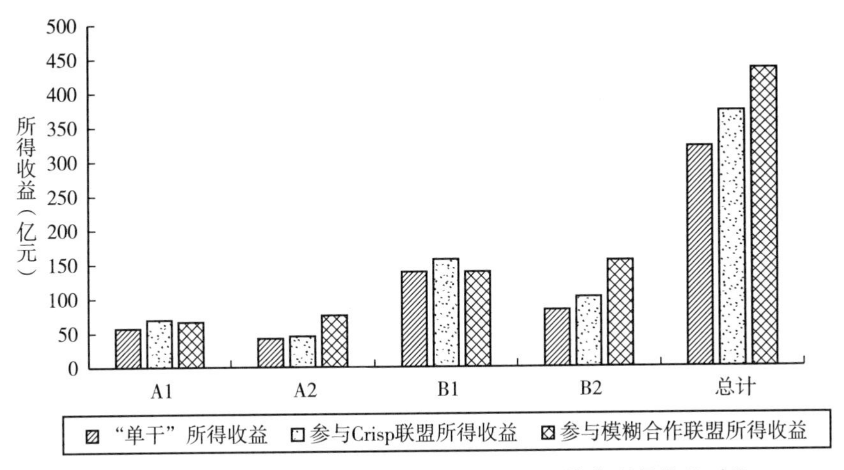

图 7-7　“单干”、Crisp 合作博弈和模糊合作博弈所得收益对比

可以看出，用水主体在以不同的参与率加入模糊联盟后获得的收益大于单独加入任何联盟所获得的收益，并且所有参加模糊合作联盟的用水单位的收益都大于其参加 Crisp 联盟的收益。究其原因，参与主体优先将其水资源应用于对其而言具有最高效率的联盟中，保证其部分或全部（取决于其参与率）资源获得最高收益，剩余资源可以加入次优联盟。而如果是 Crisp 合作联盟，参与主体只能携带全部资源加入联盟，若联盟的最大资源可承载量小于参与主体携带资源量，则参与主体不能加入该联盟，只能选择次优联盟或更低效率联盟或不加入联盟，此时参与主体的水资源利用效率明显低于模糊合作联盟，所分配收益也小于模糊合作联盟。因此模糊合作联盟对 Crisp 合作联盟而言具有更高效率，参与主体也将获得更多收益。

此外，玛河流域内灌区的水资源需求具有农业生产属性，与流域内其他用水单位不同，农作物种植类型、作物需水特点、水资源时空分布、流域内降水情况等都会对农业生产主体的水资源需求产生影响。因此在含有农业用水主体的合作联盟中应按年度分配水量及收益，使农业生产主体按其生产规律用水。

联盟内部资源的重新组合分配可以反映联盟参与成员总供水量和总蓄水量的变化，以联盟内部的新型“指令分配”关系代替交易市场中的供求关系，从很大程度上避免了公共池塘资源的“市场失灵”现象。联盟内部强有力的契约管制作用，使联盟内的水资源处于最优配置状态，否则联盟的参与者必然会因“潜在收益”向联盟提出更优配置方案或退出联盟。

7.5 水权转让保障机制

水权转让保障机制是从制度层面对水权转让的主观、客观条件等进行改进和完善，水权转让的保障内容包括组织体系保障机制、价格引导机制和民主协商机制等。

7.5.1 组织体系保障机制

构建社区（组织）多方合作博弈联盟，玛河流域需要立足现有水权交易主体组织机构和农民用水户协会，借助行政力量，建立社区（组织）多方合作博弈联盟，制定水权交易内部规则，定期公布水权交易信息，确保联盟内部在共同愿景的基础上实现资源的自我管理。第一，由合作联盟内部来管理集体水事务，包括管理公共水利设施、水费收取、节水技术推广、维护集体和用水户个体权益等。第二，建立并完善科学合理的水权交易利益调节机制，利益补偿要通过多种渠道进行，包括联盟内部收益转移支付，国家的投资和补贴，水市场的收入以及利益相关者的投资等。第三，不仅要协调好联盟内的参与者的收益，还要处理好区域之间的利益关系，妥善安排好流域各行政主体间的利益关系。

7.5.2 价格引导机制

价格引导机制是政府宏观调控下的价格引导机制。在水权转让过程中，有限的可供转让的水量和巨大的需求量往往导致供需关系向卖方市场发展的趋势，水权出让方往往在水权转让市场中处于垄断地位，水权转让过程中会形成价格垄断。同时，水权转让通常会产生负外部效应，例如损害第三方利益和生态环境破坏等。价格垄断和负外部性的存在往往会导致市场失灵，水资源价格往往无法发挥引导供求、配置资源的作用，因此，要发挥政府的宏观调控功能，充分运用价格引导机制，才能有效弥补市场失灵的现象。

政府在规范水权转让的价格机制时，需要采取以下手段：第一，制定水权转让的指导价格或进行政府限价，对水权交易价格进行干预；第二，运用税收或补贴间接干预水权交易，设计类似调节收入的财税稳定系统，在水权转让价格过高时自动累进征税，反之累退征税，削减价格波动造成的不利影响；第三，建立水银行，以制定代理人的形式积极参与水权转让，可通过购入或出售生态环境水资源维护公共利益，应对生态、环境、卫生等突发公共事件。

建立合理的收益—成本分配机制。合作联盟的收益及收益分配协议是联盟存在的根本，同时合作联盟的成本也是联盟存在的必然产物。合作联盟的成本包括合作联盟的组建成本，维系联盟正常运行的成本，水权交易成本等。若这些成本没有得到合理分配，会使加入联盟的用水户或因成本过高而收益过低而离开，或因他人获得不相匹配的收益，承担过少成本而心生不满，质疑联盟，使联盟的稳定性遭到破坏。因此，可从以下几个方面入手。(1) 建立信息沟通机制，通过信息平台减少异质主体信息不对称，使联盟内部各方主体达成共识；(2) 建立联盟内部监督奖惩机制，提供公平、平等、透明的竞争合作环境，使参与主体相互监督、相互制约；(3) 建立科学合理的利益—成本分配机制，综合多种因素建立加权利益—成本分配机制，保证联盟的存续性。

7.5.3 民主协商机制

水权转让过程涉及利益再分配过程，必须引入民主协商机制，以此确保水权转让的相关利益者有主张自身合法权益的机会。在玛河流域只有通过相关利益主体的广泛参与，充分考虑区域差异，行业差距，流域的上下游、左右岸、干支流等各种用水户的利益，才能形成无异议的公证合约。第一，建立玛河流域利益相关者间的协商机制，就水权价格、主体权利义务、水权转让的实施等相关问题进行协商，建立相应的专业交易机构，由专业的水权转让工作人员采用标准合约进行水权转让，降低水权交易费用。第二，建立玛河流域利益相关者与第三方的协商机制，妥善解决在水权交易中产生的外部性影响，本着公平、公正、公开的原则处理水权转让引起的对第三方的外部影响，为受到影响的第三方维护自身合法权益提供一条有效的途径，同时也为水权转让的顺利实施创造稳定环境。

7.6 本章小结

市场机制是资源高效配置的基础，市场将逐渐替代政府成为资源的主要配置方式，然而水资源由于其独特的公共属性，单独使用市场机制配置水资源无法避免“公共池塘悲剧”的发生，因此引入“政府管控+市场调节”的准市场资源配置方式来分配水资源。准市场模式是在市场机制的基础上加入政府管控，由市场机制发挥资源高效配置的作用，由政府管控解决水资源的外部性等问题。然而准市场资源配置模式在运行中产生“政府失效”和“市场失灵”问题，由此引入合作博弈联盟社区，形成“政府+合作联盟+用水户”三方博弈格局，将市场中的“无形之手”转变为合作联盟中的“有形之手”，提升全社会产出和个人收益，切实提高水资源的利用效率。第一，本章研究了水权转让的层次架构和主客体，明确了水权转让的行为主体和转让对象；第二，本章分析了水权转让的一般流程，包括申请、审批、公告、登记等步骤，明确了水权转让的规范流程；第三，对水权转让的模式进行探讨，将水权转让的模式分为跨流域水权转让、同流域不同产业水权转让、同流域同产业水权转让和合作博弈联盟模式下的水权转让，前三种是传统水权转让模式，第四种合作博弈联盟将所有加入联盟的用水户的水资源以效率最大化进行重新分配，并在联盟范围内分配得到的收益，可以说合作博弈联盟是涵盖传统水权转让三种模式的全新水权转让模式，对合作博弈联盟的形成、资源重新分配流程、收益分配方法进行重点分析，构建合作博弈联盟模型；第四，对传统水权转让模式和合作博弈联盟水权转让的效率进行分析，并应用于玛河流域，结果表明合作博弈联盟能有效提高全流域的产出，Crisp 合作博弈下的水权转让机制使全流域产出提高 16.28%，模糊合作博弈下的水权转让使全流域产出提高 35.6%，同时也能满足个体理性，提高各用水单位的收益；第五，提出水权转让的保障机制，包括政府监管机制、价格引导机制和民主协商机制。本章的分析充分证明了现有水权制度还有很大发展潜力，通过水权交易的制度创新、机制创新，能够有效提升以水资源为支撑资源的流域产出，使水资源的利用效率得到提高，这对于干旱区和半干旱区的经济社会发展都具有重要的实践指导意义。

第8章　水权市场组织体系和运行机制构建

水权市场的构建是水资源市场化配置的重要内容，也是使市场发挥资源配置的基础性作用的关键。将水资源视为一种经济商品，引入市场机制来提高水资源的配置和利用效率，已经得到普遍认可并成为国内外的社会实践。水权市场构建和水权价格形成应当建立在初始水权分配和水权转让的制度安排的基础之上，以“准市场”资源配置模式为依据构建水权市场，并针对特定流域的水文、地貌特征、人口、社会经济发展条件建立符合流域实际情况的水权市场。本章首先明确构建水市场的思路，从水市场的内涵、构建水权市场的必要性、目前存在的障碍等方面进行分析，得到水权市场的基本构造，并分析了水权市场的组织体系；在构建水权市场的基础上探究水权价格的形成机制，针对不同的水权交易模式分析水权价格的形成机制；最后针对玛河流域的水权市场现状和水权交易价格改革的实践，试图分析昌吉州水权价格改革的成效及经验教训。

8.1　水权市场的构建思路

8.1.1　水权市场内涵

（1）概念。水权市场是指水权的交易市场，是指通过市场交易取得水资源权利的机制或场所。水权市场的概念包含广义的水权市场和狭义的水权市场。广义的水权市场是水权交易关系的总和，指通过水权交易反映出的各种经济现象，以及由此产生的相互之间的经济关系。狭义的水市场特指水权交易的空间场所，有时也指代某个流域的水权交易场所。

（2）水权市场特征。水权市场与一般商品的交易市场类似，但具有独有的特征。水权市场拥有与一般商品市场相同的特点，水权市场包含社会分工和商品交换这两个一般商品市场最大的特点。这里的社会分工可以理解为在水资源的使用方面，各用水产业具有其特有的用水特征，比如农业用水单位，其用水特点带有明显的农业属性，具有季节性、周期性，用水量大且带有明显的时空分异性，同时对水资源短缺的敏感度较低；工业用水单位的用水特点与农业用水单位不同，其水资源需求较为稳定，且对水权短缺的敏感度较高。具有不同用水特点的水资源使用单位是水权市场的特殊“社会分工”，用水单位不同的用水特点带来的是水资源配置过程中用水效率的差异，从而带来了水资源在市场竞争机制和价格机制引导下的“流动”，水资源的产权交换也是水权市场最重要的特点之一。

水权市场特征的独特性体现在：第一，水权市场的交易客体具有其独特特征。水权市场的交易客体是水权，水权区别于一般的商品。首先，水权市场一定在政府水管部门的监管之下，由国家将水权中的水资源所有权和水资源使用权及其他权利相分离，将水权中的一部分权利授予水资源使用者，因此进入水权市场进行交易的水权所有者是在政府水管部门的“授意”下的水权所有者，水权市场一定是由水资源管理部门和水资源供需方共同组成的；其次，水权的权利层次比一般的商品更加复杂，原因在于水权包含了水资源的所有权、使用权、经营权，甚至还有排污权、回收权等；再次，水权的转让程序比一般的商品更为复杂，国家水权和集体水权属于共有水权，其所有权和使用权的转移和交易需要经过所有人员的同意和认可才可以进行，同时水权的供给关系还受到自然环境、流域生态、水利工程等方面的影响，水资源的供给无法像普通商品那样稳定有序，换句话说，水权无法稳定地供给。第二，水权交易具有明显的外部性特征。交易的外部性体现在水权交易产生的过程中产生了交易双方之外的第三方受益或受损，无形中增加了交易成本，减少了社会总收益。交易的外部性体现在商品所有者的变换和商品的使用对他人会造成的影响，可以是正向影响，也可以是负向影响。水资源由于具有特殊的区域性和流动性特征，在交易前后都可能由于使用不慎或其他原因产生高昂的交易成本，同时也会改变水循环系统，打乱水资源在各地区的空间分布，影响地下水和地表水的储存，给生态环境系统和水资源系统都会造成不可逆转的伤害，水权交易的过程中一般会产生负向的外部性，在交易过程中会对生态环境系统造成损害，成本由整个社会承担，因此对于水权交易应当慎之又慎，要进行充分的预调研和可行性研究。第三，水权市场具有“政府管控 + 市场调节”的准市场特征。由于水资源的自然流动和难以有效计量的特征，权属始终是由国家所有，个人即使拥有所有权其权利也难以主张实现，必须要依靠政府或国家的行政力量保证所有权的执行和实施，因此，水权交易市场应当是包含政府和市场的“准市场”，由市场来担任配置水资源的主要角色，政府对水市场进行间接管理，这应当是水资源交易市场的必然选择和未来发展趋势，水权初始配置是由政府水管部门进行配置，确定最终分配方案，由于每年的来水量不同，各用水单位的分配水量也不同，在无法达到所有用水主体的需求之下，稀缺的水资源就成为用水主体需要竞争获取的物品，因此应当采用有效的市场机制来弥补初始水权分配过程中产生的内在缺陷，基于“政府主导 + 市场激励”的准市场机制来调节水权需求能够协调不同用水主体的水权需求，通过市场竞争机制和价格机制能够有效提高水资源利用效益和经济生态综合效益。

水权市场的功能体现在以下方面。第一，水权市场为水权交易提供交易的场所及途径；第二，水权市场能够根据水资源的稀缺程度和交易成本，形成水权交易的市场价格，降低水权市场化交易的信息成本；第三，水权市场能够通过对水资源的进一步配置，调节水资源的供求关系；第四，水权市场能够通过市场的竞争机制和价格杠杆，促进水资源利用效率的提高，提升全社会节水意识，提高用水户节水热情；第五，在水资源的公平公正的初始分配之后，通过水市场中水权的买卖，缓解初始水权分配较少单位的用水压力，减少水事纠纷；第六，通过跨区域跨流域的水权交易，使水资源匮乏区域的可用水资源量得到提高，水环境压力得到释放，同时水资源富足区域的富余水资源也能够派上用场，得到收益，形成“双赢”局面，促进社会稳定；第七，通过水权市场的聚集作用，能够扩宽资金筹集渠道，加强金融市场对水权市场的介入与扶持力度，提高水利工程技术水平，促进水利基础设施建设。

8.1.2 构建水权市场的必要性

长期以来人们普遍把水资源作为一种免费的、可以任意取用的公共物品，公共物品的自有属性是非竞争性和非排他性，然而水资源属于准公共物品，是“公共池塘物品”，即具有竞争性、非排他性的水资源，准公共物品带来的一个问题就是外部性。尽管水资源和土地一样属于国家所有，但水资源的使用权归用水户所有，在农村集体土地甚至可以随意取用水资源，这样带来的一个问题是水资源的随意取用、污染、浪费现象严重，上游地区的随意滥用水资源导致下游的生态环境系统水资源缺乏，无法满足下游地区的用水需求。水权的产权不明晰会带来严重的外部性，而过度的水资源使用、政府的大量政策介入干预、将会导致水资源的价格过低，偏离水资源的正常价值，同时也造成使用水资源实际增加的社会价值低于增加的成本，这样导致了全社会资源使用效率的降低。

目前我国水资源利用和管理过程中存在着许多不足，导致干旱区和半干旱区的水资源承载能力、支撑社会经济发展能力较低，无法满足社会对水资源的需求。水资源利用效率不高，浪费现象严重是目前流域内水资源利用的现状。影响水资源使用效率的因素有两方面，技术因素和制度因素。一方面，技术因素是硬条件，由于受到经济条件和认知水平的限制，高新节水灌溉技术的推广范围和力度有限；另一方面是制度因素，由于水资源的地域性、准市场性、社会保障性等特殊性质，水权交易制度和水权市场迟迟无法建立，导致各地的水权交易市场都在摸着石头过河，各自为战，有些甚至还没有相关政策法规支持，缺乏系统的、标准的、可借鉴的流域水权交易市场制度构建方案，导致各地水权交易流于形式，无法真正发挥出市场对资源效率配置的作用。

针对目前我国水资源利用的现状，引入市场机制和价格机制，建立水权交易市场是解决以上问题的有效途径。水权市场应当包含两级，一级水权市场是初始水权配置市场，要初步界定流域内各用水单位的初始水权，由流域水主管部门将水权中的水资源使用权授权给各户，二级水权市场是水权交易市场，面对有限的水资源供给和不断提升的水资源量、质要求，应当建立流域水权交易市场，使获得初始水权的用水户可以选择在市场上出售水权，进行水权的转让。

8.1.3 水权市场的参与主体

水权市场的参与主体主要包括交易主体、交易客体、中介机构、监督机构等。水权交易的交易主体应当是水权用水户，根据水权交易的发展实践不断提升，水权交易更倾向于将少量的水权集中起来进行规模经营，于是水权市场、水权托管机构、水银行相继出现，随着水权市场的不断发展，水权交易平台也在不断发展，成为水权教师市场不可或缺的一部分。随着水权市场的不断发展，水权交易的参与主体的概念、内涵等也在不断发生变化，因此需要对水权市场的主体进行有效定义。

（1）交易主体。

水权市场中的交易主要是水权交易和水商品交易，现阶段参与水权交易多发生在不同地区的政府、不同农业用水户及政府部门和企业之间，而水商品交易主要是体现在水加工、运输过程中供水企业和用水户之间的水权交易，因此在不同层次和不同场景下水权市场的交易主体也是不同的。在水权交易市场中的交易主体一般是个人用水户、企业（工业）用水户、农业用水户等。国家、企事业单位、社会团体、个人等可以进入水权市场进行交易，但他们只能够参与水权交易，无法成为水权交易的主体。

（2）交易客体。

水权市场的交易客体是能够确权、计量和交易的水权，原则上应当是将所有权、经营权和使用权分割之后的使用权。根据水权的用途分类可将水权客体分为农业用水、工业用水、生态环境用水、生活用水等。其中生活用水应当由政府提供，不通过市场解决，不同地区按照人口计算的水资源基本需求在水资源配置中优先得到满足，在水权分配的初始阶段就应当提前扣除；生态环境用水是维持生态系统和水环境正常运行的必需水量，是一种非排他性的公共物品，当前国家对于生态环境、绿色生态发展的要求和规范越来越高，生态环境用水也应当在水权进入市场化交易阶段之前提前剔除，以保证生态环境和水环境的可持续发展；农业用水和工业用水应当作为具有竞争机制的经济用水，此类水权应当具有竞争性、排他性、收益性等私人物品的特征，可以通过水权市场进行转让和交易，在进行水权交易时可以适时考虑本地区因经济发展而产生的水资源的新需求，坚持留有余地的原则。

（3）中介机构。

水市场的中介机构主要有水权交易平台、水权信息咨询机构等，水权交易中心是能够提供不同水权主体之间转移水资源，按照自愿公平公正原则进行水权交易的平台，水权交易平台能够借助信息公开机制和竞价拍卖机制通过买卖双方协商，在水权交易平台和地区水管部门的监管下通过市场机制资助形成水权交易价格。水权信息咨询机构是在水权市场形成、运行和发展的过程中，交易主体迫于市场竞争压力，设法搜集信息，参与水权交易的过程中降低交易成本的需要而产生出的一种机构，水权信息咨询机构能够及时为水权交易者提供交易双方的信息，包括交易主体、交易价格、交易数量、交易用途等，能够在较大程度上减少交易方的信息不对等情况，同时为水权市场创造良好的内部交易环境，交易者能够在水权信息咨询机构给出的信息中对市场做出清晰的判断，促成水权的转让方将水权或水商品以合理的价格进行交易。

（4）监管主体。

在我国水权市场的监管主体包括水利部、地方主管部门、流域主管部门和地方水管部门，监管的对象主要是水资源的使用权、所有权、经营权和水商品等，政府管理机构主要负责水资源的管理和保护政策的制定和实施，还需要通过行政命令的方式建立市场规则并完善市场秩序以监督水市场的主体行为，从而对水权市场中的违法违规行为进行处罚，增加参与主体的违规成本。流域主管部门和地方水管部门对重大水事活动进行监管，减少水权外部性给第三方带来的损失，有效保护各方的权益，同时还要对市场交易的水权客体需要按照市场交易的范畴和规则交易进行监督和规范，需要监督水权交易主体和水权客体之间的使用行为是否按照交易合约执行，监管机构还要考察行业和地区的用水效率和节水设施是否符合当地水资源可持续发展的要求。

8.1.4　水权市场的基本构造

水权市场是将市场机制引入水资源管理领域后必然产生的一种产物，水权市场是能够保障水权交易能够正常进行的必要条件之一。通过对水权市场内涵、必要性的讨论，初步构建一般水权市场的基本构造。市场是商品交易关系的总和，水权市场便是水权交易关系的总和。水权交易关系包含三个方面，水权交易主体、水权交易客体及水权交易规则，研究水权市场的构造，应当将水权交易关系的这三个方面探讨清楚。

由于我国城镇国有土地使用权市场与水权市场同属于资源产权市场，且资源的所有权都归国家所有，使用者所能得到的权利都是资源使用权，因此城镇国有土地使用权市场的结构对研究水权市场的构成有重要的借鉴价值①。参照土地市场的构造，建立我国流域水权市场。水权市场同属于我国资源产权市场，应当包含以下关系：第一，水权交易主体，包含国家、用水地区、用水部门、用水单位、用水户；第二，水权交易客体，即国有水资源的使用权；第三，水权交易方式，国务院水管部门作为水资源所有者的代理人将一定数量的水权（水资源使用权）出让给水资源使用者，用水户出于自身理性，以利益最大化为目标，可以有两种选择，一种是自留自用，另一种是将水权再转让给其他用水户。水权转让方式有三种：协商议价水权交易、水权招投标和水权拍卖。在这样的水权交易市场中，水管部门能够通过一级水权市场的管理来控制二级水权市场中的水权交易总量，同时也能够对水权转让的过程进行监督管理，包括对水权交易主体的用水决策、水权交易的客体水资源使用权的范围、数量、类型、质量等和水权交易的规则，保障水权市场的有效有序运行。在二级水权市场通过各用水户的水权转让，可以促使水资源在市场机制和价格机制的引导下“流向”效率最高的用水单位，有效提高水资源利用效率。水权市场基本构造见图 8 - 1。

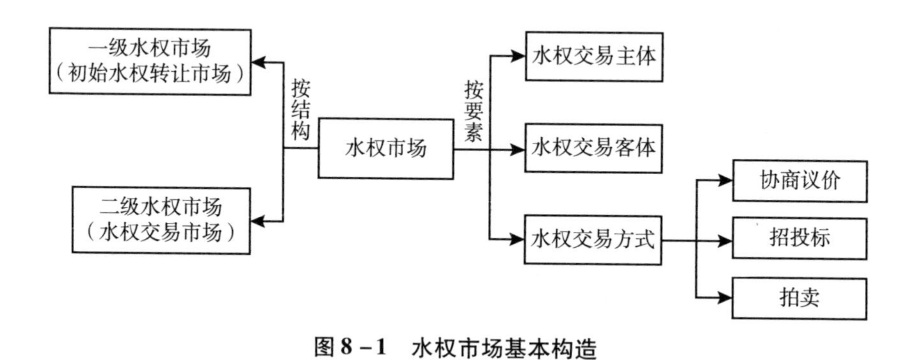

图 8 - 1　水权市场基本构造

① 胡继连，张维，葛颜祥，等．我国的水权市场构建问题研究［J］．山东社会科学，2002（2）：28 - 31.

8.2　水权市场的组织体系

根据水权市场基本构造的要求，首先建立一级市场，进行水权的初始分配；其次建立二级市场，进行水权交易，明确水权市场主体的权利责任，水权交易客体的数量、质量、范围等；此外，还要建立与水权交易相匹配的管理政策，以及交易价格制度等。其中，一级水权市场是与政府高度相关的水资源使用权的权利转交场所，在一级水权市场中水资源管理部门通过对水资源使用者的申请审核后给予其取水权利，初始水权的分配理论与方法在第5章中有具体介绍，不再赘述。水市场需要由政府、用水户、灌区管委会共同组织，共同建立，各司其职，相辅相成，形成“准市场”——“政府+市场资源配置水交易市场”，明确政府管理权限范围，提高用水单位节水意识，提升水资源利用效率。水权市场的组织体系包含水资源管理委员会、供水公司和用水者协会。

在我国管理体制改革中，一种新的管理模式为解决大型灌区内部管理问题应运而生，SIDD模式（Self-financing Irrigation and Drainage District）——用水户参与灌溉管理模式。该模式将灌溉系统的权责从单一的政府分级条块管理模型向农民用水者协会、其他私人组织、农民用水户共同参与的管理模式转变，SIDD模式包括供水公司（Water Supplying Company，WSC）和农民用水协会（Water Using Association，WUA）两个元素，形成两个委托代理问题和一个交易关系[①]。委托代理问题，一方面是政府灌区管理处作为水资源所有者与供水公司之间形成的所有者和使用者的委托代理关系，灌区管理处将水利工程的经营权交给供水公司，供水公司经营水利工程；另一方面是农民用水协会作为农业用水户的利益代表与农户之间的利益的委托代理问题。一个交易关系问题是供水公司和用水者协会之间的交易关系。供水公司按照有偿供水的原则进行供水，用水者加入用水者协会按照水价进行缴费，用水者协会按照维护灌溉秩序和提高灌溉效率的原则制定灌溉用水制度，管理用

---

① 姜东晖，胡继连，武华光．农业灌溉管理制度变革研究——对山东省SIDD试点的实证考察及理论分析［J］．农业经济问题，2007，28（9）：44-50.

水户的用水行为，最终实现灌区的经济自立和用水者的自我管理。这两方面的委托代理和一方面的交易关系使供水公司能够避免直接面对广大的用水户，在很大程度上降低交易费用，减少讨价还价的非合作博弈决策费用，从而避免了“小农户面对大市场”的困境，提高了供水效率和水资源利用效率。经济组织的变迁逻辑是由组织成本较低的组织替代组织成本较高的组织，基于SIDD模式的水权市场组织体系的组织成本较传统的组织方式交易费用较低，更有利于提高资源配置效率①。

8.2.1 灌区管理委员会

以国家级（或省级）流域管理处为基础，按照“精简、统一、高效”原则，建立流域灌区管理委员会，统一区域内有关水资源管理处，形成灌区唯一水资源管理机构，可以委派原各流域管理处的副职领导作为常务委员会成员参与灌区管理委员会日常事务、例行会议，形成统一高效的流域水资源管理机构，彻底改善流域“九龙治水”乱象。灌区管理委员会主要负责灌区水资源的日常管理，行使一级市场的卖方职能，可在管委会内下设水权调度中心，具体负责灌区的水权交易和灌区内水库的调度和管理。对于灌区的水权交易，调度中心主要负责提高水权交易的场所和服务，制定水权交易规范政策，监督水权交易市场的正常运行，定时发布水权市场的交易信息，管理每个分水口的水量交割，监控水权交易的市场风险等；对于灌区内的水库管理，调动中心要根据供水公司提供的年度供水计划调度水库放水，水权交易的过程中要将买方的水权储存在水库中，或者在出售水权时将储存在水库中的水输送给买方。

8.2.2 供水公司

成立灌区供水公司，供水公司是国家独资或国家投资控股的有限责任公司。可由区域内的水务局以及用水者协会代表组成供水公司董事会，对灌区

① 许波刘，肖开提·阿不都热依木，董增川，等. 大型灌区水权市场建立的探讨［J］. 水力发电，2017，43（7）：100-103.

支渠以上（包括支渠）的骨干水利工程实行所有权和经营权分离，日常经营、管理、维护都由供水公司负责，供水公司通过对水利工程的经营收入和向用水者协会供水收的水费获得盈利。供水公司的主要职责是根据用水者协会提交的年度用水计划，签订供水合同，编制年度用水计划，向灌区管理委员会提交年度供水计划，向农业用水户供水，同时还要负责干、支渠的水利工程的管理、运行和维护，要对用水者协会进行培训和提供必要的技术服务，向用水者协会征收水费等。

组建供水公司，使流域的水管部门与当地政府脱钩，可以避免现有体制下的一些弊端，减少当地政府和上级水管部门的双重领导带来的业务和管理冲突。

8.2.3 用水者协会

用水者协会是由用水户自主形成的用水灌水组织，用水者协会的会员是每户用水者，用水者可以是流域内的农业用水户，也可以是工业用水户。用水者协会由各个用水小组组成，用水小组是由行政区域划分的村镇、工业企业构建。用水者协会每年要开一次大会，由各用水小组选派的用水代表参加。用水者代表大会的主要任务如下：总结上年度用水情况、水权交易情况、水费收取情况、田间水利维护情况；审批用水者代表大会常务委员会制定的年度用水计划、本年度初始水权分配情况、田间水利工程维护维修计划，本年度财务预算和决算，制定和修订用水者协会章程；投票选举用水者协会常务委员会成员。用水者协会需要承担田间水利工程的管理、使用和维护工作，包括支渠及以下的渠道及其建筑物。用水协会的建立是SIDD管理模式的关键，其成功与否直接影响着SIDD管理模式的建立。将水利系统的维护工作下放至用水协会，将极大地影响用水户的灌溉行为选择，将有利于节水灌溉设施的普及，提高用水户的节水意识和节水热情。

8.3 水权市场的运行机制

水权市场的运行机制包含供求机制、竞争机制和价格机制。三种市场机制通过调节水权市场供给方和需求方长期与短期的行为选择，形成水权市场的均衡，使水权市场中的水资源能够得到最高效率的利用，并在水权市场中形成水价，作为一种反馈机制影响水权市场的运行①。

8.3.1 供求机制

供求机制是水权市场中的主体机制，水权市场中所有要素都围绕着水权的供求机制变动，水权市场中水权的供求情况影响着所有市场主体，水权供求的变动直接影响着水权价格，也影响着市场主体的行为策略选择。水权市场的研究主体应当包含需求方和供给方两个方面。

水权市场的需求方是指对水权具有购买欲望并有购买能力的市场主体。水权市场的需求方有两类：一类是因为生产生活对水权产生需求的水权需求方，这类水权需求方在水权市场上取得水权之后用于生产和生活，是将水资源作为一种必需的生产资源；另外一类水权市场的需求方是以投资为主的水权市场需求主体，他们从水权市场上取得水权是为了获得利润，在价格低时买入，在价格高时卖出，在价格波动的过程中获得利润。

水权市场的供给方是指对拥有水权且具有转让意愿和转让条件的转让主体。在我国的一级水权市场，水权的供给方是拥有水资源所有权的国家，在二级水权市场，水权市场的供给主体是拥有水权的用水户，在二级水权市场上选择进行交易的用水户已经做出了选择，他们的选择是将水权出售。

水权市场中需求方和供给方对水权的影响构成了水权市场中水权交易的动力，推动水权市场的运行。在水权市场中，能够流通的可交易水权总量受地理条件、水利工程等方面的影响，水权供给量有一定的制约，在总供给量的制约之下，水权市场中的供给方在谈判中的话语权会比需求方更高一些，水权需求方比供给方更为活跃，因此水权市场是典型的卖方市场，呈现出“需大于供”的现象，而水权供给方会有“待价而沽”的心态，从而形成水权供给方“惜售”或要价过高的情形，造成水权市场“有价无市”的现象。

---

① 葛颜祥，胡继连．水权市场运行机制研究［J］．山东社会科学，2006（10）：88-90.

8.3.2 竞争机制

竞争机制是水权市场中供求平衡的影响机制，竞争机制通过影响水权市场中的需求者之间、供给者之间，以及需求者和供给者之间的相互关系，从而使市场从供求不平衡逐渐转向平衡。在需求者之间，也就是买方市场，需求者竞争的动力是在需求者可接受的水权价格范围内，通过购买水权可以满足生产需要，由水权带来利润，因此需求方之间的竞争其实是各需求方水资源边际产出率的竞争，边际产出越高，竞争力越大；在供给者之间，也就是卖方市场，竞争机制通过影响水权供给者出售水权的价格，对卖方市场进行调节，出售水权价格越高的供给方竞争能力越大，所出售的水权也就越多，而能在水权市场上出售水权的一般是农户，因此影响因素是节水投入的能力；在需求者和供给者之间，也就是买卖双方之间的竞争，这是水权市场竞争的主要形式，对于水权供给者而言，水权价格越高越好，可以获得更高利润；对于水权需求者而言，水权价格越低越好，可以减少更多购买成本，通过市场价值规律形成的水权价格才是最符合水权价值的价格，竞争越激烈的市场，水权的配置效率就越高。

8.3.3 价格机制

价格是市场机制的重要信息要素，是传导市场中的供求关系、竞争关系、资源配置效率的重要信息机制。价格机制是作为市场中的信息反馈机制而存在的，价格的反馈机制体现在市场对资源配置的迟滞性上，价格机制通过对市场中的供求各方行为决策的影响，从而影响资源配置的方向。在水权市场，水权价格是反映水权信息的重要因素，水权价格对水权市场的信息传递体现在对水权市场的供求关系、水资源价值和人们对水资源偏好三个方面。针对水权市场的供求关系，水权价格是所有市场要素中最灵敏的信息调节器，使水权价格不断接近水权价值，具体来说就是当市场上供大于求时，水权价格下跌，导致水权市场供给减少，需求增加，从而使水权价格又逐渐升高，反之亦然；针对水资源价值，价格机制能够有效反映水权的机会成本，反映所耗费的水资源对生态系统的影响，在不同区域、不同流域，水权的价格能够有效反映水资源的稀缺程度；针对人们对水资源的偏好，价格机制能够通过水权价格的高低提供人们对水资源的评价与偏好，评价越高，价格越高，反之亦然。

8.4　水权市场的交易形式

当前我国的水权市场尚未完全建立，只有部分地区进行了示范试点，还没有形成相对完善的、成熟的水权交易形式。因此只有在水权主体明确，同时在交易过程中需要保证不存在潜在的水权争端，在保证这两个前提下，水权交易才能顺利进行，否则在水权交易时会引发一系列争端。因此按照水权交易是否存在争端，可将水权交易分类成存在水权争端和不存在水权争端两类，当存在水权争端时，属于国内的争端可以通过上级政府介入调节的方法解决，而国际上的水权交易争端需要引入中立的第三方进行协调和仲裁，一般而言水协会是能够解决国际上水权争端的中介组织，水协会的介入更加有利于对跨界水资源的保护性开发和水资源利用效率的提升，能够兼顾水资源分配的公平和效率。本书讨论的是不存在水权争端情形下的水权交易，这种交易要求制度要非常明确，能够保证在水权交易过程中不产生产权主体不明确、不明晰的现象，从而保证水权交易的正常进行。根据我国水权交易试点示范区的经验，目前较为可行的水权市场交易模式主要有以下三种。

8.4.1　谈判交易

谈判交易是通过交易双方就水权交易价格的谈价还价后取得某种程度的一致或妥协的过程，参与交易的主体为了能够达成水权交易这一目的进行谈判，在谈判过程中需要明确转让主体、受让主体、交易客体等，交易客体中需要明确交易水资源的数量和质量，最重要的是确定交易后的收益分配方案。可见，谈判是适合小区域范围内的水权交易，同时也有利于水权价格的市场化调节，是能够兼顾公平和效率的交易方式，同时交易成本不会很高。

8.4.2　水银行交易

水银行暂无严格的定义，它是美国等发达国家在 1979 年采取的在水资源调配或水权运作中使用的一种配置手段，即把水当成货币，把多余的水储存起来，交易给需要水的主体，并支付一定费用的过程。美国爱达荷州州议会指导州水资源局在 1979 年成立了水银行，其运作方式是由民间运河公司经营租赁泳池的方式，在租赁水池中储存农业多余的水资源，并给缺水用户供水，利用民间运河进行水量输送，调配地区工业、农业、公共用水等，大幅度降低水资源运输成本，提高了水资源交易的实效性。水银行应用最为广泛和成功的案例是美国加州的水银行，美国加州水银行成立于 1991 年，由于经历了 5 年的干旱，加州政府决定成立水银行以缓解在旱期水资源使用效率低下的问题，水银行从供水者处购买入原水，通过加州输水工程输送至买方需求者。

水银行是由政府的专门机构作为中间机构，采取股份制的形式对剩余水量进行标准划分，以水权份额进行管理的类似于银行的运作机构，这种水权交易形式适用于交易者较多的大范围区域，政府在这种交易形式中应当明确自身的权利和义务，以市场化导向为主，规范交易的细则。

8.4.3　电商化交易

水权电商化交易是在水权交易系统中引入电子商务的概念和内容，通过电子媒介的开放平台发布水权供求信息，交易双方能够在平台上实现实时商谈沟通，极大地降低了交易成本，不仅降低了交易主体在交易过程中产生的人财物成本，而且基本克服了水权交易信息不对称的问题，实现了交易的公平、公开、公正。基于电商平台进行水权交易，能够更好地推动中小交易者进入水权交易市场，从而形成一个较大的水权交易市场，使水权交易的价格更为透明，更能够使用市场竞争机制促使水资源向使用效率更高的单位流动，交易者也能够更方便地通过水权交易电商平台了解市场最新动向，明晰发展趋势，适时了解水权交易的各类信息，真正实现水权交易的规范化、规模化和标准化。政府水管部门在电商化交易过程中应当基于水资源的社会公共属性制定相关法律法规，保证在电商平台的中小水权交易者的正当权益，防止出现垄断价格、囤货居奇的现象，防止出现由于水资源价格过高引起的区域性群体事件。要进一步明确政府在水权交易过程中的权利范围、激励措施和监管制度，政府应当减少直接监管，通过合理的价格机制和市场机制使水资源交易逐步回归市场化主导。

8.5 水权市场的运行保障

8.5.1 水权转让外部性影响评价机制

外部性影响是公共物品管理中必不可少的一部分，同时也是公共物品的特性之一。水权转让的市场健康稳定的发展离不开对第三方的外部性影响可靠、可行的评价。应当建立玛河流域第三方外部性影响评价机制，借助第三方力量对玛河流域的水权转让中对第三方产生影响进行客观有效的评价。评价主体对第三方的外部性评价需要在一整套完善的机制下进行，外部性评价机制应对水权转让中产生的外部性对第三方影响的性质、范围、程度以及对第三方的经济影响，以便玛河流域的管理部门采取措施减少外部性的影响。

（1）专业机构评估机制。

专业机构对第三方影响的评估包括审查和监管主体确定、评估机构选择、评估机构规范、评估结果处理等。在水权转让第三方影响评估机制中，审查主体是上一级地方政府，负责水权转让第三方影响评估工作的指导。监管主体是上一级地方政府的水行政主管部门。评估机构应当选择客观中立，应选用业务水平高、经验丰富的评估机构。评估机构的遴选途径包括：通过公开招标或水权转让地方政府主管部门通过公开遴选、听证表决和公示选择专业评估机构；采取利益相关方推荐的方式，由利益相关方代表团组成评议团，根据评估机构的社会信誉、业绩、投标文件的客观公正程度，统一打分评判，对评估机构进行排名。

（2）第三方影响评价机制流程。

第三方的外部性影响评价机制应当在水权转让主体提出转让申请时，对水权转让的潜在第三方外部性影响进行评估，提出应对预案，监督水权转让过程，评价第三方受到的外部性影响，最后对水权转让的结果进行评价，并且提交第三方外部性影响和水权转让的收益评价，见图 8－2。

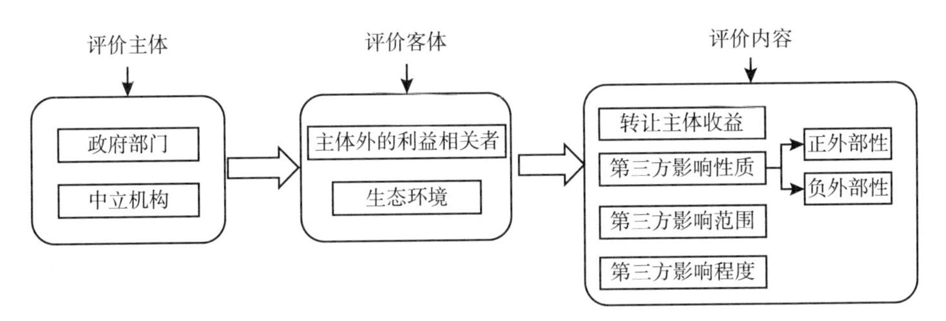

图 8－2 水权转让第三方影响评价机制

8.5.2 水权转让补偿制度

补偿机制是在损害发生前、过程中和发生后消除或减少损害的一种机制设计，是水权转让第三方影响评价机制的后续。水权转让中的补偿机制就是在因水权转让给相关利益者时所产生的外部性的一种弥补，结合合作博弈中的联盟合作时的资源重新分配，对合作联盟中进行水权交易时不同的主体因加入水权合作联盟而造成的利益损失进行弥补。水权转让的补偿机制包括水权转让过程中的受益者、受损者、补偿者、补偿原则、补偿数额、裁定机构、补偿方式等①。政府在这一过程中要保护第三方和社会弱势群体，保证其正当权益不因水权交易而受到损害。补偿机制的前提是建立第三方外部性影响评价体系，只有准确地评价水权交易对第三方可能造成的影响，才能对第三方的权益进行保护，进而根据损害程度提出补偿的方式及数额。

（1）补偿条件。

实施水权转让补偿需要满足以下几个条件。第一，水权转让对利益相关

① 田贵良，杜梦娇，蒋咏．水权交易机制探究［J］．水资源保护，2016，32（5）：29－33.

方已造成实质性的用水权益损害；第二，水权转让的用水必须是合法用水，只有合乎法律规定依法取水、用水的用水户才享有受保护的用水权益，受到损害的用水权益才能得到补偿；第三，需要所有利益相关者一致认可的用水权益损害的评估。

（2）补偿原则。

补偿的过程中应当秉持公平公正原则、民主协商原则、政府主导监管原则。公平公正原则体现在无论是补偿的接受方还是给予方都必须坚持公正、公开的原则，补偿额的确定要设计水权转让的利益主体一致统一或者根据专业评估机构的评估结果确定。民主协商原则是实施水权转让补偿中的重要原则，体现在对补偿额和补偿方式的协商，在水权转让过程中，只有所有设计水权转让的利益各方经过充分协商并一致同意补偿方案，水权转让工作才能顺利进行。政府主导监管原则体现在政府对涉及水权转让的利益主体在水权转让过程中行为的规范管理，无论是第三方影响的自主调节机制还是专业机构的评估机制，都需要政府部门加强监督管理，确保水权转让的补偿措施能够落到实处。

（3）补偿方式。

水权转让补偿方式有很多，根据水权转让主体和第三方之间的协商可采用不同的方式进行水权转让补偿，包括现金补偿、实物补偿、工程补偿、项目补偿等。

现金补偿。现金补偿分为两类，一类是直接以现金形式发放到各补偿对象，另一种是通过工程建设或维修费的形式拨付到补偿对象，支持补偿对象开展水利工程建设和养护。

实物补偿。补偿经费可以折算成农业生产所需物资，例如种子、化肥、灌溉设施等发放给补偿对象，实物补偿的形式和类别需要补偿费用的承担方和第三方之间协商一致。

工程补偿。补偿费用也可通过补偿费用的承担者兴建农田水利设施工程，利用工程建设费用抵销对补偿对象的补偿。

项目补偿。该方式可以采取多种形式的补偿手段，从项目立项、审批对补偿对象加以重点考虑，可以适当给予政策倾斜，弥补补偿对象在水权交易中所受到的损害。

（4）补偿额确定。

在水权交易中会不可避免地产生负外部性，需要对第三方产生的影响需要进行补偿，对补偿对象的补偿额确定是各利益主体的关注焦点所在。若补偿额太低，第三方无法接受，若补偿额太高，则转让主体无法接受，制定合理的补偿额是实施水权转让补偿机制的关键。对于供水单位而言，根据灌区的总用水量，对比水权转让前后的用水量的变化，乘以相应的补偿系数即可获得补偿额度；对于用水企业的补偿，要根据水权转让前后企业取水成本的变化确定相应的补偿额度；对于水权转让中农户的补偿要根据自然条件，农户的农作物种植结构、面积以及农产品的市场行情综合决定。

8.5.3　水权转让政府监管机制

水权转让离不开政府的监管，玛河流域应当建立各级政府层面的监管机制，对水权交易的合法性、规范性、交易中介的资质和行为、交易价格等进行监管，确保水权转让符合可持续发展的要求，保证水权交易的主体间在水市场中的权益。

（1）市场行为监管。

市场行为监管主要是对水权交易过程中出现的损害公共利益的行为进行监管。水市场监管机构应依法对违反水权交易规则的行为进行禁止、不予审批直至追究法律责任。这些违反水权交易规则的行为包括：转让明令禁止不许交易的水权、影响城乡居民生活用水的水权交易、威胁粮食安全和农业稳定发展的水权交易、对生态环境或第三者利益可能造成重大影响的水权交易、向国家限制发展的产业用水户转让水权等。

（2）市场秩序监管。

水权转让的正常稳定运转需要水权转让监管机构的有效监管，有效维护水权持有者和社会公共利益。水市场的秩序管理核心是水市场的规定，包括水市场的准入规则、水市场的竞争规则、水权交易规则等。对于水市场监管机构来说，维护水市场的秩序，还需要具备应对违反水市场规则行为的强制性措施和控制手段。水市场秩序管理的手段包括行政审批、行政处罚、追究法律责任、调节和裁决等。针对水市场中发生的不同情况可采取不同的行政手段进行管理，保证水市场正常、高效运转。

（3）水权转让价格监管。

水权转让中最为监管部门和交易双方所关注的就是水权交易价格。水权交易的价格能够真正反映出水资源的价值以及水资源的边际价值，能够保障水权交易的公平和公正，促进水市场的健康稳定发展。玛河流域的水权监管部门和各地区的物价管理部门应当制定水权转让的指导价格区间，制定规范水权交易的价格政策；水权交易双方应当按照政府部门制定的水权交易指导价格区间和政策，就水权交易的具体价格达成一致后，到水权交易监管机构和物价管理部门登记备案，并接受水市场监管机构和物价管理机构的审查；政府可以运用税收或补贴政策间接干预水权转让，同时结合水权交易的指导价格区间，加强对水权转让价格的指导和监管。

8.6 本章小结

水权市场组织体系和运行机制构建是在6~7章的研究基础上，对水权转让的应用进行拓展分析而来，当水权转让存在时，自然而然地会出现水权交易市场和水权交易价格，本章研究的便是水权交易市场的组织体系和运行机制。本章首先明确了水权市场的构建思路，从水权市场的内涵和构建水权市场的必要性出发，参考土地交易市场的结构，构建水权市场，将水权市场分为一级水权市场（初始水权转让市场）和二级水权市场（水权交易市场）；其次，对水权市场的组织体系进行分析，具体探究了用水户参与灌溉管理模式（SIDD模式）；再次，分析了水权市场的运行机制和交易形式，运行机制部分具体分析了供求机制、竞争机制和价格机制，水权市场的交易形式部分具体分析了谈判交易、水银行交易和电商化交易；最后，分析了水权市场的运行保障，包含水权转让外部性影响评价机制、水权转让补偿制度和水权转让政府监管机制。

第9章　水权交易价格形成机制构建

水权市场的构建和水权价格的形成是水资源市场化配置的重要内容，也是使市场发挥资源配置的基础性作用的关键。将水资源视为一种经济商品，引入市场机制来提高水资源的配置和利用效率，已经得到普遍认可并成为国内外的社会实践。水权价格形成应当建立在初始水权分配和水权转让的制度安排的基础之上，以“准市场”资源配置模式为依据构建水权市场，并针对特定流域的水文、地貌特征、人口、社会经济发展条件建立符合流域实际情况的水权市场。本章首先探究水权价格的形成机制，针对不同的水权交易模式分析水权价格的形成机制；随后针对玛河流域的水权市场现状和水权交易价格改革的实践，试图分析昌吉州水权价格改革的成效及经验教训。

9.1　水权价格形成机制

9.1.1　水价机制存在问题

目前我国的水资源分配是计划型的指令配置模式，主要通过行政手段配置水资源，造成水资源价格的扭曲，影响水资源的分配效率和分配公平。长期的行政命令式的分配手段导致水权价格远远低于生产成本，水权价格不能起到调节水资源供需的杠杆作用，使水资源的无效需求增多，浪费严重。水资源价格偏低、无法正常反映水资源市场供求关系是导致流域水资源制度失灵的主要诱致因素之一，主要表现在以下几个方面。

（1）水资源价格偏低。

水资源价格是水资源作为商品由市场来调节供需的控制因素，然而由于水价偏低，水资源的过度需求偏多，市场无法通过价格对水资源供需进行调节，导致“市场失灵”现象。我国大部分地区的农业水价没有达到供水成本的水平，多数灌区的现行水价只有供水成本的30%～60%，许多灌区的水费计收标准甚至是10年前制定的；同时，水资源的价格的偏低也源于长期实行的全民财政补贴政策，我国的工业产品成本中水费占比只有0.1%～0.4%，而发达国家的占比远远高于这一比例，过低的水价不仅造成了水资源的严重浪费，而且使供水单位的扩大再生产能力降低，使水价脱离水市场，严重背离价值规律，失去价值杠杆作用①；此外，过低的水价导致农业的用水方式粗放，浪费现象严重，目前部分地区依然采用传统的大水漫灌方式，农业用水的有效利用率仅为40%，玛河流域的水资源90%用于农业生产，农业用水的过高比例背后是水价调节机制的失灵，过低的农业用水价格导致水资源浪费现象频发和用水结构不合理。

（2）水资源价格认识偏差。

在我国水资源长期保持低价格的背景下，人们始终认为天然的水资源没有经过人工的劳动投入，不能算作商品，不应当有价格，并且认为水利工程是服务农业生产的公益性事业，应当完全由国家投资，无偿供给。长期的观念错位导致社会各界对水资源的认识存在偏差，水价的调整会引起人们强烈的反应，水价改革必然受到阻碍。水资源价格改革涉及面广，后续影响大，因此各行政主管部门对水价改革都比较谨慎。决策者认为水是生产生活的必需品，价格一旦改变，会导致成本拉动型通货膨胀，造成物价总体水平的上升，当地的生产部门的产品也会因成本上升而减少竞争力，同时物价上涨还会引起当地人民的不满，这些思想制约着地方政府和水行政主管部门，对水价改革议而不决。

（3）水价结构不合理。

水价结构不合理体现在两个方面。第一是工业、农业、生活三类水价之间的价格水平不合理。我国生活和工业用水价格是农业用水价格的3～7倍，

---

① 王克强，刘红梅，黄智俊．我国灌溉水价格形成机制的问题及对策［J］．经济问题，2007（1）：25－27.

这种强烈的价格对比背后是对农业产业的保护，是因为农业在比较利益和竞争性方面的弱质性导致的，然而在水资源日益短缺和人们生活水平不断提高的背景下，农业用水的低价低效高耗能否长期持续，是否有利用流域的可持续发展，还需要加以考虑。第二，水资源价格结构单一，目前我国大部门地区施行的是单一计量水价制度，这样的价格结构缺乏灵活性，无法适应新的情况，水资源价格应该能够通过用水变化反映成本的变化，给用水户提供准确的成本变化的信号，从而通过水价的阶梯形变化调节用水户的成本，使用水户在提高水资源利用率的同时增强节水意识。

9.1.2 水价形成的影响因素

（1）自然因素。

水资源数量。水资源的自然属性中的丰缺程度是影响水资源供求关系的最大因素。在水资源短缺时，水资源的价格成为用水单位之间配置水资源的重要手段，因此水资源的价格需要根据地区或流域的水资源供求平衡结果来确定。除了水资源的供求关系变化引起的水价变化，地区间的差价和季节差价的变化也是决定水价的重要因素。

水资源质量。水资源作为一种商品，其自然属性中的水质也是影响水价的重要因素，水质好的水资源价格自然高，水质差的水资源价格低。流域内各类用水对水质的要求不同，农业灌溉用水、工业用水、居民生活用水对水质的要求依次提高，并存在着替代性，水质最高的居民生活用水可以用于几乎所有的水资源需求用途，由此水资源质量也是决定水价的影响因素，并且随着水质的变化水资源的供求关系也会发生变化。

（2）社会因素。

社会发展水平。社会经济发展水平与水资源的价格有密切的联系，一方面，经济发展需要大量的水资源，社会需要大力发展的经济项目会在一定程度上影响水资源的供求关系，从而影响水资源价格；另一方面，在经济发展的同时会排出大量的废水，若缺乏有效治理，会污染水体，降低水体自我恢复能力，治理废水又需要社会中的大量资金，在初始水权价格收取上需要考虑废水治理费用，水资源的供需情况和当地社会经济发展关系较为紧密。

用水户承受能力。从水资源的不同用途角度来看，用水单位可分为农业、工业、生活、生态环境用水，不同的用水单位对于水资源价格波动的承受能力不同，因为不同的用水单位的收益不同，成本计量也有所差异，即使是同一类的用水单位，由于不同的心理预期和经济状况，水价的激励作用也会有较大差别。

社会伦理。社会的非经济因素会渗透在水资源价格形成的过程中，伦理学体现在人类在生产、生活中对水资源的利用是为保证生存需要，不仅要保证其优先分配权利，还要在价格上有所考虑，不能超出最低生活保障人群使用水资源的购买能力。

（3）经济因素。

产业结构。不同的产业结构将影响地区水价政策的制定与贯彻落实，若地区的产业结构布局中以第一产业为主，需水量大且农业收入附加值低，则该地区的水价制定应当充分考虑农业用水户的水资源需求，相应的地区农业用水价格就应较低，而若地区的产业布局中以第二、第三产业为主，特别是高耗水的传统企业和与水相关的服务型产业较多的，由于其产品附加值高，产生效益大，且会产生污水、废水，因此该地区的水价应相应提高。

产品结构。在不同的产业中所产出的商品各自的需水量不同，有的产品需水量大，如农产品等；有的产品需水量小，如工业产品和特殊服务行业；有的产品不需要水，针对不同的产品，其需水量和附加价值不同，提供给不同产品的水价也应有所调整，如农作物中的粮食产物和经济作物，如服务行业中的洗浴、洗车等与水相关服务业，其水价应当有所区分。

（4）水利工程。

水利工程规模。水利工程规模的大小直接决定了固定资本投资、运行维护费和折旧费，这些因素都会直接影响供水价格，水利工程的规模越大，其供水保证率就会越高，从而供水质量和供水服务就会越好，相应的水价就会越高。

水利工程投资结构。水利工程的投资结构决定了水利工程的性质类型，按照“谁投资，谁维护，谁收益”的原则，不同的投资主体建设的水利工程将对水价制定形成直接影响。国家全部投资建设，国家与地区公共建设，私营资本或外资参与的供水工程在水价制定上会有较大区别。

水利工程质量。水利工程质量的好坏直接影响到水利工程的维护成本，间接体现在水价上，若水利工程的质量好，平日的修理费用和维护费用较低，则供水成本低，最终形成的水价也低，反之亦然。

9.1.3　三种定价模式下的水权价格形成机制

水权价格的形成与水权转让的方式密切相关，在不同的水权流转模式下会有不同的水权价格形成机制。水权价格是在水权市场中形成的，是市场中进行交易时形成的产物，水权价格符合一般商品价格形成规律，呈现水权价格围绕着水资源价值上下波动的特点。水权市场中的水权转让定价模式由简单至复杂，由不成熟至成熟，可以分为三种类型，分别是水权协议转让、水权招标、水权拍卖[①]。

（1）水权协议转让的价格形成。

水权协议转让是指在水权交易所（中心）的撮合下，水权交易双方通过协商、谈判进行的交易达成。协议转让是水权交易的最主要方式，在水权交易过程中被广泛应用。

水权协议转让的需求方和供给方可以是水管政府部门、农业用水单位和工业企业，三者均可以成为水权协议转让的需求方或者供给方。水权协议转让的需求方应当满足国家法律对水权的管理标准和方法，同时要遵守市场中的交易规则和制度。水权协议转让的供给方应当是具有富余水权的主体，其富余水权的来源包括初始水权或节水富余的水权。

在水权协议转让的过程中，水权价格形成的方式由水权转让双方协商决定，水权的价格围绕其价值上下波动。在进行水权协议转让过程中，各水权交易主体通过对自身交易条件和外部信息的充分了解分析后，确定其可接受的价格区间，买卖双方重叠的价格区间便是水权交易价格的公共部分，水权协商的价格便产生于这个公共部分。若买卖双方没有重叠区间，则交易无法完成。在水权市场中，卖方存在三种选择，第一接受报价，交易达成；第二，拒绝报价，留作下次交易；第三，拒绝报价，留作自用。卖方的这三种选择是由卖方综合水权自用价值、交易成本、保留水权过程中的损失，以及历年水权交易价格、水文状况、水利设施建设、天气预报等因素后做出的决

---

① 刘峰．基于水权交易所的水权价格形成机制研究［J］．中国水利，2014（23）：7－11.

定，卖方希望水权价格越高越好，同时也有其能接受的最低价格，形成卖方水权价格区间［P1，P2］。与卖方相对应，买方也具有三种选择。第一，接受协商的水权交易价格购买水权；第二，放弃购买水权；第三，在下次水权交易时再购买水权。同样，买方也需要综合各类信息，包括自身和外部市场，做出符合其心理预期的选择，在越低越好的心理预期下，水权买方也拥有其能接受的水权价格区间［P3，P4］。根据我国现实情况，水权交易在很大程度上受空间因素和水利工程设施的制约，跨流域的水权交易在用水户层面几乎无法实现，即使在同一流域，水权交易仍受到水利设施和地理条件的制约，因此在水权交易过程中很难形成多方卖方面对多方买方的情形，买卖双方协商议价成为水权交易的主要形式，在卖方价格区间和买方价格区间的公共区域形成协议转让的价格区间［P1，P4］，见图9-1。

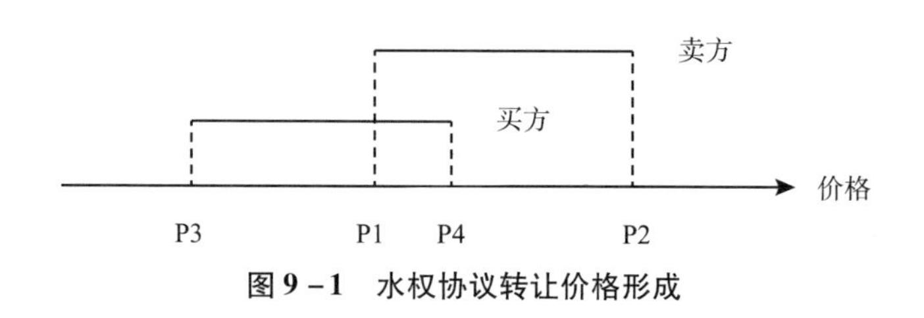

图9-1　水权协议转让价格形成

协议转让的水权交易能否成功的关键在于买卖双方是否能够达成统一的价格。一方面，如果买方和卖方的心理预期价格无交集，则无法形成协议水权交易价格，即 P1 > P4，则无法进行交易；另一方面，即使存在公共区间，若买卖双方在讨价还价过程中谁也无法妥协，也无法形成水权交易。

（2）水权招投标转让的价格形成。

水权招标投标是比水权协议转让更高一层次的水权转让方式，由“一对一”的水权转让方式升级为“一对多”或“多对一”的水权转让方式。水权招投标转让由水权招标和水权投标两个方面组成，水权招标是指水权招标人以一定的方式邀请不特定的自然人、法人或其他组织进行投标，水权投标是指水权投标人应水权招标人的要求参加投标竞争，水权招标和投标是一对相互对应的范畴①。

① 刘峰．基于水权交易所的水权价格形成机制研究［J］．中国水利，2014（23）：7-11.

参照国内外关于水权招标投标的方式，可将招投标方式分为公开招标和邀请招标。第一，公开招标，指水权招标人以招标公告的方式邀请不特定的法人、自然人或其他组织参加投标竞争，按价格择优选择，价高者中标。第二，邀请招标，指水权招标人以投标邀请书的形式邀请特定的法人或其他组织投标，也就是说中标单位只能是受到邀请的水权单位，投标单位一般控制在3~10个左右，由于限制了投标者个数，水权交易过程中的各项费用大大减少，交易费用也随之降低。

水权招标流程如下。第一，申请与初审。水权所有者向所在行政区域的水利主管部门申请，所在行政区域的水管部门接到申请后，进行初审并审批或拒绝，同时水管部门对拟招标的水权进行评估，确定水权价格。第二，招标。水管部门将符合法律规定的招标项目委托至水权交易所，由水权交易所来组织招标工作；水权交易所在水权招标项目截标前30日将水权招标信息发布至公共信息平台或发出招标邀请书，对意向投标者进行报名登记并对竞标资格进行审查，意向投标者要在指定日期内将投标书上交至指定处，同时缴纳投标保证金；水权交易所组建评标委员会，委员会根据决标条件确定中标人，并对中标人和非中标人都给予通知，对非中标人退回保证金。第三，合同签订。在水权决标后，由水权交易所主持双方签订“转让合同”，并将“中标通知书”转交行政区域水管部门，中标者按照转让合同的规定及时到行政区域的水管部门办理水权变更登记手续。

（3）水权拍卖竞价的价格形成。

拍卖是以多位参与者的出价为基础来决定资源配置和“出清价格”的明确规则，以此来决定资源的价格。拍卖有三个基本功能，第一是揭示信息，在拍卖轮流出价的过程中，能够提供买卖双方对标的物的心理预期价格、标的物的价格围绕价值的波动范围等；第二是减少代理成本，拍卖过程直接由买卖双方进行价格博弈，减少中间不必要环节，降低交易费用；第三是提高资源配置效率，拍卖能够使资源“流向”配置效率最高的那一方。将拍卖理论引入水权市场，通过叫价对水权配置实行拍卖，使水权使用者利用价格机制接受水权的真实价值。在一级水权市场中，以政府为代表的水权卖方若采用拍卖方式将水权配置给用水户，则卖方有一个，买方有很多，这属于单边拍卖模式，在单边拍卖模式中，卖方和买方的交易地位是不对称的，卖方具有资源的垄断性，而买方只能是价格的接受者。在二级市场中大量存在的是“多对多”的市场结构，即拥有多位水权卖出方和多位水权买入方的交易市场，在二级水权交易市场中，应当采用双边拍卖模式，由供给方和需求方同时报价，由市场来确定交易的水权量和水权价格，买卖双方是平等的供给和需求关系，在双边拍卖模式中，竞争随之增加，垄断随之打破，参与者有披露真实信息的激励，以消除垄断方操纵市场的行为[①]。

拍卖过程。基于双边拍卖的二级水权市场的市场成员应当包含水权交易双方和市场组织者，拍卖交易的过程分为四部分：组织拍卖、双方报价、确定出清价格、交易。第一，组织拍卖，水权交易所组织者负责组织拍卖，根据拍卖双方的交易申请，对交易各方的报价进行审核，并确定其合法性、有效性；第二，双方报价，在制定的拍卖时间内，交易双方向水权交易所提交有效报价和水权数量；第三，确定市场出清价格，水权交易所在拍卖各方报价结束后，最终确定市场出清价格、交易数量；第四，交易，赢得拍卖交易的水权交易双方确定各自的水权交易数量和价格，签订水权交易合同。

拍卖机制设计。水权交易所需要接受拍卖双方的报价，组织拍卖活动，拍卖者的任务是设计合理有效的拍卖机制，实现全社会的利益最大化，因此水权交易所应当以全社会福利产出最大化为目标，制定科学、合理、符合社会现实并能够付诸实践的水权交易拍卖制度。

①“高低匹配”原则。所谓“高低匹配”就是买方按照报价由高到低依次排优先级，卖方按照报价由低到高依次排优先级，优先级最高的交易双方首先进行交易，其次次优先级的交易双方再进行交易，以此类推[②]。

②出清规则。设 b_j 为水权买方报价中第 j 高的报价方，s_i 为水权卖方报价中第 i 高的报价方，其中 i，j 可代表卖方、买方中的任意一员，则买方报价集为 $N\{b_1, b_2, \cdots, b_s\}$，共有 S 个买方报价，其中 $b_1 \geqslant b_2 \geqslant \cdots \geqslant b_s$，卖方报价集为 $M\{s_1, s_2, \cdots, s_t\}$，共有 t 个卖方报价，其中 $s_1 \leqslant s_2 \leqslant \cdots \leqslant s_t$，假设在排序后在买方报价集中排名为第 N 位置的报价为 b_n，在卖方报价集中排名为第 M 位置的报价为 s_m，则 b_n 是所有买方报价中第 n 高的报价，s_m 是所有卖方报价中第 m 高的报价。按照“高低匹配”原则，拍卖的出清规

① 李长杰，王先甲，范文涛．水权交易机制及博弈模型研究［J］．系统工程理论与实践，2007，27（5）：90－94.

② 李长杰，王先甲，范文涛，等．水市场双边叫价贝叶斯博弈模型及机制设计研究［J］．长江流域资源与环境，2006，15（4）：465－469.

则如下。假设 $s_m \leqslant b_n$，且 $s_{m+1} > b_n$，$s_m > b_{n+1}$，所有买方报价大于 b_n 的买方和卖方报价低于 s_m 的卖方进入交易集，其余的买卖报价方进入下一次叫价拍卖，其中 $s_{m+1} > b_n$，$s_m > b_{n+1}$ 是出清规则的关键，这样的规则保证了能够进入交易集的买方和卖方不会有无法进行交易的报价方，所有报价高于 b_n 的买方和所有报价低于 s_m 的卖方都进入交易集，按照出清规则决定的买卖双方交易集可以保证市场出清，见图9-2。

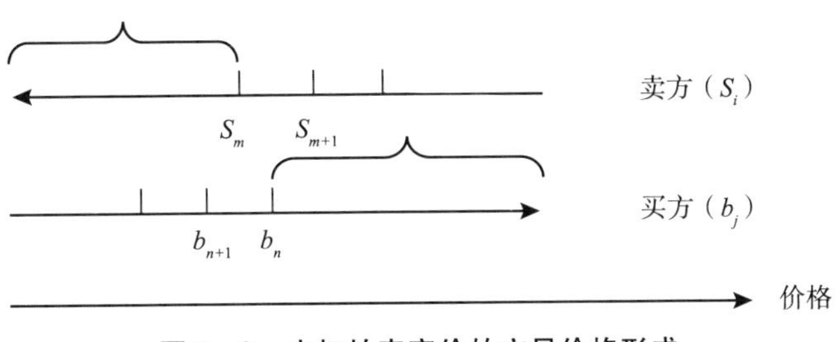

图9-2 水权拍卖竞价的交易价格形成

③出清价。当市场出清时，买卖交易双方的水权供需平衡，此时产生的价格为市场出清价，所有参与此次买卖的交易双方都需要按照此价格进行交易。假设在交易集中买方的最高出价为 b_x，最低出价为 b_y，卖方的最高出价为 s_x，最低出价为 s_y，市场出清价格 P 可定义为：$p = \frac{b_y + s_x}{2}$，也就是图9-2中：$p = \frac{b_n + s_m}{2}$。

9.1.4 水价体系构成

水资源价格是利用市场经济手段管理公共资源的抓手，在复杂的用水市场中，单一的水价制度不能适用所有用水情形，应当建立包含多种水价制度在内的水价体系来针对不同情况选择合适的水价核算方法。

（1）容量和计量两部制水价。

从水利工程和治污工程的角度来看，由于用水单位的用水需求变化较大，水利工程和治污工程的投入资金又往往金额巨大，若按照用水户的用水量计算水价，那么许多投资方不会冒险投入资金修建水利工程和治污工程。

因此应当建立容量和计量两步制水价，容量水价指对净水、给排水和治污工程的设施成本的补偿。

（2）阶梯式水价。

阶梯式水价的内容是随着用水量的增加，水价会逐渐升高，对于超定额的用水阶梯加价。阶梯水价对于普通的社会用水单位都适用，在建设节水型社会中阶梯水价制度是不可缺少的组成部分。

（3）水质水价。

按照国家对水质分类的标准，不同水质标准的水资源实施不同的价格标准。如Ⅰ类水是自然状态下的洁净水，可以直接饮用，是非常稀缺的资源，应当制定较高的水价；Ⅱ类水是自来水厂的原材料，价格应当低于一类水；Ⅲ类水属于轻微污染，需经过处理才能成为自来水厂的原材料，价格应当更低；Ⅳ类水属于工业用水和人体非直接接触的娱乐用水，价格较低；Ⅴ类水只可用于农业灌溉和一般景观用水，水价应当设置为最低。

（4）污水处理价。

目前污水处理费征收尚不普遍，已征收的仅为0.2～0.3元/立方米，是处理成本的一半左右，这样低费的水价不仅不能补偿污水处理工程建设的投资，甚至连污水处理设施的日常管理和维修都不能正常提供，过低的污水处理费用使国家投资建设的污水处理设施只能依靠国家财政补贴勉强维持，脱离了市场经济的污水处理工程无法依靠自身维系存活与发展，必将遭到市场的淘汰。因此在污水处理费的征收水价应当根据污水处理工程的成本与管理费用综合制定水价，一般情况下根据保本微利原则，污水处理价格制定在0.5～0.6元/立方米。

9.2 玛河流域水权市场与水价改革实践

9.2.1 玛河流域水权市场初建

当前玛河流域以流域为交易尺度的水权市场并未建立，但在玛纳斯县建立了新疆维吾尔自治区玛纳斯县塔西河灌区水权交易中心，这是新疆首个水权交易中心，标志着水资源分配由传统的政府强制指令分配转变为由政府和市场共同决定配置，大大提高了水资源的利用效率，放大了水资源效益，提高了农户节水热情，减少了水资源浪费，同时也标志着水权市场的初步形成。根据玛河塔西河灌区水权交易中心资料，水权交易中心的运作方式采取政府引导、农民自愿的方式，引入市场机制，以二轮承包土地作为水量分配定额标准，由农民用水协会将农户节约下来的水量以现行水价的6倍价格在水权交易大厅中进行统一交易，并通过水权交易中心的水库进行统一调蓄，政府统一回购后，由塔西河水管部门成立的水务集团供水公司——碧水源有限责任公司供给工业园区使用。

玛河流域的水权交易中心的筹建并非“一朝一夕”的“空中楼阁”，而是在不断地实践探索中逐渐形成。2012年玛纳斯县探索SIDD灌区供水发展模式，组建了由政府投资，社会参与的碧水源供水公司，整合玛管处、塔管处、供水站现有各类资源，投资1.2亿元在塔西河中游建设“三水统调”控制性工程，为农业用水向工业、生态、生活等多元用水转换提供了平台和途径。仅2014年玛纳斯县通过水权交易中心交易农业用水1000万余立方米，其中农户与农户之间交易320万余立方米，向工业转让130万余立方米，向生态、生活用水转让550万余立方米。

在交易平台建立后，昌吉州水权水价改革随之展开，水权水价改革以农业水权确权和水权交易为核心，并伴随农业水价改革和退地节水综合部署逐步推进，2014年，昌吉州出台了《农业初始水权分配及水量交易管理办法(暂行)》，对农业水权的初始分配，交易、配套措施等制定了相关政策法规。首先，以2014年初启动全县二轮土地承包面积核查为基础，明确只有二轮承包地享有初始水权，目前全昌吉州466.89万亩二轮承包地全部颁发了农业用水初始水权证（卡），共计14.31万本，发放率达100%。塔西河流域农业用水定额是按土地所在分区划分，前山区447立方米/亩，平原中部405立方米/亩，平原北部361立方米/亩。其次，探索水权交易模式，以DISS模式为雏形，构建水权交易市场，包含灌区管理委员会、农民用水协会和供水公司三方。灌区管理委员会以昌吉州水利管理部门为基础，组建塔西河灌区管理委员会，农民用水协会以行政区域划分，共成立农民用水协会32个，其中包家店镇以乡镇为单位成立1个总会，以水文边界划分成立了5个农民用水协会，乐土驿镇以乡镇为单位成立1个总会，以行政村为单位成立了农民用水协会分会，见图 9－3。交易量较小的水权交易可在农户之间由农民用水协会主持进行自助交易，具备工业、城镇供水条件的区划通过碧水源供水公司，以不低于 6 倍的水价回购农户初始水权的结余水量，并供给区内工业企业，交易流程见图 9－4。

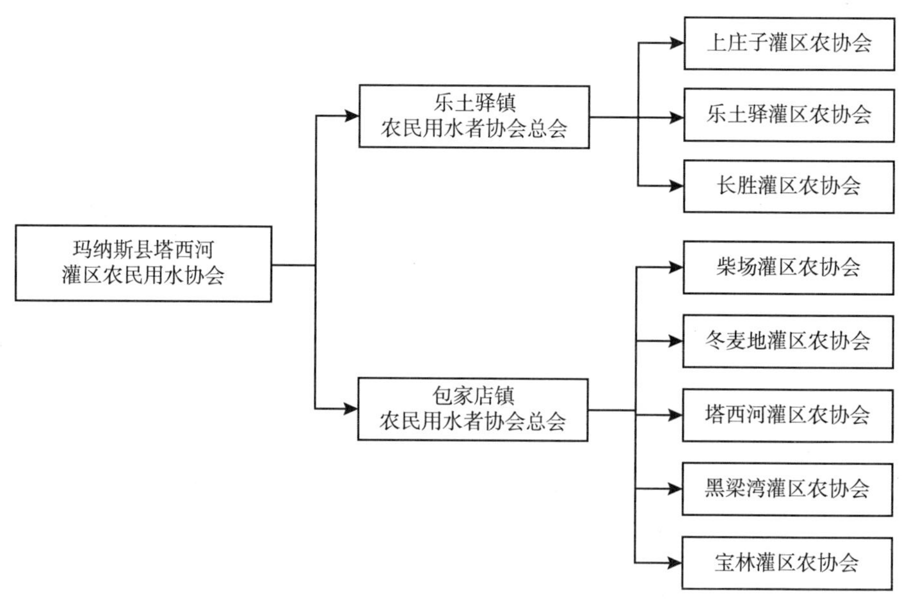

图 9－3　玛纳斯县塔西河灌区农民用水协会构成

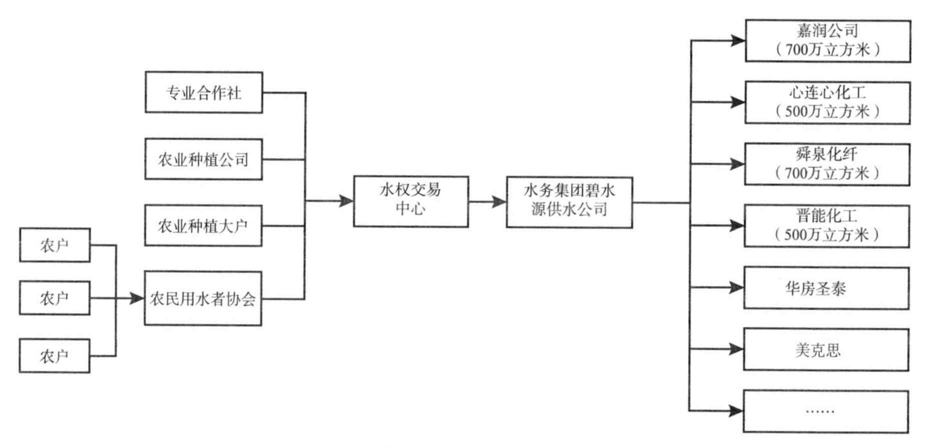

图 9－4　玛纳斯县水权交易中心交易示意

在笔者实地调研中，包家店镇塔西河村农民用水协会介绍到，塔西河村灌区农协会在2015年有56户协会会员，有1370亩土地参加了水权交易，按照昌吉州玛纳斯县的配水额度，本应支出水费4.22万元，但协会今年共节约出13万立方米的水量，将节约出的水量出售给交易中心，按照农业定额水价的6倍进行出售，同时扣除交易中心和农协会4%的管理费，提取18%的灌溉期间应急抢修费用后，协会农民节约的13万立方米水量净收益为3.9万元，交易水量每立方米收益为0.3元，塔西河村农协会56户会员2014年的水费支出仅有3000余元，平均到每亩地为2.18元。

根据乐土驿镇上庄子村农民用水协会的介绍，村上有1700余人，耕地2.4万亩，全村80%的耕地实施节水灌溉技术，在2015年协会会员有59户，有2000亩地参加水权交易，一年下来节约出14.9万立方米的定额水量，通过出售节约的水资源净收益达4.5万元。协会会员反映，家里有60亩地，每亩定额用水405立方米，60亩地就有2.43万立方米的定额水量，通过使用节水灌溉设施，一年下来节约了4200立方米的水量，也就是实际使用了2.01万立方米的水，将节省下来的水通过上庄子村农民用水协会以农业用水价6倍的价格出售给玛纳斯县水权交易中心，得到水权收益1261元，不仅没有多花水费，反而通过水权交易获得了额外收益。这样一来，这项制度充分调动了农民节水积极性，过去是政府号召农户们节水，现在是农户想方设法也要节水，过去节约了水也没法挣钱，农户们没有节水的积极性，现在农民得到了实惠，节水也能够挣钱，节水的积极性自然高了。

从上述分析可以看出，玛纳斯县水权交易中心的成立打破了新疆传统的行政配水格局，引入市场机制和产权制度极大地激发了水资源的配置效率，提升了全社会节水意识，但也要意识到，玛纳斯县的水权交易实践也存在提升空间。水权交易中心只存在于塔西河域内，也只在昌吉州的玛纳斯县进行了水权交易，玛河全流域的水权交易并未出现，全流域的水权市场也并未组建，八师石河子市、沙湾县、玛纳斯县的行政藩篱仍然存在。

9.2.2 玛河流域水价改革实践

（1）改革前水价情况。

由于兵地权属不同和历史沿革等种种原因，在玛河流域出现同一流域管理部门，不同行政区域取得农用水资源价格不同的现象。玛河流域水资源由自治区水利厅玛河流域管理处进行管理，供水至玛纳斯县、八师石河子市、沙湾县，水价由各行政区域的水管理部门决定。根据新疆维吾尔自治区自然资源厅的规定，在2014年水权水价改革前，新疆维吾尔自治区水利厅玛河流域管理处农业供水水价为：干渠供水0.0145元/立方米，计划外供水0.0522元/立方米，大河供水0.0073元/立方米。玛纳斯县、沙湾县和八师石河子市在取得水资源后，由各自行政主管部门进行自主定价，并进行水资源的初始分配。

玛纳斯县玛河管理处的农业供水价格按照昌吉州政办1996年的相关规定，支渠口两水统价为0.049元/立方米；沙湾县玛河管理处的农业供水价格由县水利局按照塔城地区1997年的规定，支渠口供水单价0.06元/立方米；八师石河子市玛河管理处的供水水价按照用途不同由不同的行政单位负责，农业水价由石河子玛管处按八师相关规定执行，工业和生活等水价由八师发改委决定。由于八师石河子市用水占玛河流域水资源的大部分，并且石河子市还同时给沙湾县、玛纳斯县部分地区供水，因此需对石河子市的水价进行详细分析。石河子玛管处的农业综合水价为0.17元/立方米，工业、生活、服务业等水价2012年调整为居民生活用水2.04元/立方米，行政事业单位用水2.64元/立方米，工、商业用水2.58元/立方米，特种行业9.84元/立方米，基建用水6.96元/立方米，绿化用水1.39元/立方米。八师玛管处需负责从西岸大渠、巴音沟河安集海干渠向沙湾县供水，向玛纳斯县六户地镇供水。八师玛管处每年在西岸大渠给沙湾县老沙湾地区供水1.28亿立方米，同时沙湾县尚户地乡、柳毛湾镇和老沙湾镇在西岸大渠开设的渠口及架设的固定与非固定泵站，每年在西岸大渠上取水1800万立方米，八师石河子市供给沙湾县的水价标准为0.0145元/立方米。八师巴音沟河管理处每年给沙湾县安集海镇供水5300万立方米，水价为0.0005元/立方米。八师玛管处每年还要向玛纳斯县六户地镇供水4600万立方米，该水由八师玛管处的引水干渠引水至水库，经水库调蓄后通过八师的输水干渠供给六户地镇，水价为0.00135元/立方米。

权属复杂、管理混乱、九龙治水、效率低下是玛河流域水资源管理面临的棘手现状，管理层级错综复杂，多元用水主体为满足自身利益最大化往往采取多种过激措施维护自身权益，导致兵地矛盾突出，影响当地社会稳定安全，也影响了流域社会经济可持续发展，同时过低的水价已无法满足水利工程正常的维护运转维修费用等，亟须通过水权水价改革理顺关系，形成统一的、兼顾各方利益的、科学合理的、有效提高水资源效率的水利管理部门。

（2）改革后水价情况。

2014年7月，昌吉州人民政府制定并颁布了《昌吉回族自治州人民政府关于印发自治州农业水权水价综合改革方案的通知》，规定实行差异化水价，开始征收水资源费和水资源补偿费。首先对区域内的农业用水的水资源成本价格进行核准，然后按照循序渐进，分步定价的原则进行水价改革，按照每亩灌溉定额362立方米/亩，从2015年起对第二轮承包土地所用农业水资源按照成本价的70%收取水费，2020年起按照成本价的100%收取水费。区域内的水资源成本价通过核准，塔西河灌区为0.133元/立方米，玛河灌区0.146元/立方米，塔西河乡和清水河灌区为0.132元/立方米，对二轮承包之外的土地超额用水收取成本水费的200%。水费收取按照地表水和地下水两种不同的计费方式进行收取，地表水在二轮承包土地的定额用水按规定收取，超出定额用水部分2015年后按照0.1元/立方米收取，2020年后按照0.2元/立方米收取；地下水在二轮承包土地定额内的按照规定收取，超出部分2015年起按0.25元/立方米收取，2020年后按0.5元/立方米收取。地表水水资源补偿费为二轮承包地超出定额用水的和二轮承包地以外土地2015年起按照0.1元/立方米收取，2020年起按0.2元/立方米收取；地下水水资源补偿费为二轮承包地超出定额用水的和二轮承包地以外土地2015年起按照0.25元/立方米收取，2020年起按0.5元/立方米收取。

水权水价改革之后，针对灌区内的不同用水情况水价收取标准如下：（1）二轮承包地以内地表水，2015年起以0.102元/立方米计费，2020年起以0.146元/立方米计费；（2）二轮承包地以外地表水，2015年起以0.492元/立方米计费，2020年起以0.692元/立方米计费；（3）二轮承包地以内地下水，2015年起以0.115元/立方米计费；（4）二轮承包地以外地下水，2015年起以0.615元/立方米计费，2020年起以1.115元/立方米计费。

9.2.3 水价改革对农户种植成本影响分析

通过对玛纳斯县包家店镇塔西河村、黑梁湾村、宝林二村、柴场村、冬麦地村，乐土驿镇柳树桩村、东湾村、周家庄村、朱家庄村、三个庄村、东梁村的近百家农户进行家访、调研，结合玛纳斯县水权交易中心资料，获取了玛纳斯县塔西河灌区农户涉农成本负担的第一手数据，试图分析玛纳斯县水权水价改革政策对当地农户种植成本的影响。2013～2021 年塔西河灌区的种植结构始终在变化，主要种植作物为棉花、小麦、玉米、番茄、葡萄等，种植结构的变化与农产品市场价格波动联系较为紧密，但本书探讨的是水价变化对种植成本的影响，因此暂不考虑种植结构对水资源价格的影响。本书以塔西河灌区的河灌区为研究区域，综合灌区内所有种植用地选取数据，通过计算得到灌区内的亩均水费、亩均成本、亩均毛收入、亩均纯收入与亩均化肥费，见表 9－1。

表 9－1　　玛纳斯县塔西河灌区农户涉农水费成本分析

年份	水费（元/亩）	总成本（元/亩）	水费占比（%）	毛收入（元/亩）	水费占比（%）	纯收入（元/亩）	水费占比（%）	化肥费（元/亩）	化肥占总成本（%）
2013	49.6	1504.5	3.3	1993.6	2.5	489.1	10.1	203.1	13.5
2014	56.9	1190.8	4.78	1671.0	3.4	480.3	11.9	179.3	15.1
2015	102.8	1402.4	7.3	1899.1	5.4	496.7	20.7	143.8	10.3
2016	46.4	1381.9	3.4	1840.1	2.5	458.2	10.1	193.9	14.0
2017	47.8	1532.2	3.1	2008.5	2.4	476.3	10.0	205.1	13.4
2018	49.6	1678.3	3.0	2177.0	2.3	498.7	9.9	203.9	12.1
2019	46.1	1831.8	2.8	2350.9	2.3	525.5	14.3	139.0	7.6
2020	46.5	1979.3	2.3	2490.1	1.9	510.8	9.1	140.3	7.1
2021	179.0	2209.0	8.1	2641.4	6.8	432.3	41.4	352.0	15.9

资料来源：玛纳斯县水权交易中心。

（1）水费对农户种植总成本的影响分析。

由表 9－1 可知，在 2014 年水权水价改革政策发布的当年水费并没有产生较大变化，基本维持在 50 元/亩左右，2015 年水费激增为 102.8 元/亩，上涨了近100%，而2016年水费又回落至原先的水平，甚至更低，达到46.4元/亩，2021年水权水价改革后水费增至179元/亩，比2020年上涨了361.6%，这种变化趋势符合水权水价改革对水资源费用的设计预期。在2013年、2014年水价维持在较低水平上，亩均用水量达到400立方米甚至更高，由于水价不高农户的节水热情不大，普遍存在着浪费现象，“大水漫灌”依然存在，低水价高用水量共同决定了亩均水费达到50元左右；在2014年水权水价改革政策实施以后，农户没有及时改变用水观念和种植结构，突然提升的水价让农户们抵触情绪很大，认为水价的提高是在变相提高他们的种植成本，减少他们的收入，在2014年政策刚推出时，农户的平均每亩水费达到了102.79，几乎增长了100%，让农户的每亩成本上升了近200元；然而在2016年通过政府各部门对水权水价制度改革的推广实践，农户们由抵触变为理解，由理解变为应用，有的农户在加大了节水设施的投入后，将当年节约下来的水通过玛纳斯县水权交易中心进行出售，获得了额外的收益，有的农户仅在水费方面甚至收益大于支出，从水权交易过程中获益，这样的实例起到了极大的示范带头作用，农户们纷纷加大节约设施的投入，改变种植结构，由原先高耗水的棉花、玉米等产物转变为种子葫芦、种子瓜、油料等经济作物，相应的每亩水费也从2015年的102.79元/亩降为2016年的46.4元/亩，亩均水费降低的背后是水价的提升和每亩用水量的减少，水资源的利用由于水权制度和水权市场机制的引入转向了高效节水的方向，印证了之前的分析。在2021年水权水价改革后，水费由之前的46元/亩左右上升至179元/亩，进一步利用价格机制和市场机制，将水价调整为二轮承包土地定额内用水按2015年完成成本，二轮承包土地超定额和非二轮承包土地计划外用水，执行累进加价制度，水费的提升也带动了总成本的提升，通过表9-1也可发现，化肥费较2020年也有很大的涨幅，涨幅为250%，由此可以推断，2021年的成本提升是全社会要素成本的提升导致的，包括人工、种子、化肥等，水费从46.5元/亩提升至179元/亩对于每亩成本的提升有限，同时也应清醒认识到，即使水费的提升幅度较大，提升后的水价也仅是水资源的成本价，同时每亩收入也在提升，通过水权水价改革的价格制度倒逼农户节水也将取得较好成效。可以预测，未来随着节水设施的进一步投入和种植结构的不断优化，农户每亩的水费将会继续降低，而农户每亩的收益将会越来越高。

如图9－5所示，塔西河灌区的每亩水费在成本中的占比在2013～2015年逐年上升，在2016年水权水价改革一年后效果凸显，水费占比急转直下，占比甚至低于2013年，2021年后水费占比陡然上升，占比达到顶峰8%左右。可以看出，水费在每亩成本中的占比其实是很低的，平均只有成本的5%，这样低廉的水资源费用体现了国家对农户生活标准的考量，带有很强的国家托底补贴性，随着水权水价改革政策的实施，农户对水费的单价升高由不适应逐步转向适应，每亩水费占比的趋势是由升高到降低再升高，水费占成本的比例在2015年和2021年达到顶峰后会形成双顶，可以预见未来后期的水费占比会越来越低，水资源的使用效率会越来越高。

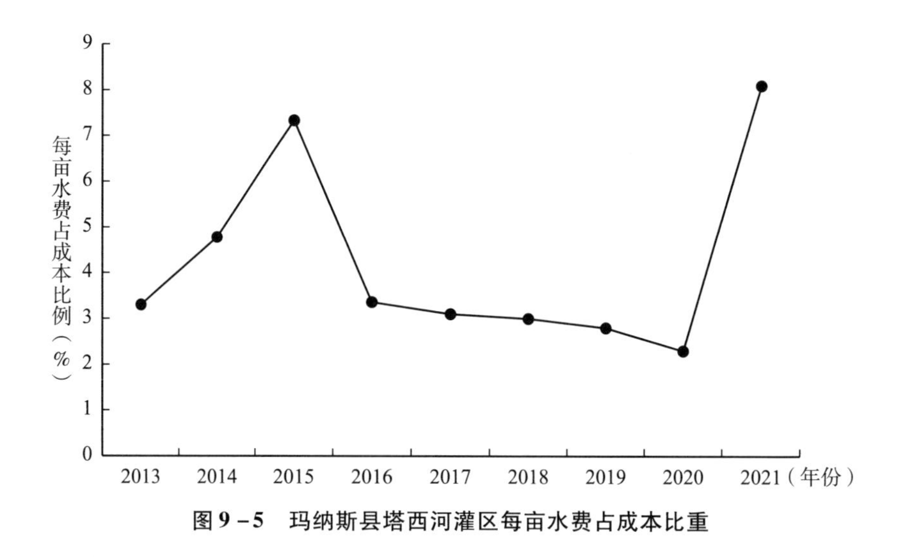

图9－5　玛纳斯县塔西河灌区每亩水费占成本比重

（2）水费对农户种植收入的影响分析。

由图9－6与图9－7可知，塔西河灌区的每亩水费占毛收入、纯收入的比例在水权水价改革政策实施的前后也呈现出先升后降再升的趋势。此处毛收入指每亩种植产物后卖出所得收益减去成本进价所得，不包含人工、损耗、税费等其他费用，而纯收入指收入减去所有费用后的收益。对比图9－6与图9－7，可以看出水费占毛收入和纯收入的比例虽有不同，但趋势基本相同，与水费占成本比例基本相同，原理也相同，这里不再赘述。需要指出的是，水费在农户的收益中占比不高，但由于常年的低廉水价使农户一时无法接受水资源价格的调整，可以理解为“农户对水价变动的心理承受弹性高”，水价的一点点变动就会使农户敏感异常，这也与长久以来农户们“水资源是上天所赐，水资源无价”的潜意识有关。

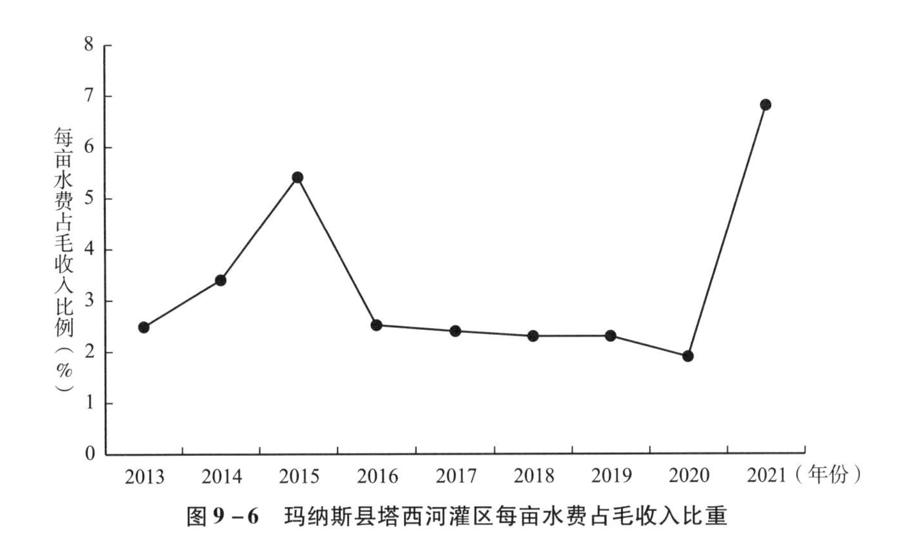

图9-6　玛纳斯县塔西河灌区每亩水费占毛收入比重

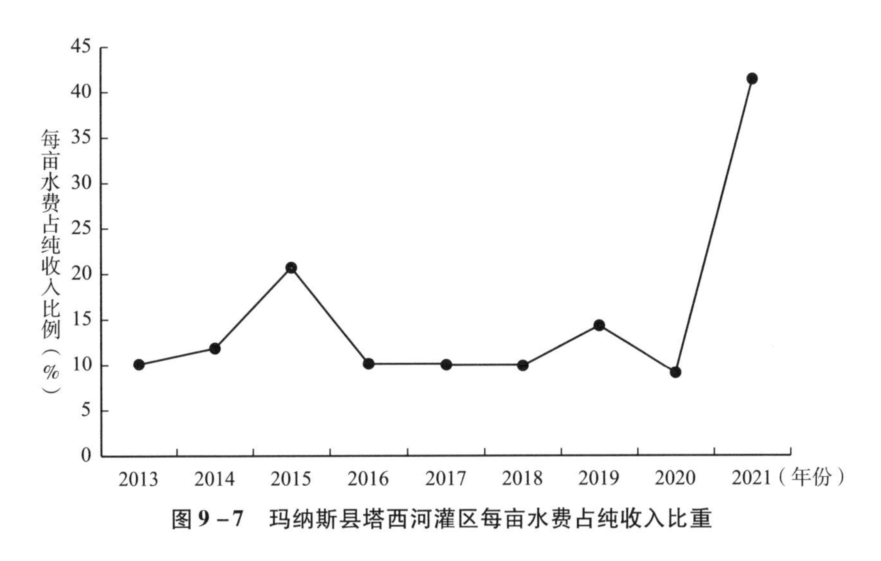

图9-7　玛纳斯县塔西河灌区每亩水费占纯收入比重

（3）农户种植成本中水费与化肥费的对比分析。

由图9-8可知，在种植成本中化肥费用比水费要高。塔西河灌区农户的每亩水费与化肥费占成本的比例在水权水价改革之前的2013年、2014年基本呈同向发展趋势，且化肥费用是水费的4倍之多；随着水权水价改革的实施，在2015年水费占比陡然升高，化肥占比由于总成本的提高而突然下降，笔者推测如下：2015年由于水费的突然增加让农户的心理产生了变化，原有的固定成本投入现在突然有所增加，农户为保证纯收入不受影响，会减少化肥的使用量，体现在图9-8中就是水费占比的升高和化肥占比的降低；然而到了2016年，随着水权水价改革初见成效，水费占比和化肥占比基本又恢复至2013年水平，这里可以预测未来的趋势，化肥费用会保持不变，随着成本的逐渐降低，化肥费占成本比例缓慢降低，水费占比也会逐渐降低。2021年水权水价改革后，水费占比有所上升，化肥费用占比也有很大幅度的上升，且化肥费用占比增长幅度比水费还要高，这表明化肥等生产要素的价格上涨是成本上涨的主要因素，水费增长幅度并没有达到化肥等生产要素的增长幅度，同时通过分析表9-1也可发现，总收入在2013~2021年间不断增长，增长幅度为32.5%，与成本增长幅度基本一致。

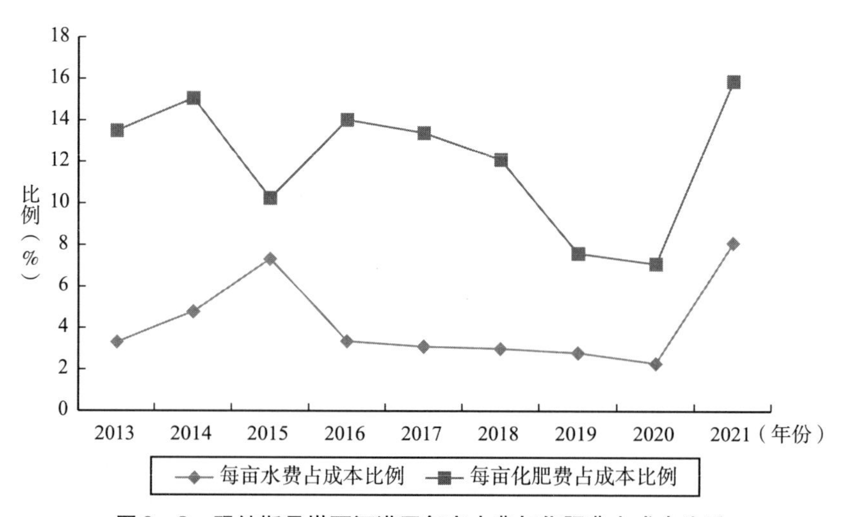

图9-8 玛纳斯县塔西河灌区每亩水费与化肥费占成本比重

（4）农户亩均用水量与总用水量变化分析。

对于农户而言，种植成本中的水费是由水资源单价和每亩用水量共同决定的，因此水费不仅取决于每亩水价，还需要考虑亩均用水量、灌溉面积等。

由于调研资料有限，对于玛纳斯县塔西河灌区的农业水权改革前后的灌溉面积、用水量、亩均用水量等相关数据仅包含2018~2021年，具体见表9-2。

表9-2　　玛纳斯县塔西河灌区农业用水量情况汇总

年份	灌溉面积（万亩）	总来水量（万立方米）	总供水量（万立方米）	农业供水量（万立方米）	亩均用水量（立方米/亩）	供水价格（元/立方米）	亩均水费（元）
2018	41.6	23265	20462	17131	412	0.093	49.6
2019	40.8	20213	19118	16335	401	0.093	46.1
2020	43.4	23388	20585	17129	395	0.093	46.5
2021	44.7	23993	21713	17773	398	0.173	179.0

资料来源：玛纳斯县水权交易中心。

由表9-2可知，在水权水价改革后，水价由原先的0.093元/立方米上升为0.173元/立方米，上升幅度86%，每亩水费从49.6元左右上升至179.0元，上升幅度289%。面对骤然上升的水价和水费，农户需要改变原有大水漫灌式的用水方式，积极采用滴灌等节水设施，有效提高现有水资源的利用效率，由表9-2可以看出，塔西河灌区农户的亩均用水量在水权水费改革后呈现逐年降低态势，由412立方米/亩降低为398立方米/亩，虽然降低幅度不大，但水权水价改革对于农户的行为选择的正向影响已初见端倪。由于采用了水资源利用效率更高的节水设施，在总来水量、总供水量和农业用水量变化幅度不大的情形下，灌溉面积由2018年的41.6万亩增加至2021年的44.7万亩，这表明塔西河灌区在实施水权水价改革后，水资源使用效率有所提升，单位种植面积所需水资源量降低，灌溉面积能够稳定提升，也表明水权水价改革能够从制度层面设置激励和惩罚机制倒逼农户提高用水效率，减少水资源浪费，提高农业产出。结合之前的分析可知，水权水价的改革并没有对农户在种植成本方面带来额外过重负担，农户并没有因水费的提升而产生弃种撂荒的情况，相反，适当地提高水价能够提高农户的节水意识，增加节水实施的使用，提升水资源利用效率，逐步提高耕种面积，变戈壁为耕地，对生态环境也有所改善，综合而言，水权水价改革能够从制度层面引导农户有效节水，提高水资源利用效率，减少资源浪费，对社会经济和环境生态都带来了向好改善，达到了既定管理目标。

通过对玛纳斯县塔西河灌区的水权水价改革以来农户的涉农成本的分析可知，水价的改革对农户种植成本的影响不大，且通过水权价格的改革制度推行，流域内农户的节水意识有显著提高，通过水权交易所获得的收益也有所增加，水权水价改革的成效明显，有效提高了水资源的利用效率。在总结经验时我们也得到一些启示：第一，目前玛纳斯县水权交易中心只服务玛纳斯县塔西河灌区，应当打破行政藩篱，建立以流域为尺度的水权交易中心，统筹规划全流域的水权交易；第二，同流域跨产业的水权交易和同流域同产业的水权交易所受限制较多，无法真正提高水资源利用效率，应当建立流域尺度的水权合作联盟，以联盟内部的“有形之手”理性分配水资源和所得收益，从最大限度提高水资源利用效率，提升产出，详见7.4节的分析；第三，农户对水权价格的变化在心理上较为敏感，在初始水权取得过程中应当充分考虑用水户的承受能力，制定符合用水户现实情况的初始水价，防止出现群体性事件。

9.3 水权转让价格制度保障机制

9.3.1 建立民主协商制度

一级水权市场的水价制定应当公开、公正，增加在水价制定阶段的透明度。水价的制定过程应当由政府、水企业、水消费者三方组成流域水务委员会进行民主协商，提高水价制定的透明度。可由区域各级政府水利部门、环保部门、土地部门、农业部门、城建部门、工业部门和企业代表参加水价制定民主协商会议，提高水价制定中各用水部门的话语权，促进全社会水资源保护意识的提高。

9.3.2 建立用水户承受能力评价制度

制定和提高水价是符合各用水户的根本利益的，通过市场的调节作用使水资源流向配置最优的地方去，提高水资源的利用效率，倒逼用水户提高用水效率和节水意识，促进全社会水资源利用效率的提高。然而在提高水价的同时，要充分考虑用水户的承受能力，特别是农业用水户。政府需要谨慎地制订水价改革方案，对农业水价的调整需要严格遵循适时、适地和适度原则，对于确实负担不起的，可采取政府按原用水量给予适当补贴。

9.3.3 建立动态水价调整机制

在二级水权交易市场，水权价格是在水权交易过程中产生的，即商品水的价格应当以市场的供求关系为依据，因此水权价格应当避免由政府的过多干预，防止管得过多、管得过细、管得过死。政府可以在水权交易的过程中进行监督和监管。要让水权价格在市场的供求关系变动中随之变动，形成常态化制度化的动态水价调整机制，由政府设定水权交易上限，由交易市场中的交易主体（政府水管部门、供水公司、用水者协会）共同决定水权交易价格，让水价在一定程度上反映水权市场的供求状况。

9.4 本章小结

水权价格是在第6~8章的研究基础上对水权转让和水权市场的理论应用进行延伸所得，在水权转让中形成水权市场，在水权市场中进行水权交易形成水权价格，水权价格是水资源市场化的重要内容。本章首先对水权价格的形成进行探究，分析了现存水价机制存在的问题和水价形成的影响因素，在此基础上对协议转让、招投标、拍卖三种定价模式下的水权价格形成进行分析，并分析了水价体系的构成；其次，分析了玛河流域的水权市场和水价改革的实践，通过实证调研数据分析了水权水价改革后水费对农户成本的影响；最后提出水权转让价格制度的保障，包含民主协商制度、用水户承受能力评价制度和动态水价调整机制等。

第10章　结论与展望

制度创新是从管理角度推动社会经济发展的新思路，制度创新能够推动社会经济发展的关键是通过合理的制度框架，将产权理论引入经济发展中，使经济发展中的外部性内部化，有效界定产权，降低交易费用，通过市场机制有效配置社会资源，提高资源配置的效率性和合理性，实现经济增长的目标。水资源的自然属性、经济属性、公共属性决定了水资源的特殊性，自然属性决定了以流域为水资源的研究尺度最为合理，经济属性决定了水资源的配置需要效率，公共属性决定了使用水资源时还要关注公平性。只有切实解决水资源的多重属性决定的水资源配置目标，从效率性和公平性两方面考虑水资源的配置，才能保证水资源作为基础性战略资源对社会经济稳定发展和生态环境可持续发展的支撑作用。目前水资源短缺已成为玛河流域的瓶颈因素，水资源利用效率不高、水资源利用结构不合理、水资源承载力濒临临界值等诸多问题导致玛河流域的社会经济和生态环境可持续发展受到威胁。因此本书着眼于流域的水资源管理制度创新和制度建设，以“水权制度体系框架—水权初始分配—水权转让—水市场、水价”为主线，对玛河流域的水资源配置问题开展了深入研究。

10.1　主要结论

本书围绕玛河流域的水权制度展开研究，涉及当前流域水资源使用的主要问题、供求关系和水资源承载力，也涉及水权概念解析、水权制度框架设计，同时包括水权分配制度设计、水权转让制度设计、水权价格制度设计等，研究的主要结论如下：

（1）影响流域水资源使用问题的因素既包括自然因素，如水资源的有限性、时空分布不均等，又包括人类活动的影响，如水资源浪费、环境破坏、水资源污染等。应对水资源问题应当综合采用工程、行政、法律、科技和经济手段，尤其是制度建设和创新，是今后流域水资源管理的方向。我国的水资源管理应当从重水利工程转向水利工程与制度建设并重，重视水资源的需求分析和制度创新，通过制度创新提高水资源配置效率并促使节水技术水平提高。

（2）通过分析玛河流域在 P＝75% 和 P＝50% 两种来水频率下水资源的供给和流域水资源的需求，玛河流域水资源在年度单位尺度上可达到供需平衡，但月度供需不平衡且异化程度较高，流域的水资源供给就目前情况下可以满足流域的水资源需求，在未来流域的供需平衡会伴随水资源需求的缓慢增加和水资源供给技术的提高而有所变化。

（3）通过分析流域水资源的承载力，得到的结论为玛河流域水资源综合承载力为0.21，处于承载度严重脆弱情形，水资源承载力已到达承载极限。水资源承载力较低的原因是水资源的开发利用程度过高、玛河流域的单位面积水资源数量过低和生态环境用水的减少。

（4）通过对从新中国成立以来水资源管理制度的历史沿革进行梳理，分析得到水权制度变迁的主要诱因包含水资源短缺程度和交易成本两方面。

（5）按照水权配置的阶段，可将水权制度细分为初始水权分配制度和水权转让制度，其中初始水权分配制度是关于水权初始分配的一套制度规则，而水权转让制度是在水权初始配置后对水权交易的一套制度规则。

（6）水权分配制度分为两个层次，第一个层次是区域水权分配阶段，这一阶段的水权分配是在政府内部自上而下对水资源监督权和管理权的下放，第二个层次是用水户分配阶段，这一阶段是政府以水权所有者的身份将水资源的所有权和使用权分离，将水资源使用权按照法律规定程序给予用水户。

（7）破产博弈理论可对流域初始水权分配规则进行理论解析，传统破产博弈分配模型包含等比例分配模型（PROP）、等损失分配模型（CEL）、等分配约束模型（CEA）、调整比例分配模型（APROP）、塔木德分配模型（TAL），但传统破产博弈模型没有考虑流域内的用水单位在应对水资源短缺时的适应度，以及加权破产博弈模型加权等比例分配模型（WPROP）、加权等损失分配模型（WCEL）、加权等分配约束模型（WCEA）、加权调整比例分配模型（WAPROP）、加权塔木德分配模型（WTAL），可采用上述十种破产博弈模型保证初始水权分配过程中的公平性。破产博弈分配模型能够合理配置水资源，使用水主体更易接受初始水权分配方案，同时能够有效提高全社会水资源利用效率，应用破产博弈分配模型得到的水权分配方案比原有方案社会总收益提高 28.6%，有较高实用价值。

（8）资源的配置效率是水权转让中最为重要的评价标准之一，运用合作博弈理论可对水权转让中的水资源转让效率进行研究。建立 Crisp 合作联盟和模糊合作联盟，对 Crisp 合作博弈联盟和模糊合作联盟在联盟内部的水资源重新分配，联盟内的收益也重新分配，得到全社会水资源利用效率最大化分配方案，流域的不同用水单位也得到其相应最优策略选择。在 P = 50% 时若采用 Crisp 合作博弈联盟玛河流域水资源的收益可达 372.7 亿元，若采用模糊合作博弈联盟收益可达 434.7 亿元，分别比流域内各用水单位“单干”收益之和提高 16.3%、35.6%；兵团农业用水单位、自治区农业用水单位、兵团工业用水单位、自治区工业用水单位在加入 Crisp 合作联盟后的收益分别比“单干”时提高 21.7%、7.1%、13.1%、22.5%，在加入模糊合作联盟后的收益分别提高 16.4%、78.2%、0、86.5%。结果表明，合作博弈联盟在提高联盟总体收益的同时提高了个人收益，满足经济社会发展和个人理性的双重需求。

10.2 研究展望

水权制度研究是涉及经济学、管理学、法学、水利工程、环境科学等学科的综合研究课题，是一个庞大的研究体系，其中存在着许多有待深入研究的问题。本书仅从制度经济学和管理学角度，结合玛河流域的具体案例进行了初步研究，在许多方面还需进一步探索。

（1）对水权内涵的争论自水权概念提出以来就没有停息过，许多学者都对水权的内涵进行过阐述。从目前对水权内涵的各种研究来看，学者们众说纷纭，尚无定论。由于法律上缺乏对水权的明确界定，学者们出于各自的角度和立场，对水权的内涵理解还存在着较大的分歧。本书是以“两权说”

将水权分为水资源的所有权和使用权。

（2）在水权分配制度研究中，本书将水权分配层次分为区域水权分配和用水户水权分配两个阶段，并对用水户水权分配做以详细分析，对区域水权分配阶段在政府内部的监督权和管理权的分配并没有针对性研究，尚需更全面的分析。

（3）在应用破产博弈模型得到玛河流域水权分配方案后，本书采用卡尔多—希克斯评价标准对分配方案进行了评价，也可采用其他方法进行评价，今后可以深入研究。

（4）在针对玛河流域的水权分配和水权转让研究中，本书将水权主体定义为如下几类：兵团农业用水主体、地方农业用水主体、兵团工业用水主体、地方工业用水主体，生活用水和环境用水，今后研究可按照不同分类标准进行分类，更加细致地进行研究。

（5）在水价形成的供求机制研究中，由于缺乏必要的统计数据，水价的形成定量分析不够，需要进一步完善。对玛河流域水权水价改革的实践分析中，只涉及水价对农户的种植成本的影响，缺少对全社会各用水单位的水价影响分析，这一方面的研究需在日后进行补充和完善。

附　　录

Matlab 输出结果

```
>>c=[-63.196;-22.895;-141.556;-8.266;-210.093;-19.188;-123.022;-73.652;-7.183];
A=[8.426 5.387 0 0 0 0 0 0 0;0 0 8.426 0.492 0 0 0 0 0;0 0 0 0 5.387 0.492 0 0 0;0 0 0 0 0 0 8.426 5.387 0.492];
b=[9.4;8;2.6;10];
Aeq=[1 0 1 0 0 0 1 0 0;0 1 0 0 1 0 0 1 0;0 0 0 1 0 1 0 0 1];
beq=[1;1;1];
lb=[0;0;0;0;0;0;0;0;0];
ub=[1;1;1;1;1;1;1;1;1];
[x,fval]=linprog(c,A,b,Aeq,beq,lb,ub)
Optimization terminated.

x =

    0.0000
    0.0000
    0.8911
    1.0000
    0.4826
    0.0000
    0.1089
    0.5174
```

```
    0.0000

fval =

 -287.3071
```

参 考 文 献

[1] 埃格特森，吴经邦．经济行为与制度 [M]．北京：商务印书馆，2004.

[2] 埃莉诺·奥斯特罗姆．公共事物的治理之道 [M]．上海：上海译文出版社，2012.

[3] 保罗·斯威齐．资本主义发展论：马克思主义政治经济学原理 [M]．北京：商务印书馆，2011.

[4] 庇古．社会主义和资本主义的比较 [M]．北京：商务印书馆，2014.

[5] 才惠莲，杨鹭．关于水权性质及转让范围的探讨 [J]．中国地质大学学报（社会科学版），2008，8（1）：56－60.

[6] Lin Justin Yifu，蔡昉，李周．充分信息与国有企业改革 [M]．上海：上海三联书店，1997.

[7] 蔡威熙．农业水价综合改革效应研究 [D]．山东农业大学，2021.

[8] 柴方营，李友华，于洪贤．国外水权理论和水权制度 [J]．东北农业大学学报（社会科学版），2005，3（1）：20－22.

[9] 常云昆．论水资源管理方式的根本转变 [J]．陕西师范大学学报，2005（4）：96－100.

[10] 陈关聚，白永秀．基于随机前沿的区域工业全要素水资源效率研究 [J]．资源科学，2013，35（8）：1593－1600.

[11] 陈虹．世界水权制度与水交易市场 [J]．社会科学论坛，2012（1）：134－161.

[12] 陈菁，代小平，陈祥，等．基于改进的 Shapley 值法的农业节水补偿额测算方法 [J]．水利学报，2011，42（6）：750－756.

[13] 陈凯华，汪寿阳，寇明婷．三阶段组合效率测度模型与技术研发

效率测度［J］. 管理科学学报，2015，18（3）：31－44.

［14］陈龙. 集体产权视域下我国农业水权制度研究［D］. 陕西师范大学，2018.

［15］陈念平. 土地资源承载力若干问题浅析［J］. 自然资源学报，1989，4（4）：372－380.

［16］陈艳萍，朱瑾. 基于水费承受能力的水权交易价格管制区间——以灌溉用水户水权交易为例［J］. 资源科学，2021，43（8）：1638－1648.

［17］程国栋. 黑河流域可持续发展的生态经济学研究［J］. 冰川冻土，2002，24（4）：335－341.

［18］程永毅，沈满洪. 要素禀赋、投入结构与工业用水效率——基于2002～2011年中国地区数据的分析［J］. 自然资源学报，2014，29（12）：2001－2012.

［19］崔建远. 准物权研究［M］. 北京：法律出版社，2012.

［20］戴良佐. 金奇台　银绥来［J］. 新疆地方志通讯，1983（3）：43－47.

［21］德姆塞茨，段毅才. 所有权、控制与企业［M］. 北京：经济科学出版社，1999.

［22］邓光耀，张忠杰. 基于网络SBM－DEA模型和GML指数的中国各省工业用水效率研究［J］. 自然资源学报，2019，34（7）：1457－1470.

［23］刁俊科，崔东文. 基于鲸鱼优化算法与投影寻踪耦合的云南省初始水权分配［J］. 自然资源学报，2017，32（11）：1954－1967.

［24］丁建军，吴学兵，余海鹏. 水价综合改革驱动下农业水价形成机制研究——以湖北荆门为例［J］. 中国农村水利水电，2021（3）：119－122.

［25］段春青，刘昌明，陈晓楠，等. 区域水资源承载力概念及研究方法的探讨［J］. 地理学报，2010，65（1）：82－90.

［26］范文波，周宏飞，李俊峰. 玛纳斯河流域生态需水量估算［J］. 水土保持研究，2010，17（6）：242－245.

［27］范战平. 水权制度变迁的动因考察［J］. 河南社会科学，2006，14（6）：106－109.

［28］冯利海，苏茂荣，冯雨飞，王朝阳. 建立水资源刚性约束制度

全面提升水安全保障能力 [J]. 人民黄河, 2021, 43 (S2): 48 - 49, 53.

[29] 冯尚友. 水资源持续利用与管理导论 [M]. 科学出版社, 2000.

[30] 伏绍宏, 张义佼. 对我国水权交易机制的思考 [J]. 社会科学研究, 2017 (5): 96 - 102.

[31] 傅春, 胡振鹏, 杨志峰, 等. 水权、水权转让与南水北调工程基金的设想 [J]. 中国水利, 2001 (2): 29 - 30.

[32] 甘泓, 秦长海, 汪林, 等. 水资源定价方法与实践研究 I: 水资源价值内涵浅析 [J]. 水利学报, 2012, 39 (3): 289 - 295.

[33] 高娟娟, 贺华翔, 赵嵩林, 谢纪强. 基于改进的层次分析法和模糊综合评价法的灌区农业水权分配 [J]. 节水灌溉, 2021 (11): 13 - 19.

[34] 葛颜祥, 胡继连. 水权市场运行机制研究 [J]. 山东社会科学, 2006 (10): 88 - 90.

[35] 葛颜祥. 水权市场与农用水资源配置 [D]. 山东农业大学, 2003.

[36] 龚春霞. 乡村振兴背景下水权与地权关系的历史流变及反思 [J]. 山东大学学报 (哲学社会科学版), 2018 (5): 82 - 89.

[37] 龚春霞. 优化配置农业水权的路径分析——以个体农户和农村集体的比较分析为视角 [J]. 思想战线, 2018, 44 (4): 108 - 116.

[38] 顾沁扬. 县域农业初始水权分配方法初探 [J]. 中国农村水利水电, 2017 (6): 205 - 206.

[39] 关涛. 民法中的水权制度 [J]. 烟台大学学报 (哲学社会科学版), 2002, 15 (4): 389 - 396.

[40] 管新建, 黄安齐, 张文鸽, 孟钰. 基于基尼系数法的灌区农户间水权分配研究 [J]. 节水灌溉, 2020 (3): 46 - 49, 56.

[41] 郭亚军. 综合评价理论与方法 [M]. 北京: 科学出版社, 2002.

[42] 海萨尼. 海萨尼博弈论论文集 [M]. 北京: 首都经济贸易大学出版社, 2003.

[43] 韩桂兰, 孙建光. 塔河流域生态水权和可转让农用水权分配的经济转型效应研究 [J]. 节水灌溉, 2019 (10): 93 - 96.

[44] 韩桂兰, 孙建光. 塔里木河流域绿洲生态水权流域分配调整研究 [J]. 统计与信息论坛, 2016, 31 (12): 82 - 86.

[45] 贺骥. 松辽流域初始水权协商机制研究 [J]. 中国水利, 2005, (9): 16 - 18.

[46] 贺天明, 王春霞, 何新林, 李鹏飞, 张佳, 汪宗兰. 基于完全成本水价的农业水价承受力和节水潜力评估——以新疆建设兵团第八师石河子灌区为例 [J]. 节水灌溉, 2021 (3): 89 - 93.

[47] 贺天明, 王春霞, 张佳. 基于遗传算法投影寻踪模型优化的深层次农业用水初始水权分配——以新疆建设兵团第八师石河子灌区为例 [J]. 中国农业资源与区划, 2021, 42 (7): 66 - 73.

[48] 侯定丕. 博弈论导论 [M]. 合肥: 中国科学技术大学出版社, 2004.

[49] 胡鞍钢, 王亚华. 转型期水资源配置的公共政策: 准市场和政治民主协商 [J]. 中国软科学, 2000 (5): 5 - 11.

[50] 胡继连, 张维, 葛颜祥, 等. 我国的水权市场构建问题研究 [J]. 山东社会科学, 2002 (2): 28 - 31.

[51] 胡玉荣, 陈永奇. 黄河水权转让的实践与认识 [J]. 中国水利, 2004 (15): 46 - 47.

[52] 黄涛珍, 张忠. 水权交易的第三方效应及对策研究——以东阳义乌水权交易为例 [J]. 中国农村水利水电, 2017 (4): 129 - 132, 136.

[53] 贾宝全, 张志强, 张红旗, 等. 生态环境用水研究现状、问题分析与基本构架探索 [J]. 生态学报, 2002, 22 (10): 1734 - 1740.

[54] 江煜, 王学峰. 干旱绿洲区灌溉水价与灌溉用水量关系研究 [J]. 中国农村水利水电, 2009 (5): 161 - 163.

[55] 姜东晖, 胡继连, 武华光. 农业灌溉管理制度变革研究——对山东省 SIDD 试点的实证考察及理论分析 [J]. 农业经济问题, 2007, 28 (9): 44 - 50.

[56] 姜谋余, 孙永平, 胡健颖. 我国水资源资产化管理模式初探 [J]. 中国水利, 2004 (4): 52 - 54.

[57] 姜文来. 水权及其作用探讨 [J]. 中国水利, 2000, (12): 13 - 14.

[58] 蒋凡, 秦涛, 田治威. "水银行" 交易机制实现三江源水生态产品价值研究 [J]. 青海社会科学, 2021 (2): 54 - 59.

［59］蒋剑勇．产权界定、政府推动与官员激励——东阳—义乌水权交易的经济解释［J］．中国水利，2015（9）：13－16.

［60］蒋昀辰，黄贤金，徐晓晔．排水权交易定价方法及案例研究——以秦淮河流域为例［J］．长江流域资源与环境，2021，30（6）：1308－1316.

［61］雷玉桃，黄丽萍．中国工业用水效率及其影响因素的区域差异研究——基于 SFA 的省际面板数据［J］．中国软科学，2015（4）：155－164.

［62］李长杰，王先甲，范文涛，等．水市场双边叫价贝叶斯博弈模型及机制设计研究［J］．长江流域资源与环境，2006，15（4）：465－469.

［63］李长杰，王先甲，范文涛．水权交易机制及博弈模型研究［J］．系统工程理论与实践，2007，27（5）：90－94.

［64］李丹迪，于翠松．基于水权分配下的动态协调农业水价模型研究［J］．节水灌溉，2020（3）：62－66，70.

［65］李芳，吴凤平，陈柳鑫，许霞，赵越．基于加权破产博弈模型的跨境流域水资源分配研究［J］．地理科学，2021，41（4）：728－736.

［66］李海岭，张建岭，李胚，韩宇平，窦明．基于双层优选的初始水权分配模型研究［J］．人民黄河，2020，42（10）：70－75.

［67］李晶．我国水权制度建设进展与研判［J］．水利发展研究，2014（1）：32－37.

［68］李俊峰，叶茂，范文波，等．玛纳斯河流域生态与环境需水研究［J］．干旱区资源与环境，2006，20（6）：89－93.

［69］李丽娟，郑红星．海滦河流域河流系统生态环境需水量计算［J］．地理学报，2000，55（4）：495－500.

［70］李世祥，成金华，吴巧生．中国水资源利用效率区域差异分析［J］．中国人口·资源与环境，2008（3）：215－220.

［71］李万明．绿洲生态——经济可持续发展理论与实践［J］．中国农村经济，2003（12）：47－51.

［72］李万明，谭周令．玛纳斯河流域水权交易外部性分析［J］．生态经济（中文版），2014，30（12）：180－183.

［73］李炎霖．我国水权转让法律制度研究［D］．杨凌：西北农林科技大学，2012.

[74] 李燕玲. 国外水权交易制度对我国的借鉴价值 [J]. 水土保持应用技术, 2003 (4): 12-15.

[75] 李玉义, 逄焕成, 陈阜, 等. 新疆玛纳斯河流域灌溉水资源保证程度及提升策略 [J]. 自然资源学报, 2010 (1): 32-42.

[76] 李媛媛, 杨辉辉. 玛纳斯河流域水权界定方法探讨 [J]. 人民珠江, 2014 (6): 166-168.

[77] 李志敏, 廖虎昌. 中国31省市2010年水资源投入产出分析 [J]. 资源科学, 2012, 34 (12): 2274-2281.

[78] 廖虎昌, 董毅明. 基于DEA和Malmquist指数的西部12省水资源利用效率研究 [J]. 资源科学, 2011, 33 (2): 273-279.

[79] 刘斌. 关于水权的概念辨析 [J]. 中国水利, 2003 (1): 32-33.

[80] 刘峰. 基于水权交易所的水权价格形成机制研究 [J]. 中国水利, 2014 (23): 7-11.

[81] 刘钢, 杨柳, 石玉波, 等. 准市场条件下的水权交易双层动态博弈定价机制实证研究 [J]. 中国人口·资源与环境, 2017, 27 (4): 151-159.

[82] 刘洪先. 智利水权水市场的改革 [J]. 水利发展研究, 2007, 7 (3): 56-59.

[83] 刘洁, 王先甲. 新疆玛纳斯流域生态环境需水分析 [J]. 干旱区资源与环境, 2007, 21 (2): 104-109.

[84] 刘军. 新疆农业高效节水灌溉技术长效利用研究 [D]. 乌鲁木齐: 新疆农业大学, 2016.

[85] 刘立明. 试论我国水权制度的构建与完善 [D]. 长春: 吉林大学, 2009.

[86] 刘旻. 新疆玛纳斯河兵团地区水资源可持续利用评价研究 [D]. 杨凌: 西北农林科技大学, 2006.

[87] 刘敏. "准市场"与区域水资源问题治理——内蒙古清水区水权转换的社会学分析 [J]. 农业经济问题, 2016 (10): 41-50.

[88] 刘巧荣. 新疆昌吉州围绕"三个率先"着力推进现代水利建设 [J]. 水利发展研究, 2015 (9): 67-70.

[89] 刘世庆, 巨栋, 林睿. 跨流域水权交易实践与水权制度创新——

化解黄河上游缺水问题的新思路［J］. 宁夏社会科学，2016（6）：99－103.

［90］刘世庆，巨栋，林睿. 上下游水权交易及初始水权改革思考［J］. 当代经济管理，2016，38（11）：71－75.

［91］刘书俊. 水资源立法浅探［J］. 环境保护科学，2007，33（3）：51－53.

［92］刘文，黄河，王春元. 培育水权交易机制　促进水资源优化配置［J］. 水利发展研究，2001，1（1）：18－21.

［93］刘文强，翟青，顾树华. 基于水权分配与交易的水管理机制研究——以新疆塔里木河流域为例［J］. 水资源与水工程学报，2001，12（1）：1－4.

［94］刘悦忆，郑航，赵建世，万文华. 中国水权交易研究进展综述［J］. 水利水电技术（中英文），2021，52（8）：76－90.

［95］刘振邦. 水资源统一管理的体制性障碍和前瞻性分析［J］. 中国水利，2002（1）：36－38.

［96］刘子龙. 长江流域涉水权利冲突的法律规制［D］. 中南财经政法大学，2020.

［97］卢曦，许长新. 长江经济带水资源利用的动态效率及绝对β收敛研究——基于三阶段 DEA－Malmquist 指数法［J］. 长江流域资源与环境，2017，26（9）：1351－1358.

［98］陆海曙，张凯. 基于博弈论的水资源问题研究综述及展望［J］. 江苏理工学院学报，2020，26（5）：30－39.

［99］吕雁琴. 干旱区水资源资产化管理研究［D］. 乌鲁木齐：新疆大学，2004.

［100］罗伯特·J. 奥曼，蒋殿春，张宇，等. 博弈论的目标［J］. 经济社会体制比较，2006（4）：1－22.

［101］罗慧，李良序，王梅华，等. 水权准市场交易模型及市场均衡分析［J］. 水利学报，2006，37（4）：492－498.

［102］罗纳德·H. 科斯等. 财产权利与制度变迁［M］. 上海：上海人民出版社，2014.

［103］马海良，黄德春，张继国，等. 中国近年来水资源利用效率的省际差异：技术进步还是技术效率［J］. 资源科学，2012，34（5）：794－801.

[104] 马洪，孙尚清．西方新制度经济学 [M]．北京：中国发展出版社，2003.

[105] 马九杰，崔怡，孔祥智，陈志钢．水权制度、取用水许可管理与农户节水技术采纳——基于差分模型对水权改革节水效应的实证研究 [J]．统计研究，2021，38 (4)：116 - 130.

[106] 马莲净．干旱区水文生态与生态需水量研究 [D]．西安：长安大学，2011.

[107] 马晓强，韩锦绵．水权交易第三方效应辨识研究 [J]．中国人口·资源与环境，2011，12 (21)：85 - 91.

[108] 马晓强．水权与水权的界定——水资源利用的产权经济学分析 [J]．北京行政学院学报，2002 (1)：37 - 41.

[109] 买亚宗，孙福丽，石磊，等．基于 DEA 的中国工业水资源利用效率评价研究 [J]．干旱区资源与环境，2014，28 (11)：42 - 47.

[110] 孟戈，王先甲．水权交易的效率分析 [J]．系统工程，2009 (5)：121 - 123.

[111] 倪津津，袁汝华，吴凤平．水权交易价格设计与方法研究——基于内蒙古盟市间水权交易的应用分析 [J]．价格理论与实践，2019 (3)：55 - 59.

[112] 倪琪．基于公众参与和逐级协商的跨区域流域生态补偿机制研究 [D]．西北农林科技大学，2021.

[113] 诺思．制度、制度变迁与经济绩效 [M]．上海：格致出版社，2008.

[114] 裴丽萍．水权制度初论 [J]．中国法学，2001 (2)：90 - 101.

[115] 彭新育，罗凌峰．基于外部性作用的取水权交易匹配模型 [J]．中国人口·资源与环境，2017，27 (S1)：74 - 79.

[116] 齐玉亮，王教河，张延坤．松辽流域水权体系框架及实现途径初探 [J]．中国水利，2005 (5)：28 - 31.

[117] 钱文婧，贺灿飞．中国水资源利用效率区域差异及影响因素研究 [J]．中国人口·资源与环境，2011，21 (2)：54 - 60.

[118] 秦长海，甘泓，贾玲，等．水价政策模拟模型构建及其应用研究 [J]．水利学报，2014，45 (1)：109 - 116.

[119] 任俊霖，李浩，伍新木，李雪松等．长江经济带省会城市用水效率分析 [J]. 中国人口·资源与环境，2016，26 (5)：101－107.

[120] 萨缪尔森．经济分析基础 [M]. 大连：东北财经大学出版社，2006.

[121] 单以红，唐德善，胡军华．关于我国水银行制度建设几个问题的思考 [J]. 生态经济（中文版），2006 (9)：50－53.

[122] 单以红．水权市场建设与运作研究 [D]. 河海大学，2007.

[123] 邵益生．试论水的“三权分离”与“三权分立” [J]. 中国水利，2002 (10)：26－28.

[124] 沈大军，阿丽古娜，陈琛．黄河流域水权制度的问题、挑战和对策 [J]. 资源科学，2020，42 (1)：46－56.

[125] 沈满洪，陈庆能．水资源经济学 [M]. 北京：中国环境科学出版社，2008.

[126] 沈满洪．水权交易与政府创新——以东阳义乌水权交易案为例 [J]. 中国制度变迁的案例研究，2006 (6)：45－56.

[127] 沈满洪．水权交易制度研究 [D]. 浙江大学，2004.

[128] 沈茂英．长江上游农业水权制度现状与面临困境研究——以四川省为例 [J]. 农村经济，2021 (3)：9－17.

[129] 盛洪．现代制度经济学（上卷）. [M]. 北京：中国发展出版社，2009.

[130] 施文军．浅析玛纳斯河流域水权制度 [J]. 河南水利与南水北调，2012 (16)：106－107.

[131] 施锡铨．合作博弈引论 [M]. 北京：北京大学出版社，2012.

[132] 石腾飞．区域水权及其科层权力运作 [J]. 农业经济问题，2018 (6)：129－137.

[133] 石玉波．关于水权与水市场的几点认识 [J]. 中国水利，2001 (2)：31－32.

[134] 史煜娟．西北民族地区水权交易制度构建研究——以临夏回族自治州为例 [J]. 西北师大学报（社会科学版），2019，56 (2)：140－144.

[135] 水利部水文局．水文情报预报技术手册 [M]. 中国水利水电出

版社，2010.

[136] 水利部水文司．中国水文志 [J]. 中国水利水电出版社，1997.

[137] 水利部政策法规司．水权与水市场（资料选编之二）[R]. 2001.

[138] 水权制度框架研究课题组．水权水市场制度建设 [J]. 水利发展研究，2004，4 (7)：4-8.

[139] 苏青，施国庆，祝瑞样．水权研究综述 [J]. 水利经济，2001，19 (4)：3-11.

[140] 孙才志，姜坤，赵良仕．中国水资源绿色效率测度及空间格局研究 [J]. 自然资源学报，2017，32 (12)：1999-2011.

[141] 孙才志，刘玉玉．基于 DEA-ESDA 的中国水资源利用相对效率的时空格局分析 [J]. 资源科学，2009，31 (10)：1696-1703.

[142] 孙才志，马奇飞，赵良仕．基于 SBM-Malmquist 生产率指数模型的中国水资源绿色效率变动研究 [J]. 资源科学，2018，40 (5)：993-1005.

[143] 孙才志，马奇飞．中国省际水资源绿色效率空间关联网络研究 [J]. 地理研究，2020，39 (1)：53-63.

[144] 孙建光，韩桂兰．塔河流域可转让农用水权分配的生态水权分配调整研究 [J]. 节水灌溉，2020 (11)：83-86.

[145] 孙建光，韩桂兰．塔里木河流域可转让农用水权分配制度变迁研究 [J]. 中国农村水利水电，2016 (12)：190-194.

[146] 孙建光，韩桂兰．塔里木河流域绿洲生态水权的流域分配研究 [J]. 节水灌溉，2016 (11)：101-103，110.

[147] 汤奇成．绿洲的发展与水资源的合理利用 [J]. 干旱区资源与环境，1995 (3)：107-112.

[148] 唐曲．国内外水权市场研究综述 [J]. 水利经济，2008，26 (2)：22-25.

[149] 田贵良，丁月梅．水资源权属管理改革形势下水权确权登记制度研究 [J]. 中国人口·资源与环境，2016，26 (11)：90-97.

[150] 田贵良，杜梦娇，蒋咏．水权交易机制探究 [J]. 水资源保护，2016，32 (5)：29-33.

[151] 田贵良，伏洋成，李伟，贺骥．多种水权交易模式下的价格形成机制研究［J］．价格理论与实践，2018（2）：5－11.

[152] 田贵良，胡雨灿．市场导向下大宗水权交易的差别化定价模型［J］．资源科学，2019，41（2）：313－325.

[153] 田贵良，盛雨，卢曦．水权交易市场运行对试点地区水资源利用效率影响研究［J］．中国人口·资源与环境，2020，30（6）：146－155.

[154] 田贵良．我国水价改革的历程、演变与发展——纪念价格改革40周年［J］．价格理论与实践，2018（11）：5－10.

[155] 田贵良，周慧．我国水资源市场化配置环境下水权交易监管制度研究［J］．价格理论与实践，2016（7）：57－60.

[156] 田宓．“水权”的生成——以归化城土默特大青山沟水为例［J］．中国经济史研究，2019（2）：111－123.

[157] 田圃德，施国庆．关于水权价格的探讨［J］．中国水利，2003，（7B）：6－7.

[158] 田世海，李磊．基于实物期权理论的水权价格研究［J］．科技与管理，2006，36（2）：22－24.

[159] 佟金萍，马剑锋，王圣，等．长江流域农业用水效率研究：基于超效率DEA和Tobit模型［J］．长江流域资源与环境，2015，24（4）：603－608.

[160] Von Neumann，John，Morgenstern，Oskar，王文玉，等．博弈论与经济行为［M］．上海：新知三联书店，2004.

[161] 万峥．基于水资源可持续利用的水权转换综合效益及生态影响评估研究［D］．内蒙古农业大学，2019.

[162] 汪世国．玛纳斯河流域水资源优化配置系统研究［J］．水利建设与管理，2010，30（5）：72－75.

[163] 汪恕诚．水权管理与节水社会［J］．华北水利水电大学学报（自然科学版），2001，22（3）：6－8.

[164] 汪恕诚．水权和水市场［J］．水电能源科学，2001（3）：1－5.

[165] 王丛，谭周令，李万明．玛河流域水权交易中的产权管制放松逻辑［J］．中国农村水利水电，2017（3）：204－207.

[166] 王浩．面向可持续发展的水价理论与实践［M］．科学出版社，

2003.

[167] 王浩，王干．水权理论及实践问题浅析 [J]. 行政与法，2004 (6)：89－91.

[168] 王慧敏，于荣，牛文娟．基于强互惠理论的漳河流域跨界水资源冲突水量协调方案设计 [J]. 系统工程理论与实践，2014，34 (8)：2170－2178.

[169] 王慧．水权交易的理论重塑与规则重构 [J]. 苏州大学学报 (哲学社会科学版)，2018，39 (6)：73－84.

[170] 王健，张焕明，李超．水权质量、污染约束与水资源效率 [J]. 统计与信息论坛，2018，33 (2)：99－107.

[171] 王军权．黄河流域水权配置问题的政治经济学分析 [D]. 华中科技大学，2017.

[172] 王俊燕．流域管理中社区和农户参与机制研究 [D]. 中国农业大学，2017.

[173] 王克强，刘红梅，黄智俊．我国灌溉水价格形成机制的问题及对策 [J]. 经济问题，2007 (1)：25－27.

[174] 王立宏．水资源使用权探析 [D]. 中国政法大学，2006.

[175] 王喜峰．考虑区域承载力的水资源效率研究 [J]. 城市与环境研究，2018 (2)：97－110.

[176] 王学军，郭亚军．基于G1法的判断矩阵的一致性分析 [J]. 中国管理科学，2006 (3)：65－70.

[177] 王学渊，赵连阁．中国农业用水效率及影响因素——基于1997—2006年省区面板数据的SFA分析 [J]. 农业经济问题，2008 (3)：10－18，110.

[178] 王亚华．关于我国水价、水权和水市场改革的评论 [J]. 中国人口·资源与环境，2007，17 (5)：153－158.

[179] 王亚华，胡鞍钢，张棣生．我国水权制度的变迁——新制度经济学对东阳—义乌水权交易的考察 [J]. 经济研究参考，2002 (20)：25－31.

[180] 王亚华，舒全峰，吴佳喆．水权市场研究述评与中国特色水权市场研究展望 [J]. 中国人口·资源与环境，2017，27 (6)：87－100.

[181] 王亚华．水权解释 [M]. 上海：上海三联书店，2005.

[182] 王有森，许皓，卞亦文. 工业用水系统效率评价：考虑污染物可处理特性的两阶段 DEA [J]. 中国管理科学，2016，24 (3)：169 - 176.

[183] 王月健，徐海量，王成，等. 过去30a 玛纳斯河流域生态安全格局与农业生产力演变 [J]. 生态学报，2011，31 (9)：2539 - 2549.

[184] 魏玲玲. 玛纳斯河流域水资源可持续利用研究 [D]. 石河子大学，2014.

[185] 吴丹. 科层结构下流域初始水权分配制度变迁评析 [J]. 软科学，2012，26 (8)：31 - 36.

[186] 吴丹，马超. 基于水权初始配置的区域利益博弈与优化模型 [J]. 人民黄河，2018，40 (1)：40 - 45，55.

[187] 吴丹，王亚华. 双控行动下流域初始水权分配的多层递阶决策模型 [J]. 中国人口·资源与环境，2017，27 (11)：215 - 224.

[188] 吴凤平，程明贝. 二级水权交易市场定价方法研究——基于合作博弈视角的分析 [J]. 价格理论与实践，2018 (5)：43 - 46.

[189] 吴凤平，李滢. 基于买卖双方影子价格的水权交易基础定价模型研究 [J]. 软科学，2019，33 (8)：85 - 89. DOI：10. 13956/j. ss. 1001 - 8409. 2019. 08. 15.

[190] 吴凤平，邱泽硕，邵志颖，季英雯，李梦珂. 中国水权交易政策对提高水资源利用效率的地区差异性评估 [J]. 经济与管理评论，2022，38 (1)：23 - 32.

[191] 吴凤平，于倩雯，沈俊源，张丽娜. 基于市场导向的水权交易价格形成机制理论框架研究 [J]. 中国人口·资源与环境，2018，28 (7)：17 - 25.

[192] 吴蓉，王慧敏，刘钢，黄晶，穆恩怡. 生态优先视角下跨流域预留水权确权与配置 [J]. 南水北调与水利科技 (中英文)，2020，18 (5)：13 - 37.

[193] 吴旭. 基于水权分配的区域水资源承载力研究 [D]. 河北工程大学，2021.

[194] 新疆玛纳斯河流域规划平原区水文地质勘察报告 [R]. 石河子：新疆生产建设兵团勘测设计院，1995.

[195] 徐邦斌. 淮河流域初始分配民主协商机制与分配程序探讨 [J]. 治淮, 2006, (7): 17-19.

[196] 许波刘, 肖开提·阿不都热依木, 董增川, 等. 大型灌区水权市场建立的探讨 [J]. 水力发电, 2017, 43 (7): 100-103.

[197] 许长新, 杨李华. 中国水权交易市场中的信息不对称程度分析 [J]. 中国人口·资源与环境, 2019, 29 (9): 127-135.

[198] 许新宜. 中国水资源利用效率评估报告 [M]. 北京: 北京师范大学出版社, 2010.

[199] 严冬, 夏军, 周建中. 基于外部性消除的行政区水权交易方案设计 [J]. 水电能源科学, 2007 (2), 25 (1): 10-13.

[200] 严予若, 万晓莉, 伍骏骞, 袁平, 郑建斌. 美国的水权体系: 原则、调适及中国借鉴 [J]. 中国人口·资源与环境, 2017, 27 (6): 101-109.

[201] 杨骞, 刘华军. 污染排放约束下中国农业水资源效率的区域差异与影响因素 [J]. 数量经济技术经济研究, 2015, 32 (1): 114-128, 158.

[202] 杨骞, 武荣伟, 王弘儒. 中国农业用水效率的分布格局与空间交互影响: 1998~2013 年 [J]. 数量经济技术经济研究, 2017, 34 (2): 72-88.

[203] 杨世坤, 牛富. 实践水权水市场理论——积极探索解决漳河水事纠纷的新途径 [J]. 海河水利, 2004 (2): 14-18.

[204] 姚傑宝. 流域水权制度研究 [D]. 河海大学, 2006.

[205] 姚俊强. 干旱内陆河流域水资源供需平衡与管理 [D]. 新疆大学, 2015.

[206] 约翰. 海萨尼, 海萨尼约翰, 郝朝艳. 海萨尼博弈论论文集 [M]. 北京: 首都经济贸易大学出版社, 2003.

[207] 张传国, 方创琳, 全华. 干旱区绿洲承载力研究的全新审视与展望 [J]. 资源科学, 2002, 24 (2): 42-48.

[208] 张丹, 刘姝芳, 王寅, 张翔宇. 基于用户满意度的农户水权分配研究 [J]. 节水灌溉, 2020 (9): 8-11, 15.

[209] 张丹, 张翔宇, 刘姝芳, 张凤燃. 基于和谐目标优化的区域水

权分配研究 [J]. 节水灌溉, 2021 (6): 69 - 73.

[210] 张范. 从产权角度看水资源优化配置 [J]. 中国水利, 2001 (6): 38 - 39.

[211] 张峰, 薛惠锋, 王海宁. 基于幅度随机前沿的工业水资源利用效率测度 [J]. 华东经济管理, 2017, 31 (1): 74 - 82.

[212] 张戈跃. 试论我国农业水权转让制度的构建 [J]. 中国农业资源与区划, 2015, 36 (3): 98 - 102.

[213] 张金萍, 郭兵托. 宁夏平原区种植结构调整对区域水资源利用效用的影响 [J]. 干旱区资源与环境, 2010, 24 (9): 22 - 26.

[214] 张凯, 李鹤毅, 陆海曙. 非期望产出视角下我国东部地区工业绿色发展效率研究 [J]. 生态经济, 2021, 37 (12): 67 - 73.

[215] 张凯, 李万明. 基于合作博弈联盟的玛纳斯河流域水权市场化配置研究 [J]. 新疆师范大学学报 (哲学社会科学版), 2018, 39 (4): 149 - 160.

[216] 张凯, 李万明. 基于破产博弈理论的流域水资源优化配置分析 [J]. 统计与信息论坛, 2018, 33 (1): 99 - 105.

[217] 张凯, 陆海曙, 陆玉梅. 三重属性约束的承载力视角下中国省际水资源利用效率测度 [J]. 资源科学, 2021, 43 (9): 1778 - 1793.

[218] 张凯. 市场导向下不同水权交易模式价格形成机制研究 [J]. 水资源开发与管理, 2021 (4): 72 - 77.

[219] 张凯, 吴凤平, 成长春. 三重属性的承载力约束下中国水资源利用效率动态演进特征分析 [J]. 环境科学, 2021, 42 (12): 5757 - 5767.

[220] 张雷, 仕玉治, 刘海娇, 李福林. 基于物元可拓理论的水库初始水权分配研究 [J]. 中国人口·资源与环境, 2019, 29 (3): 110 - 117.

[221] 张莉莉. 水资源市场化配置法律保障的结构分析 [J]. 南京社会科学, 2015 (10): 97 - 103.

[222] 张丽珩. 水权交易中的外部性研究 [J]. 生产力研究, 2009 (15): 72 - 74.

[223] 张丽娜, 吴凤平. 基于 GSR 理论的省区初始水权量质耦合配置模型研究 [J]. 资源科学, 2017, 39 (3): 461 - 472.

[224] 张丽娜, 吴凤平, 贾鹏. 基于耦合视角的流域初始水权配置框

架初析［J］. 资源科学，2014，36（11）：2240－2247.

［225］张林. 水资源配置对民勤绿洲沙漠化地区生态农业影响的实证研究［D］. 兰州大学，2010.

［226］张汝山. 新疆玛纳斯河流域水资源合理配置研究［J］. 中国水运月刊，2014，14（4）：221－222.

［227］张维，胡继连. 水权市场的构建与运作体系研究［J］. 山东农业大学学报（社会科学版），2002，4（1）：60－64.

［228］张五常. 经济解释［M］. 北京：商务印书馆，2000.

［229］张雪，郑志来. 土地流转背景下缺水地区农用水权初始分配——基于投影寻踪混沌粒子群优化模型分析［J］. 中国农业资源与区划，2017，38（2）：168－174.

［230］张勇，常云昆. 国外典型水权制度研究［J］. 经济纵横，2006（3）：63－66.

［231］张郁，吕东辉，秦丽杰. 水权转让交易市场构想［J］. 中国人口·资源与环境，2001，11（4）：60－62.

［232］章祥荪，贵斌威. 中国全要素生产率分析：Malmquist 指数法评述与应用［J］. 数量经济技术经济研究，2008（6）：111－122.

［233］赵宝峰. 干旱区水资源特征及其合理开发模式研究［D］. 长安大学，2010.

［234］赵连阁，胡从枢. 东阳—义乌水权交易的经济影响分析［J］. 农业经济问题，2007，28（4）：47－54.

［235］赵良仕，孙才志，刘凤朝. 环境约束下中国省际水资源两阶段效率及影响因素研究［J］. 中国人口·资源与环境，2017，27（5）：27－36.

［236］赵良仕，孙才志，郑德凤. 中国省际水资源利用效率与空间溢出效应测度［J］. 地理学报，2014，69（1）：121－133.

［237］赵显波. 内陆干旱区水库水质水量联合优化调度研究［D］. 新疆农业大学，2007.

［238］赵彦红. 河北省水环境现状及水环境承载力研究［D］. 河北师范大学，2005.

［239］郑航，陈奔，林木. 基于集市型水权交易模型的报价行为［J］. 清华大学学报（自然科学版），2017，57（4）：351－356. DOI：10.16511/

j. cnki. qhdxxb. 2017. 25. 003.

[240] 郑剑锋，雷晓云，王建北，等．基于满意度决策理论的玛纳斯河取水权分配研究［J］．水资源与水工程学报，2006，17（2）：1－4.

[241] 郑剑锋，雷晓云，王建北，等．基于水权理论的新疆玛纳斯河水资源分配研究［J］．中国农村水利水电，2006（10）：24－27.

[242] 郑剑锋，雷晓云，王建北，沈志伟．应用博弈论对玛纳斯河取水权分配体制的演绎分析［J］．水利科技与经济，2006（5）：271－273.

[243] 周霞，胡继连，周玉玺．我国流域水资源产权特性与制度建设［J］．经济理论与经济管理，2001（12）：11－15.

[244] 周永军．我国跨界流域水权冲突与协调研究［D］．天津财经大学，2017.

[245] 左文龙，汪寿阳，陈曦，等．新疆水资源开发利用现状及其应对跨越式发展的战略对策［J］．新疆社会科学（汉文版），2013（1）：33－39.

[246] Alchian A A，Demsetz H. The Property Right Paradigm. *Journal of Economic History*，1973，33（1）：16－27.

[247] Balbina Casas－Méndezabc. Weighted bankruptcy rules and the museum pass problem. *European Journal of Operational Research*，2011，215（1）：161－168.

[248] B. F. W. Croke，J. L. Ticehurst，R. A. Letche，J. P. Norton，L. T. H. Newham，A. J. Jakeman. Integrated assessment of water resources：Australian experiences. *Water Resource Manage*，2007，（21）：351－373.

[249] Borel E. The Theory of Play and Integral Equations with Skew Symmetric Kernels. *Econometrica*，1953，21（1）：97－100.

[250] Branzei R.，Ferrari G.，Fragnelli V，et al. A Flow Approach to Bankruptcy Problems. *Auco Czech Economic Review*，2008，2（2）：146－153.

[251] Carl J. Bauer. Bringing Water Markets down to Earth：The Political Economy of Water Rights in Chile，1976－1995. *World Development*，1997，25（5）：639－656.

[252] Clay landry. Market transfers of water for environmental protection in the western United States. *Water policy*，1998，（1）：457－469.

[253] Coase R H. The Nature of the Firm. *Economica*，1937，4（16）：

386 –405.

[254] Coase R H. The Problem of Social Cost. *Classic Papers in Natural Resource Economics*. Palgrave Macmillan UK, 1960: 1 – 13.

[255] Colby B G, Crandall K, Bush D B. Water right transactions: Market values and price dispersion. *Water Resources Research*, 1993, 29 (29): 1565 – 1572.

[256] CoOoper W W, Park K S, Pastor J T. RAM: A Range Adjusted Measure of Inefficiency for Use with Additive Models, and Relations to Other Models and Measures in DEA. *Journal of Productivity Analysis*, 1999, 11 (1): 5 –42.

[257] Curiel I. J. , Maschler M. , Tijs S. H. Bankruptcy games. *Zeitschrift Für Operations Research*, 1987, 31 (5): A143 – A159.

[258] Davis B. *Institutional change and American economic growth.* University Press, 1971.

[259] Davis M. , Maschler M. The kernel of a cooperative game. Nav Res Logist Q. *Naval Research Logistics Quarterly*, 1965, 12 (3): 223 –259.

[260] Demsetz H. toward a Theory of Property Rights. *American Economic Review*, 1967, 57 (3): 347 –359.

[261] Dennis Wichelns. An economic model of waterlogging and salinization in arid regions. *Ecological Economics*, 1999 (30): 475 –491.

[262] Edella Schlager. Challenges of governing groundwater in U. S. western states. *Hydrogeology Journal*, 2006 (14): 350 –360.

[263] Eiswerth M E, Kooten G C V. Maximizing Returns from Payments for Ecosystem Services: Incorporating Externality Effects of Land Management. Working Papers, 2017.

[264] Fisher I, Barber W J. Elementary principles of economics. Elementary principles of economics: Macmillan, 1997: 140 – 145.

[265] Fried H O, Lovell C A K, Schmidt S S, et al. Accounting for Environmental Effects and Statistical Noise in Data Envelopment Analysis. *Journal of Productivity Analysis*, 2002, 17 (1 –2): 157 – 174.

[266] Fried H O, Yaisawarng Schmidt S S. Incorporating the Operating En-

vironment Into a Nonparametric Measure of Technical Efficiency. *Journal of Productivity Analysis*, 1999, 12 (3): 249 -267.

[267] Gillies D. B. Solutions to general non-zero-sum games. *Contributions to the Theory of Games*, 1959: 47 -85.

[268] Harsanyi J. C. Games with Incomplete Information Played by "Bayesian" Players, I - III Part I. The Basic Model. Papers in Game Theory. Springer Netherlands, 1982: 159 -182.

[269] Herrero C., Villar A. Sustainability in bankruptcy problems. *Top*, 2002, 10 (2): 261 -273.

[270] Hillfertm. Water supply handbook. institute for water resources. Water resources support center USA Army corps of engineers, 1998.

[271] Howe C. W., Schurmeier D. R., Shaw W. D. Innovative Approaches to Water Allocation: the Potential for Water Markets. *Water Resources Research*, 1986, 22 (4): 439 -445.

[272] Huntington S. P. Political Development and Political Decay. *World Politics*, 1965, 17 (3): 386 -430.

[273] Jan G. Laitos, Water - rights, Clean Water Act Section 404 Permitting, and the Takings Clause. *University of Colorado Law Review*, 1989.

[274] Jean - Daniel Rinaudo, Pierrre Strosser, Thierry Rieu. Linking water market functioning, access to water resources and farm production strategies: Example from Pakistan. *Irrigation and Drainage Systems*, 1997 (11): 261 - 280.

[275] Jennifer McKay, Henning Bornlund. Recent Australian Market Mechanisms as a Component of an Environmental Policy That Can Make Choices between Sustainability and Social Justice. *Social Justice Research*, 2001, 14 (4): 387 -403.

[276] J. G. Tisdell. The environmental impact of water markets: An Australian case-study. *Journal of Environmental Management*, 2001 (62): 113 -120.

[277] Jondrow J, Lovell C, Materov I S, et al. On the estimation of technical inefficiency in the stochastic frontier production function model. *Journal of Econometrics*, 1982, 19 (8): 233 -238.

[278] Malthus T. R., James P. An essay on the principle of population. *History of Economic Thought Books*, 2011, 41 (1): 114 - 115.

[279] Mather, john Tussell. *Water Resources Development*. John Wiley & Sons, inc. USA, 1984.

[280] M. Dinesh Kumar. Impact of electricity prices and volumetric water allocation on energy and groundwater demand management: analysis from Western India. *Energy Policy*, 2005 (33): 39 - 51.

[281] M. Dinesh Kumar. Institutional framework for managing groundwater: A case study of community organizations in Gujarat, India. *Water Policy*, 2000 (2): 423 - 432.

[282] M. Dinesh Kumar, O. P. Singh. Market instruments for demand management in the face of scarcity and overuse of water in Gujarat, Western India. *Water Policy*, 2001 (3): 387 - 403.

[283] Moore G. H. *Zermelo's Axiom of Choice*. Springer Berlin, 1982, 8 (2): 198 - 211.

[284] Mouche L D, Ward S L F A. Water Right Prices in the Rio Grande: Analysis and Policy Implications. *International Journal of Water Resources Development*, 2011, 27 (27): 291 - 314.

[285] Nash J. F. The Bargaining Problem. *Econometrica*, 1950, 18 (2): 155 - 162.

[286] Nash J. Non - Cooperative Games. *Annals of Mathematics*, 1951, 54 (2): 286 - 295.

[287] Neil S. Grigg. *Water Resources Management: Principles, Regulations, and Case*. McGraw - Hill, 1996: 146.

[288] O'Neill B. A problem of rights arbitration from the Talmud. *Mathematical Social Sciences*, 2006, 2 (4): 345 - 371.

[289] Pullen J L, Colby B G. Influence of Climate Variability on the Market Price of Water in the Gila - San Francisco Basin. *Journal of Agricultural & Resource Economics*, 2008, 33 (3): 473 - 487.

[290] Roe T, Diao X. Water, externality and strategic interdependence: a general equilibrium analysis. *Journal of International Development*, 2000, 12

(2): 149 – 167.

[291] Ruth Meinzen – Dick, K. V Raju, Ashok Gulati. What Affects Organization and Managing Resources? Evidence from Canal Irrigation Systems in India. *World Development*, 2002, 30 (4): 649 – 666.

[292] Sandra K. Davis. The politics of water scarcity in the western states. *The Social Science Journal*, 2001 (38): 527 – 524.

[293] Schmeidler D. The nucleolus of a characteristic function game. *Siam Journal on Applied Mathematics*, 1969, 17 (6): 1163 – 1170.

[294] Schultz T W. Institutions and the Rising Economic Value of Man. *American Journal of Agricultural Economics*, 1968, 50 (5): 1113 – 1122.

[295] Selten R. A Re – Examination of the Perfectness Concept for Equilibrium Points in Extensive Games. *International Journal of Game Theory*, 1975, 4 (1): 25 – 55.

[296] Shapley L. S. A value for n-persons games. *Annals of Mathematics Studies*, 1953, 28 (7): 307 – 318.

[297] Singh, chhatrapati. Water Rights and Principles of Water Resources Management. India Law Institute, 1991.

[298] Taylor R G, Schmidt R D, Stodick L, et al. Modeling Conjunctive Water Use as a Reciprocal Externality. *American Journal of Agricultural Economics*, 2014, 96 (3): 753 – 768.

[299] Thomson W. Axiomatic and game-theoretic analysis of bankruptcy and taxation problems: a survey. *Mathematical Social Sciences*, 2003, 45 (3): 249 – 297.

[300] Tone K. A slacks-based measure of efficiency in data envelopment analysis. *European Journal of Operational Research*, 2001, 130 (3): 498 – 509.

[301] Troy Lepper. Banking on a better day: Water banking in the Arkansas valley. *The Social Science Journal*, 2006 (43): 365 – 374.

[302] Wim H. Kloezen. Water markets between Mexican water user associations. *Water Policy*, 1998 (1): 437 – 455.

[303] Yamamoto A. The governance of water: An institutional approach to

water resource management [Doctoral Dissertations]. Baltimore: The Johns Hopkins University, 2002.

[304] Yu X., Zhang Q. An extension of cooperative fuzzy games. *Fuzzy Sets & Systems*, 2010, 161 (11): 1614-1634.